机电专业“十三五”规划教材

电工技术

主编　刘建林

哈尔滨工程大学出版社
Harbin Engineering University Press

内容简介

本书采用校企合作方式编写。在结构体系上，从电工基础理论知识出发，详细介绍交流电、电工常用工具仪表、变压器、常用低压电器和材料、电动机及控制，以及安全用电与低压配电等方面的知识，使学生既能掌握实用的电工技能，又能具备一定的理论功底。

本书可作为应用型本科、高职高专院校机电类电工技术课程的教材，也可供成人高校、企业生产技术人员和其他电工爱好者学习和参考。

图书在版编目（CIP）数据

电工技术 / 刘建林主编. -- 哈尔滨 ： 哈尔滨工程大学出版社，2018.7（2023.8 重印）
ISBN 978-7-5661-2059-5

Ⅰ. ①电… Ⅱ. ①刘… Ⅲ. ①电工技术 Ⅳ. ①TM

中国版本图书馆 CIP 数据核字（2018）第 164637 号

选题策划 章银武
责任编辑 张 彦
封面设计 赵俊红

出版发行 哈尔滨工程大学出版社
社　　址 哈尔滨市南岗区南通大街 145 号
邮政编码 150001
发行电话 0451-82519328
传　　真 0451-82519699
经　　销 新华书店
印　　刷 玖龙（天津）印刷有限公司
开　　本 787 mm×1 092 mm　1/16
印　　张 15
字　　数 366 千字
版　　次 2018 年 7 月第 1 版
印　　次 2023 年 8 月第 2 次印刷
定　　价 48.00 元
http：//www.hrbeupress.com
E-mail：heupress@hrbeu.edu.cn

前　言

应用型人才的教育是对面向生产、管理第一线的技术型人才的培养，因此其基础课程的教学应以必需、够用为原则，以掌握概念、强化应用为教学重点，注重岗位能力的培养。本书根据职业教育的培养目标，坚持“以全面素质为基础、以就业为导向、以能力为本位、以学生为主体”的原则，贴近教育教学实际，按“深入浅出、知识够用、突出技能”的思路编写，突出能力本位的职业教育思想，理论联系实际，以满足学生的实际应用需要。本书在编写过程中，力求体现连贯性、针对性、选择性，让学生学得进、用得上；在方法上注重引发学生的兴趣，融知识、技能于一体，使学生在学习、实践中能体验到成功的喜悦。本书有如下特点：

（1）在内容安排上，为使学生能够用较短的时间较快地掌握这门课程的基本原理和主要内容，力求便于学生自学，尽力做到精选内容，突出基本原理和方法，多举典型例题，以帮助学生巩固和加深对基本内容的理解和掌握，同时还能培养和训练学生分析问题和解决问题的能力。

（2）在知识讲解上，力求用简练的语言循序渐进、深入浅出地让学生理解并掌握基本概念，不做过于繁杂的理论推导，重点放在使用方法和实际应用上。

（3）在结构体系上，在结构体系上，从电工基础理论知出发，详细介绍交流电、电工常用工具仪表、变压器、常用低压电器和材料、电动机及控制，以及安全用电与低压配电等方面的知识，使学生既能掌握到实用的电工技能，又能具备一定的理论功底。

（4）结合高级维修电工职业资格考核标准，强调电工安全生产知识学习和锻炼，重点学习电工仪表、工具、电器元件和材料的选型使用，强化识图分析能力，增加实用性强的内容（如无功补偿等）等。力求通过学习，能让学生掌握分析和解决问题的能力。

本书采用校企合作方式编写，由湖南机电职业技术学院的刘建林担任主编。本书可作为应用型本科、高职高专院校机电类电工技术课程的教材，也可供成人高校、企业生产技术人员和其他电工爱好者学习和参考，建议教学时数为45～54学时。本书的相关资料和售后服务可扫封底的微信二维码或与登录 www.bjzzwh.com 下载获得。

本书在编写过程中，难免有疏漏和不当之处，敬请各位专家及读者不吝赐教。

编　者

目 录

第1章 电路基础

【本章导读】

电路是电流所流经的路径，由电气设备和元器件按一定方式连接起来。为电荷流通提供了路径的总体也叫电子线路或电气回路，简称网络或回路，如电阻、电容、电感、二极管、三极管和开关等构成的网络。电路的大小可以相差很大，小到硅片上的集成电路，大到高低压输电网。

【学习目标】

- 理解电路模型概念，熟悉电流、电压、功率的概念和应用；
- 理解电源、电阻、电感和电容等电路元件的特点，能够进行电源等效互换；
- 理解电路分支的相关定律和定理的含义，能运用基尔霍夫定律、叠加原理等进行电路分析。

1.1 电路分析基础

1.1.1 电路组成、电路模型及电路状态

电流经过的路径称为电路。实际应用中，电气设备通过导线、开关等环节连成电路。

1. 电路组成

电路通常由电源、负载、中间环节三部分组成。

电源：电源的作用是向电路提供电能，如发电机、电池等。

负载：负载指在电路中接收电能的设备，如电动机、照明灯具、电炉等。

中间环节：中间环节包括导线、开关等，作用是连接电源和负载并控制电路的接通或断开。

2. 电路模型

电路模型实质上是实际电路的模型化电路。

实际电路是由有形的设备、电源、开关、导线等组合而成的，实际电路中的设备或元

器件的电磁特性往往不是单一的而是复杂的。为了对实际电路进行分析和计算，电工学中对实际电路中的元器件进行理想化处理，突出电路元器件的主要电磁特性而忽略非主要电磁特性，用统一的符号表示理想化的电路元器件。通过这样的理想化处理，实际电路就可用理想化的电路元器件的连接来表示。

经过理想化处理的电路元器件简称电路元件，电磁特性单一。如电阻 R 只具有耗能特性，电感 L 只具有储存磁场能量特性，电容 C 只具有储存电场能量特性。

当实际电路中某设备或元器件具有两种或两种以上不能忽略的电磁特性时，需要用两个或两个以上电路元件的组合来表示其真实电磁特性。如在交流电路中，某些线圈类元件可能使用电阻与电感的串联来表示，其中，电阻表示线圈耗能特性，电感表示线圈储存磁场能量特性。

电路分析中，常用的电路元件有电阻（用 R 表示）、电感（用 L 表示）、电容（用 C 表示）、理想电压源（用 U_S 表示，实际电压源需要串联内阻）、理想电流源（用 I_S 表示，实际电流源需要并联内阻）。这几种电路元件都有两个外引端子，因此它们也被称为二端元件。理想的二端元件分为无源二端元件（电阻 R、电感 L、电容 C）和有源二端元件（理想电压源 U_S 和理想电流源 I_S）。电路元件的图形如图 1-1 所示。

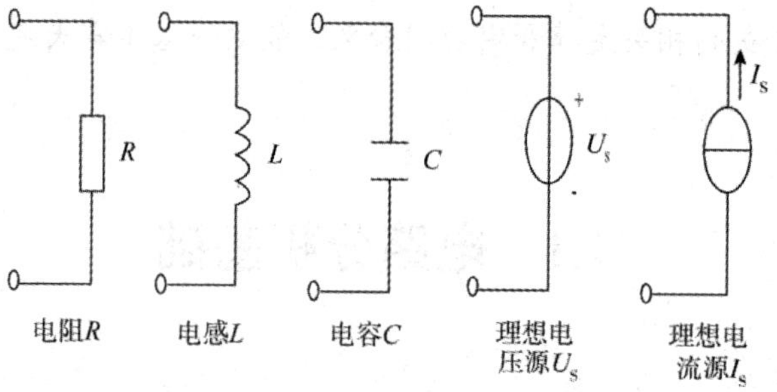

图 1-1　电路元件示意图图形符号

把实际电路中的元器件理想化后，可以把实际电路模型化表示。图 1-2（a）为手电筒实际电路，其中，实际电路元器件有电源（电池）、负载（小灯泡）、开关和导线。图 1-2（b）为该实际电路的电路模型，其中，小灯泡抽象为电阻 R，电池抽象为理想电压源 U_S 及串联的内阻 I_S，开关 S 和导线是电路的中间环节。

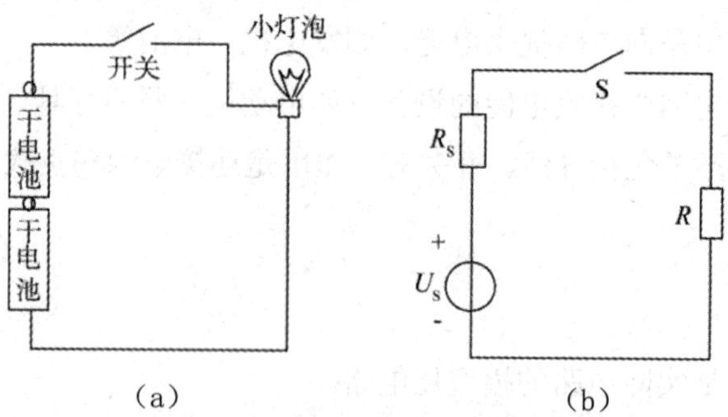

图 1-2　手电筒实际电路及电路模型

（a）实际电路；（b）电路模型

3. 电路状态

电路状态有以下三种情况，即通路、开路和短路。

通路：电路中的开关闭合，电源、负载通过中间环节连接成闭合通路，电路中有电流流过。在这种状态下，电路中电流和电压分别为

$$I=\frac{U_S}{R_S+R_L}$$

$$U=U_S-IR_S=U_S-U_0$$

其中，R_L 是负载电阻，R_S 是电源内阻，一般认为电源内阻很小而忽略不计。

在实际电路中，电路状态为通路时，往往根据负载的大小分为满载、轻载、过载三种情况。负载在额定功率条件下的工作状态为额定工作状态或满载，在低于额定功率条件下的工作状态为轻载，在高于额定功率条件下的工作状态为过载。过载容易损坏用电设备及供电设施，电路不允许出现过载现象。

开路：电路某处断开，电源、负载没有通过中间环节形成闭合通路，电路中没有电流流过，负载没有获得电能。在开路状态下，电路中的电流为零，电源两端电压和电动势相等。

短路：如果电路的负载被零阻值的导体接通，则该部分负载就处于短路状态。短路状态下，电路通流部分电流（短路电流）会比正常工作电流大很多。如果电路电源以外部分被短路了，则被短路部分电流 $I=E/R_S$，由于电源内阻一般很小，这时短路电流可能很大。短路的危害很大，会导致电源或部分负载被烧毁。为避免电路中发生短路，可采取在电路中安装保险丝等措施防止短路。

【例 1-1】 某车间有一电源，供电电压为 220 V，电源内阻为 2.2 Ω，电源允许最大电流为 10 A。当此电源连接电阻为 217.8 Ω 的负载时，电路中电流多大？如果电路发生短路现象，电路中电流多大？这时电源会出现什么情况？

【解】 连接电阻为 217.8Ω 的负载时，电路中电流为

$$I=\frac{U_S}{R_S+R_L}=\frac{220}{2.2+217.8}=1\ \text{A}$$

当电路发生短路现象时，

$$I=\frac{U_S}{R_S+R_L}=\frac{220}{2.2+0}=100\ \text{A}$$

这时电路中电流远大于电源允许电流 10 A，电源将损坏。

从例 1-1 中可以看出，电路发生短路时，会使电路元件和设备损坏。

1.1.2 电路基本物理量

实际电路中，为了监测设备所消耗的电能和工作状态，需要对设备的基本物理量进行测量。

1. 电流

电路中导体内部存在大量自由电子，当导体在外电场的作用下时，里面的自由电子就会定向移动形成电子电流。电工学中对电流方向的定义是正电荷的流动方向，也就是与电子电流方向相反的方向。

电流大小通常用电流强度表示，通常用字母 i 表示，定义式为

$$i=\frac{\mathrm{d}q}{\mathrm{d}t}$$

其中，电量 q 的单位为库仑（C），时间 t 的单位为秒（s），电流 i 的单位为安培（A，简称“安”）。

电流强度除了用安培（A）作为计量单位外，还可以根据强度情况用千安（kA）、毫安（mA）、微安（μA）等进行计量，换算关系如下：

$$1\times10^{-3}\ \mathrm{kA}=1\ \mathrm{A}=1\times10^{3}\ \mathrm{mA}=1\times10^{6}\ \mu\mathrm{A}$$

对于稳恒的直流电，由于其方向和大小都不随时间变化，电流强度的表示式为

$$I=\frac{Q}{t}$$

电工学中各物理量的表示方式如下：不随时间变动的量通常用大写字母表示，如直流电流和电压分别用 I 和 U 表示；随时间变动的量通常用小写字母表示，如交流电流和电压分别用 i 和 u 表示。

2. 电压、电动势和电位

（1）电压

电路中两点之间的电位差称为电压。电压是推动电荷定向移动形成电流的原因，电流能够在导线中流动是由于在电路中有着高电势和低电势的差别。

电路中电压大小反映了电路中电场力做功的能力，电压通常用字母 u（直流电压用 U）表示，定义式是

$$u_{ab}=\frac{\mathrm{d}w_{ab}}{\mathrm{d}q}$$

其中，电功 w 的单位为焦耳（J），电量 q 的单位为库仑（C），电压 U 的单位为伏特（V，简称“伏”）。

对于直流电路，由于电流大小和方向不随时间变化，其电压方向由电位高（＋）端指向电位低（－）端，也就是电位降低方向。

电压除了用伏特（A）作为计量单位外，还可以用千伏（kV）、毫伏（mV）等进行计量，换算关系如下：

$$1\times10^{-3}\ \text{kV}=1\ \text{V}=1\times10^{3}\ \text{mV}$$

（2）电动势

电动势是用来表示电源把其他形式的能量转变为电能的本领大小的物理量，等于电源内部非电场力把单位正电荷从负极经内部移动到正极时所做的功。电动势的大小取决于电源的本身，与外电路无关。电动势的单位与电压相同，一般用字母 e（直流电动势用 E）表示。电动势的真实方向从电源的低电位点指向高电位点，即电位升的方向，与电压真实方向相反。

注意：电动势与电压是两个不同的概念。电动势是非电场力把单位正电荷从低电位点移动到高电位点所做的功；而电压是电场力把单位正电荷从高电位点移动到低电位点所做的功。

（3）电位

电位指电路中任一点与参考点之间的电压，用字母 V 表示。在分析和计算电路电位前，应先选定电路中某一点为参考点，用符号“⊥”表示，该参考点电位规定为零。参考点也称为“地”，在实际电路中一般以大地为零电位点。电路中任意点电位都等于该点与参考点之间的电压，因此电位值是相对的。选择不同参考点，电路中同一点的电位值会不同。

电压与电位不同，电路中两点之间电压与参考点的选择无关。

3. 电流、电压参考方向

在分析一些复杂电路时，由于无法事先判断电路中所有支路电流实际方向或者元件端电压的实际方向（极性），导致在对电路列写方程时无法判断电流、电压的正负号。为解决这个问题，在电工学中通常采取标示参考方向的方法，在待分析电路中预先假定各支路电流方向或元件端电压方向（极性）。支路电流的参考方向一般用箭头标示，元件端电压参考方向用“＋”“－”标示。标示了参考方向后，可以确定电路中各支路电流和元件端电压在电路方程中的正负号。参考方向可以任意假定，但一经选定，在电路的分析计算过程中不能改变。电路分析时，应先标出参考方向。

注意：设定的参考方向不一定就是实际方向。如果通过计算得出的结果为正值，那么假定的参考方向与实际方向相同，否则相反。

电路分析中，电流沿电位降低方向取向时为关联参考方向，也就是电流与电压方向相同时的参考方向为关联参考方向。电流与电压方向相反时的参考方向为非关联参考方向。图 1-3 为电压、电流参考方向示意图。

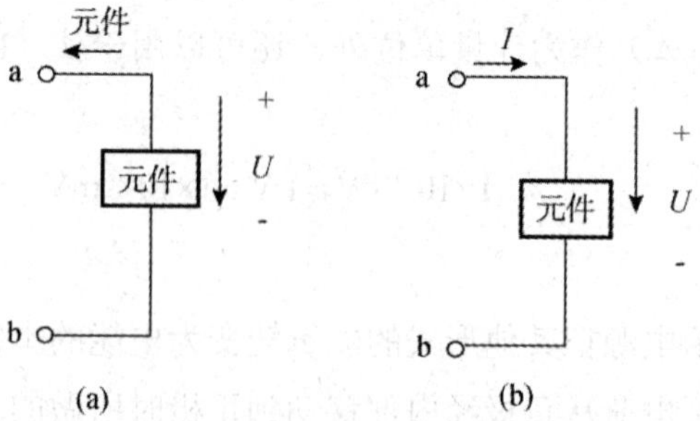

图 1-3　电压、电流参考方向示意图

（a）非关联参考方向；（b）关联参考方向

4. 电能、电功率与效率

（1）电能

电能是指电流做功的能力，用字母 W 表示。电能可以使用电度表等仪表进行测量，单位是焦耳（J）。实际应用中，常用千瓦时（kW•h）（俗称“度”）作为电能的计量单位。两者关系换算如下：

$$1\,\text{kW}\cdot\text{h} = 3.6\times10^6\ \text{J}$$

电能的计算公式为

$$W = UIt$$

其中，电压 U 的单位为伏特（V）；电流 I 的单位为安培（A）；时间 t 的单位为秒（s）；电能 W（电功）的单位为焦耳（J，简称“焦”）。

由电能的计算公式可知，对于具体的用电设备，在相对稳定的电压、电流下，其做功耗用电能与通电时间成正比。通电时间越长，耗用的电能转换的其他能量就越多。

（2）电功率

在电工学中，电功率指电流在单位时间内做的功，用字母 P 表示。电功率的单位为瓦特（W，简称“瓦”）。

对于电气设备而言，电功率是用来表示设备消耗电能转换为其他能量快慢的物理量。电气设备电功率的大小数值上等于它在 1 s 内所消耗的电能。

电功率计算公式为

$$P = \frac{W}{t} = \frac{UIt}{t} = UI$$

（3）效率

电气设备运行时存在损耗，其效率是指输出功率 P_2 与输入功率 P_1 之比，用 η 表示。

$$\eta = \frac{P_2}{P_1}\times100\% = \frac{P_2}{P_2+\Delta P}\times100\%$$

1.1.3　电气设备额定值

1. 电气设备额定值

电气设备的额定值是电气设备正常工作时的规定的电压和电流值。

电气设备的额定值技术数据是设备生产厂家根据设备制造、使用的技术条件及国家标准等而设定的。在使用设备时，必须按照额定值的要求，才能保证充分且安全可靠地发挥设备的效能，保证其正常的使用寿命。电气设备的额定值通常都标在设备的铭牌上，主要有额定电压（U_N）、额定电流（I_N）或额定功率（P_N）等。当施加的电压高于额定电压，电气设备的绝缘材料易于因承受过高的电压而被击穿，丧失原有的绝缘性能。设备在运行时，电流在导体电阻上产生的热量将使设备产生温升，而温度过高可能导致绝缘材料燃烧酿成事故，因此要规定设备的额定电流值。设备在额定电压和额定电流条件下工作时的功率称为额定功率。使用设备时要尽可能让设备工作在额定值附近，过高会破坏设备的绝缘性能引发触电、火灾等事故，过低则会影响电气设备正常功能的发挥。

电气设备在工作时，其实际的电压、电流和功率等参数的数值通常受到多种因素的影响，工作中设备的实际值往往会发生变化，偏离额定值。一般来说，电气设备的实际值可以在额定值允许的范围内变化。例如，某设备标有 220V±10%，表明该设备实际的工作电压允许在 198 V～242 V 变化。

电源设备的额定功率表示电源的供电能力，是电源设备长期运行的允许上限功率值。电源在电路中处于有载工作状态时，其输出功率由外电路决定，电源向负载提供的电压一般理想化为近似恒定电压，因此电源电流等于其额定电流时电源达到满载的额定功率。

2. 电气设备额定工作状态

电气设备额定工作状态是指电气设备在额定值下运行的有载工作状态。电气设备在额定工作状态下工作时，其性能得到充分利用，设备的经济性最好。因此，要尽可能让设备在额定工作状态下工作。

实际使用中，由于各种原因，电气设备可能在非额定工作状态条件下工作，主要有欠载和过载两种情况。

欠载指电气设备在低于额定值的状态下运行。在欠载工况下，设备不能被充分利用，而且可能使设备工作不正常甚至损坏。

过载指电气设备在高于额定值（超负荷）的状态下运行。如果设备运行工况超过额定值不多且持续时间不长，一般不会造成明显的事故。但是，电气设备如果长期处于过载状态，会导致设备损坏，造成电火灾等事故。因此，不允许电气设备长时间过载工作。

1.2 电路元件特性

1.2.1 电压源与电流源

电源给电路提供能量来源，在电路中起激励作用，产生电流和电压。从电路元件模型可知，理想的电源元件有电压源和电流源两种。

1. 电压源

（1）理想电压源

理想电压源是对实际电源（如干电池、蓄电池等）的一种理想抽象。理想电压源由于端电压值保持不变，往往被称为恒压源，用 U_S 表示。恒压源具有以下特点：

①元件两端的电压总是保持一恒定值或给定的某一函数值不变，与通过它的电流无关，不受外电路的影响；

②通过元件的电流由与之相连接的外电路决定，与电压源本身无关。电流可以从不同方向通过电压源，因此电压源既可以向外电路提供电能，也可以从外电路接收电能成为负载，由外电路决定的电流方向而定；

③当电压源的电压值等于零时，电压源相当于短路。

理想电压源的图形符号如图 1-4（a）所示，其电压与电流的关系特性如图 1-4（b）所示，被称为伏安特性或者外特性。

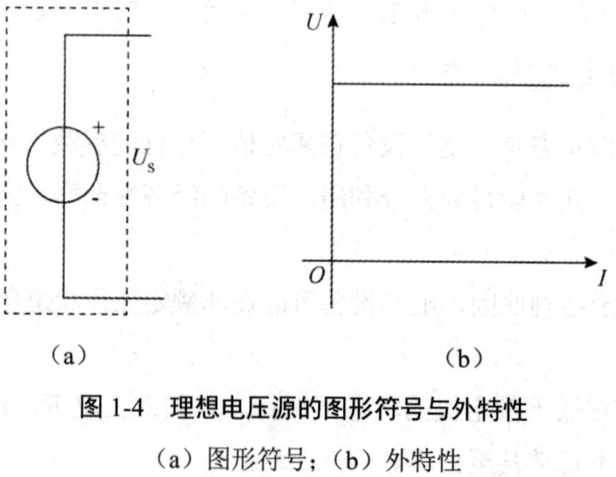

图 1-4 理想电压源的图形符号与外特性

（a）图形符号；（b）外特性

（2）实际电压源

对于实际电源，如果负载设备容量大使电路电流变大，电源的端电压会下降。对于实际电压源可以用理想电压源与一个内阻串联的电路来模拟，如图 1-5（a）所示，图中虚线框内的电路称为实际电源的电压源模型，R_{SU} 为内阻。实际电压源外特性如图 1-5（b）所示。

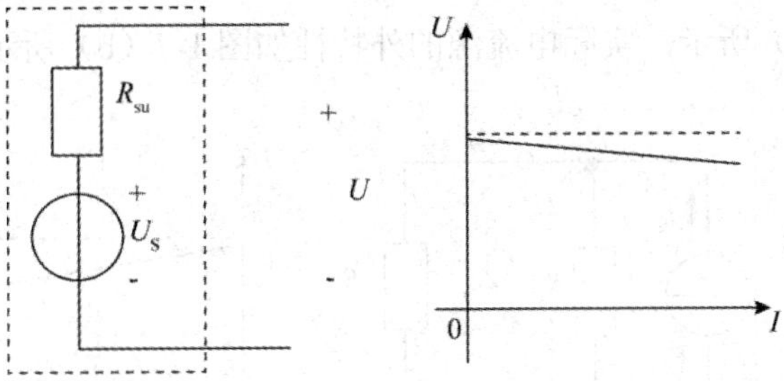

（a）　　　　　　　　　　（b）

图 1-5　实际电压源的图形符号与外特性

（a）图形符号；（b）外特性

因此，当理想电压源的电压 U_S 为定值时，随着 I 的增加，端电压 U 将下降。实际电压源内阻越大，端电压下降越多。当外阻 $R=0$ 时，实际电压源变为恒压源。

2. 电流源

（1）理想电流源

理想电流源是对实际电源（如光电池）的另一种理想抽象。理想电流源由于输出电流值保持不变，往往被称为恒流源，用符号 I_s 表示。恒流源也是一种理想化电路元件，具有以下特点：

① 恒流源输出电流保持恒定值，与两端的电压无关，不受外电路的影响；

② 恒流源两端电压由与之相连接的外电路决定；

③ 当恒流源的电流值等于零时，电流源相当于开路。

理想电流源的图形符号如图 1-6（a）所示，外特性如图 1-6（b）所示。

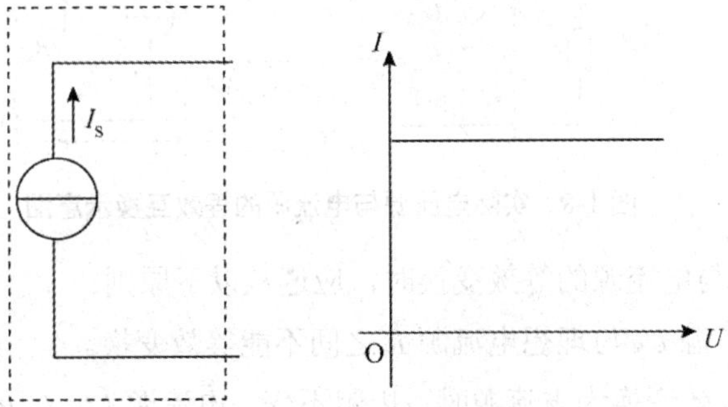

（a）　　　　　　　　　　（b）

图 1-6　理想电压源图形符号与外特性

（a）图形符号；（b）外特性

（2）实际电流源

实际电流源不可能把电流 I_S 全部输送给外电路。以光电池为例，即使外电路没有被接通，内部仍有电流流动。实际电流源可以用理想电流源和一个内阻并联的电路来模拟，其图形符号如图 1-7（a）所示，实际电流源的外特性如图 1-7（b）所示。

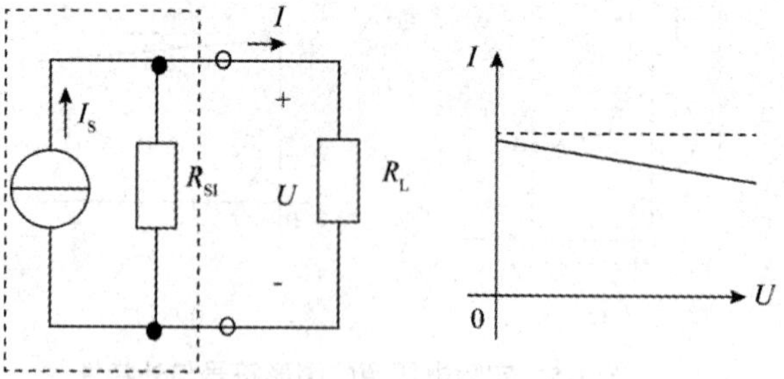

（a）　　　　　　　　　　（b）

图 1-7　实际电流源的图形符号与外特性

（a）图形符号；（b）外特性

从图 1-7（a）可知，由于实际电流源内阻的分流作用，负载电流小于恒流源电流 I_S。内阻越大，内阻消耗电流越小。当内阻无限大时，实际电流源相当于恒流源。

3. 电压源与电流源的等效变换

电源模型是对实际电源的模拟，对于同一个实际电源，可以模拟为电压源模型也可以模拟为电流源模型。对于一个电路，无论电源模拟为电压源还是电流源，外部电路特性必然相同，即不能影响外部电路的电压和电流。因此，两种电源模型之间可以进行等效变换。图 1-8 为实际电压源与电流源的等效互换示意图。

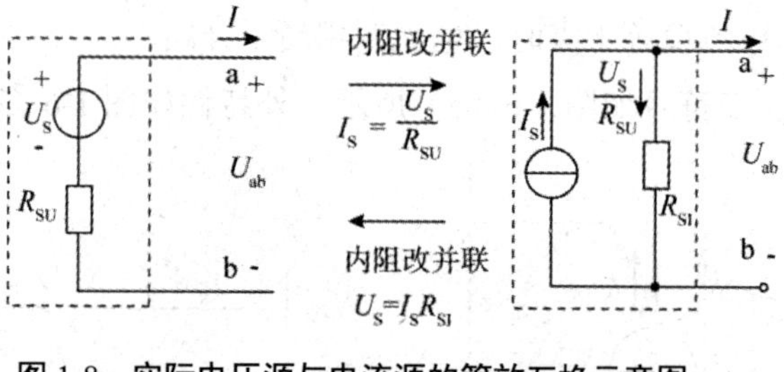

图 1-8　实际电压源与电流源的等效互换示意图

在进行电压源与电流源的等效变换时，应遵从以下原则：

（1）理想电压源 U_S 与理想电流源 I_S 之间不能等效变换。

（2）电压源等效变换为电流源时，内阻不变，电流源 $I_S=U_SR_{SU}$；电流源等效变换为电压源时，内阻不变，电压源 $U_S=I_SR_{SI}$。

（3）等效变换前后，外电路电压、电流大小和方向都不变，电流源电流流出端与电压源正极对应。

4. 等效变换是对外电路等效，对电源内部并不等效

【例 1-2】 图 1-9（a）所示电路中，$R_{U1}=4\ \Omega$，$R_{U2}=1\ \Omega$，$R=12\ \Omega$，$U_{S1}=160\ V$，$U_{S2}=120\ V$。试用电源模型等效变换求出负载电阻 R 中电流 I。

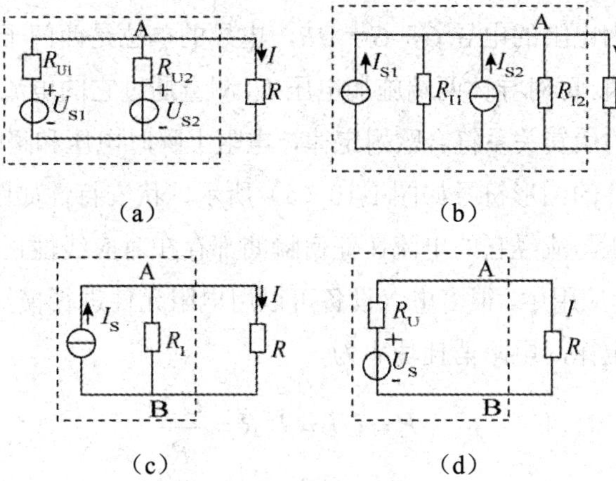

图 1-9　例 1-2 图

【解】第一步，把图 1-9（a）中的两个电压源等效变换为电流源，如图 1-9（b）所示，变换时必须让电流方向与电压由"－"到"＋"参考方向保持一致。

$$I_{S1}=\frac{U_{S1}}{R_{U1}}=\frac{160}{4}=40\ \text{A}$$

$$I_{I1}=R_{U1}=4\ \Omega$$

$$I_{S2}=\frac{U_{S2}}{R_{U2}}=\frac{120}{1}=120\ \text{A}$$

$$I_{I2}=R_{U2}=1\ \Omega$$

第二步，把两个电流源叠加为一个，如图 1-9（c）所示。

$$I_S=I_{S1}+I_{S2}=40+120=16\ \text{A}$$

$$R_S=R_{I1}\ //R_{I2}=0.8\ \ \Omega$$

第三步，电流源等效变换，如图 1-9（d）所示。

$$U_S=I_SR_S=160\times0.8=128\ \ \text{V}$$

$$R_U=R_I=0.8\ \ \Omega$$

负载电阻 R 中电流为

$$I=\frac{U_S}{R_U+R}=\frac{128}{0.8+12}=10\ \text{A}$$

1.2.2　电阻

电阻是描述导体对电流阻碍能力的物理量。因此，导体电阻大小可以衡量导体对电流阻碍作用的强弱，即导体导电性能的好坏。导体的电阻用字母 R 表示，单位是欧姆（Ω，简称"欧"）。电阻的计量单位还有千欧（kΩ）和兆欧（MΩ），换算关系如下：

$$1\ \text{M}\Omega=1\times10^3\ \ \text{k}\Omega=1\times10^6\ \ \Omega$$

电阻的倒数被称为电阻的电导 G，$G=1/R$，电导的单位是西门子（S）。

要测量导体电阻值，可对导体两端施加电压 U，测量通过它的电流 I，由公式 $R=U/I$ 计算出导体电阻。电阻的伏安关系符合欧姆定律，电阻上瞬时电压和瞬时电流总是成线性的正比例关系。电阻元件的图形符号如图 1-10（a）所示，伏安特性如图 1-10（b）所示。

因为电阻两端电压与流经它的电流在任何瞬间都存在对应线性正比例关系，所以电阻被称为即时元件。实际应用中，很多电气设备可以用电阻元件进行模拟，如烘烤箱、电炉、白炽灯等。根据欧姆定律，电阻消耗功率为

$$P=UI=I^2R=\frac{U^2}{R}$$

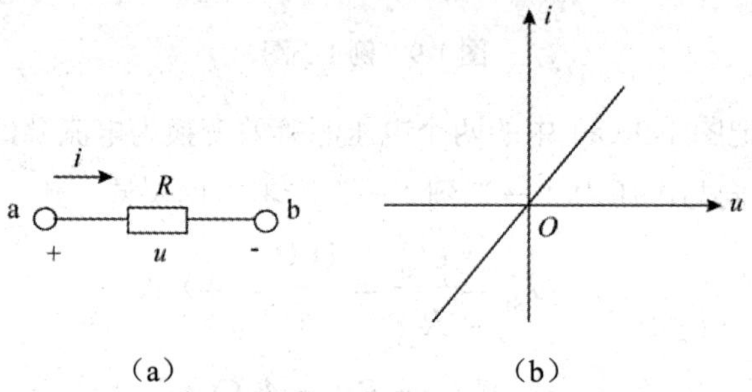

图 1-10　线性电阻的图形符号及伏安特性

（a）图形符号；（b）伏安特性

1.2.3　电感

电感是用于反映电流周围存在磁场，能够储存和释放磁场能量的电路元件。典型的电感是电阻为零的线圈。忽略电阻的电感线圈称为理想电感线圈或纯电感线圈，简称电感元件或电感。电感是衡量线圈产生电磁感应能力的物理量。线圈通入电流，线圈周围就会产生磁场，通过线圈的电流越大，磁场就越强，通过线圈的磁通量就越大。电感元件的图形符号如图 1-11（a）所示，韦安特性如图 1-11（b）所示。

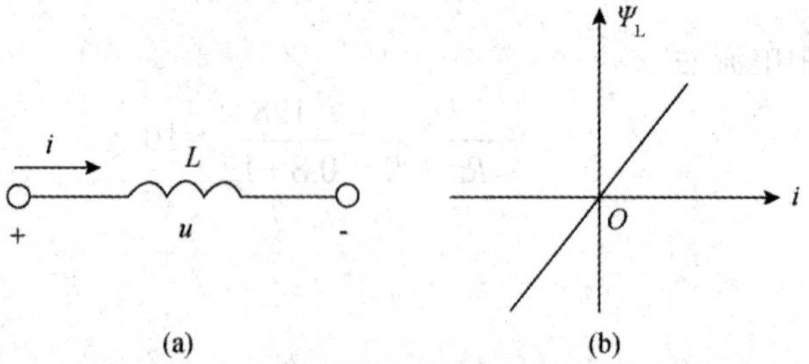

图 1-11　电感元件的符号与韦安特性

（a）图形符号；（b）韦安特性

单位电流产生的自感磁链称为电感线圈的电感量或自感系数，用字母 L 表示，单位是亨利（H）。

$$L=\frac{\psi_L}{i_L}$$

实际应用中，把电感量为常数的电感元件称为线性电感元件（线性电感）。任一瞬时线性电感的电压和电流的关系为微分的动态关系：

$$U_L=L\frac{\mathrm{d}i}{\mathrm{d}t}$$

因此，只有通过电感的电流发生变化时，电感两端才有电压。所以，电感是一种可以储能的动态元件，储存的磁能为

$$W_L=\frac{1}{2}Li^2$$

电感在很多设备上存在，如变压器的绕组、异步电动机的定子线圈等，这些绕组或线圈实际上存在电感，工作中会发热，即存在电阻，某些还存在电容。

1.2.4　电容

电容是能够储存能量建立电场和释放电场能量的元件，工作方式为充放电。当忽略实际电容的漏电电阻和引线电感时，可以将其抽象为仅具有储存电场能量功能的电容元件。电容的图形符号如图 1-12（a）所示，伏库特性如图 1-12（b）所示。

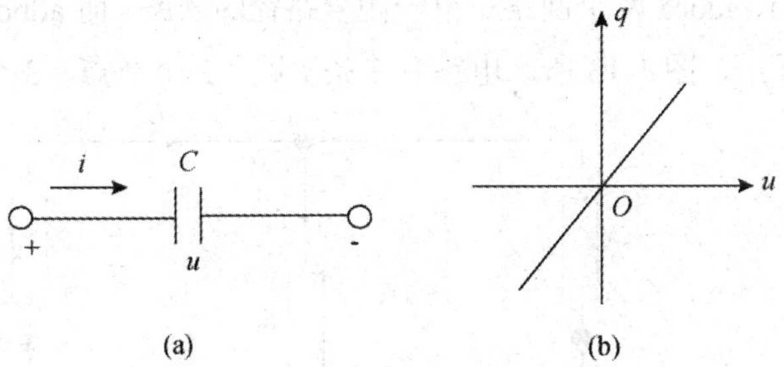

图 1-12　电容的图形符号与伏库特性

（a）图形符号；（b）伏库特性

在电容两端加上电压 u 时，电容被充电，两块极板上将出现等量的异性电荷 q 并形成电场。实际电容的理想化电路模型称为电容。电容的参数用电容量 C 表示，电容量 C 的单位是 F（法）。

$$C=\frac{q}{u}$$

任一瞬时线性电容的电压和电流的关系为微分的动态关系：

$$i_C=C\frac{\mathrm{d}u}{\mathrm{d}t}$$

因此，只有电容的极间电压发生变化时，电容支路才有电流通过。电容是动态元件，

储存电场能量为

$$W_C = \frac{1}{2}Cu^2$$

1.3 电路分析方法及定律

1.3.1 电路分析常用名词

在电路分析中有几个常用名词。

支路：电路中，通过同一电流的每个分支称为支路。每一支路上通过的电流称为支路电流。图 1-13 所示电路中的 I_1、I_2、I_3 是支路电流。

节点：3 条或 3 条以上支路连接点称为节点。图 1-13 所示电路中 a 和 b 两点是 3 条支路连接点，因此是节点，而 c、d、e 不是节点。

回路：电路中任一闭合路径称为回路。图 1-13 所示电路中 aebca、adbea 和 adbca 都构成了闭合路径。

网孔：不包含其他分支的回路称为网孔。网孔实际上是单一闭合路径的回路。图 1-13 所示电路中，aebca、adbea 两个回路是单一闭合路径的回路，而 adbca 回路中有 aeb 支路。

因此，可以看出，图 1-13 所示电路有 3 条支路、2 个节点、3 个回路、2 个网孔。

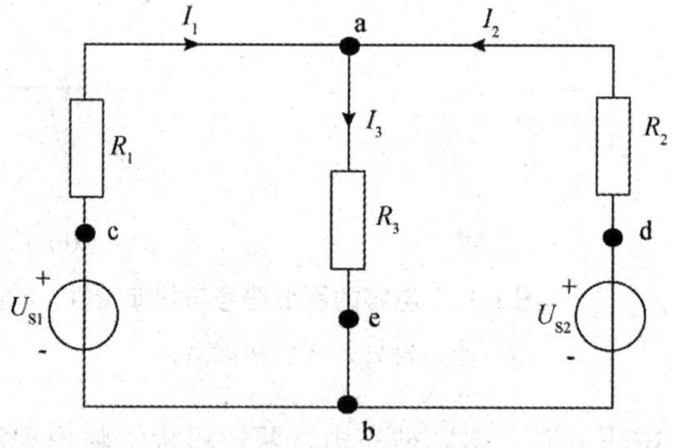

图 1-13 电路分析常用名词示意电路图

1.3.2 基尔霍夫定律

基尔霍夫定律是电路分析的重要定律，由德国物理学家基尔霍夫提出。基尔霍夫定律包括基尔霍夫电流定律（KCL，或称基尔霍夫第一定律）和基尔霍夫电压定律（KVL，或称基尔霍夫第二定律）。

1. 基尔霍夫电流定律

在任一瞬间，流入任意一个节点的电流之和必定等于从该节点流出的电流之和，所有电流均为正。即

$$\sum i_{入}=\sum i_{出}$$

如果规定流入节点的电流为正，流出节点的电流为负，则在任一瞬间，通过任意一节点电流的代数和恒等于零。即

$$\sum i=0$$

基尔霍夫电流定律从本质上反映了电路中电荷守恒的原则，运用基尔霍夫电流定律时应注意以下几点。

（1）通过任意节点支路电流的代数和等于零。首先需要假定各支路电流的参考方向，这样各支路电流都是代数量，在列节点 KCL 方程时，可以规定流入节点的电流为正，流出节点的电流为负（也可以进行相反的规定）。流入节点的电流必然等于流出节点的电流，即通过节点各支路电流的代数和等于零。

（2）基尔霍夫电流定律与电路元件的性质无关。

（3）基尔霍夫电流定律不仅适用于电路中任何一个节点，也可以推广应用于包围部分电路的任何一个假想的封闭面（该封闭面称为广义节点）。 任一瞬间通过广义节点（封闭面）电流的代数和等于零。 图 1-14 为基尔霍夫电流定律应用于广义节点的示意图，在该广义节点中，有三条支路与节点相连，对应的电流的代数和为零。

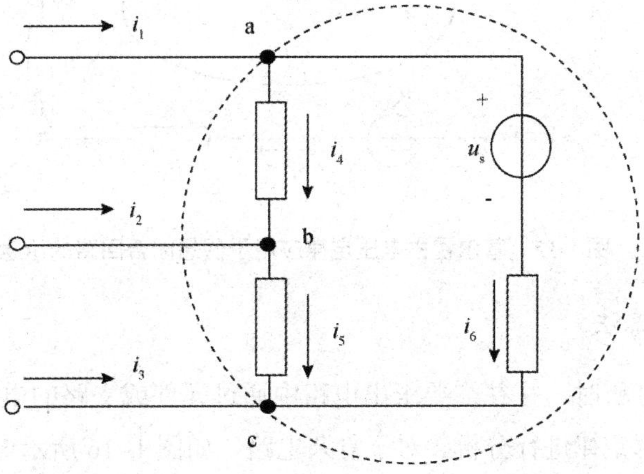

图 1-14　基尔霍夫电流定律应用于广义节点的示意图

2. 基尔霍夫电压定律

在任意瞬间，沿任意回路绕行一周（顺时针或逆时针方向），电路中各元件上电压降的代数和恒等于零。即

$$\sum u=0$$

注意：一般假设电压参考方向与回路绕行方向一致时取正号，相反时取负号。

基尔霍夫电压定律也可以这样理解：在任一瞬间，在任一回路上的电位升之和等于电位降之和。即

$$\sum u_{升}=\sum u_{降}$$

注意：这里所有电压值均为正，同向相加之和与反向相加之和的差为零。

运用基尔霍夫电压定律时应注意以下几点。

（1）进行电路分析时，在列回路 KVL 方程前，需要选定回路绕行方向（回路方向可以随意假设，不会影响分析结果），然后确定回路中各元件在绕行方向上属于电压降还是电压升。

（2）基尔霍夫电压定律与回路中各元件的性质无关。

（3）基尔霍夫电压定律不仅适用于电路中的任一闭合回路，也可以推广应用于电路中任一假想闭合回路。任一瞬间沿假想闭合回路各元件电压的代数和等于零。 图 1-15 为基尔霍夫电压定律应用于假想闭合回路的示意图。在该假想回路中，可以假设 ab 两点之间用一个电压源替代，对应的回路电压的代数和为零。

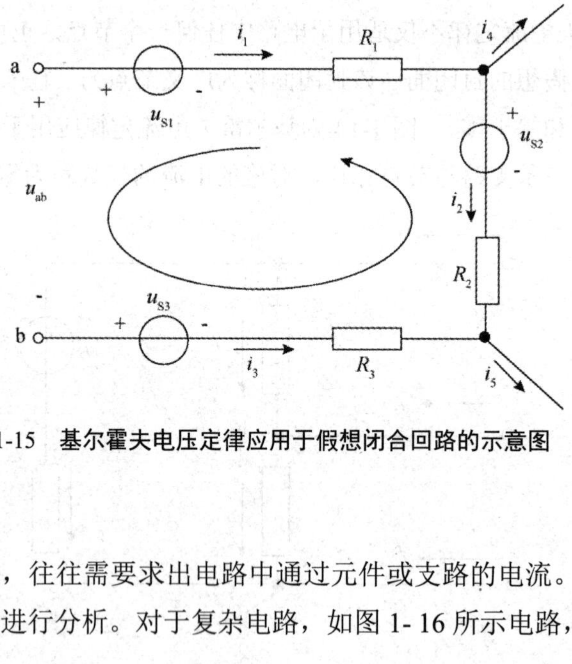

图 1-15　基尔霍夫电压定律应用于假想闭合回路的示意图

3. 支路电流法

在进行电路分析时，往往需要求出电路中通过元件或支路的电流。对于单电源电路，可以直接运用欧姆定律进行分析。对于复杂电路，如图 1- 16 所示电路，可以使用支路电流法进行电路分析。

支路电流法是以支路电流为未知量，应用基尔霍夫电流定律（KCL）和基尔霍夫电压定律（KVL），分别对节点和回路列出所需的方程式，然后联立求解出各未知电流的方法。支路电流法的总体思路是，对于一个具有 m 条支路、n 个节点的电路，根据 KCL 可列出 n−1 个独立的节点电流方程式，根据 KVL 可列出 m−（n−1）个独立的回路电压方程式。

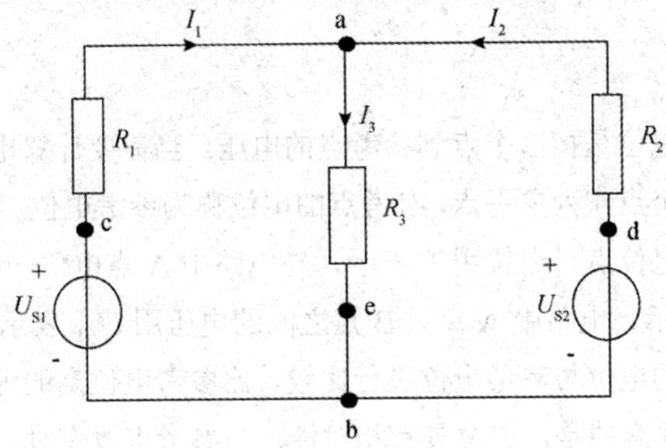

图 1-16　支路电流法示意图

以下是支路电流法分析步骤。

（1）分析电路有几条支路、几个节点和几个回路。

（2）标出各支路电流的参考方向。

（3）根据基尔霍夫电流定律列出 n–1 个节点电流方程式。 不足的未知量根据基尔霍夫电压定律列出 m–（n－1）个独立的回路电压方程式。 在列回路电压方程式时一般选取独立回路，独立回路尽可能选用网孔列 KVL 方程。

（4）联立求解方程组，求得各支路电流。若电流数值为负，说明电流实际方向与标定的参考方向相反。

【例 1-3】在图 1-16 所示电路中，电压源 U_{S1} ＝20 V、U_{S2}＝30 V 和各电阻都为 10 Ω，运用支路电流法求三个支路电流 I_1、I_2、I_3。

【解】分析图 1-16 所示电路，电路有 3 条支路、2 个节点、3 个回路和 2 个网孔。

电路有 2 个节点，可以列出 1 个 KCL 方程：

$$\sum i_{\text{入}} = \sum i_{\text{出}}$$

$$I_1 + I_2 - I_3 = 0$$

由于有三个未知量，还需要列两个 KVL 方程。这里选取 aebca、adbea 两个网孔列 KVL 方程，设两个网孔的绕行方向都是顺时针。

对于 aebca 网孔，有

$$I_1R_1 + I_3R_3 = U_{S1}$$

对于 adbea 网孔，有

$$I_2R_2 + I_3R_3 = U_{S2}$$

联立方程，得 $I_1 = \dfrac{1}{3}$ A、$I_2 = \dfrac{4}{3}$ A、$I_3 = \dfrac{5}{3}$ A。

由于三个支路电流为正值，所以其实际方向与图 1-16 所示方向相同。

1.3.3 电位计算

电路中某点的电位是指这个点到参考点的电压。当需要计算电路中某点的电位时，必须选定电路中的一个点作为参考点，参考点的电位称为参考电位。参考电位通常设定为零，常称参考点，为零电位点。电位用 V 表示，与电路中 A 点电位一般用 V_A 表示；与之对应的是电压，用 U 表示，电路中 A 点对 B 点之间的电压用 U_{AB} 表示。

电路中其他点的电位与参考电位进行比较，比参考电位高的为正电位，比参考电位低的为负电位。应该注意的是，电位具有相对性，当参考点改变时，电路中各点的电位也随之改变。图 1-17（a）中设 b 为参考点，这时 V_b＝0 V，V_a＝5 V；图 1-17（b）中设 a 为参考点，这时 V_a＝0 V，V_b＝－5V。

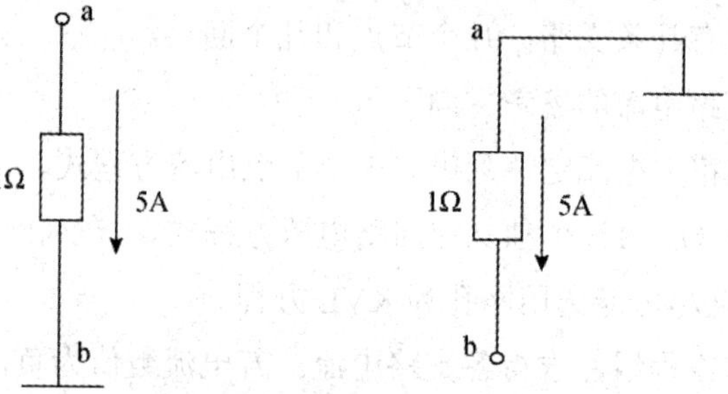

（a）　　（b）

图 1-17　电位与参考点示意图

（a）b 为参考点；（b）a 为参考点

电工实际应用中往往选取大地作为参考点，电子线路中常常选取多数支路汇集的公共点作为参考点。参考点在电路图上标注接地符号，用“⊥”表示。

【例 1-4】某电路如图 1-18（a）所示，分别以 A、B 为参考点计算 C 和 D 点的电位及 U_{CD}。

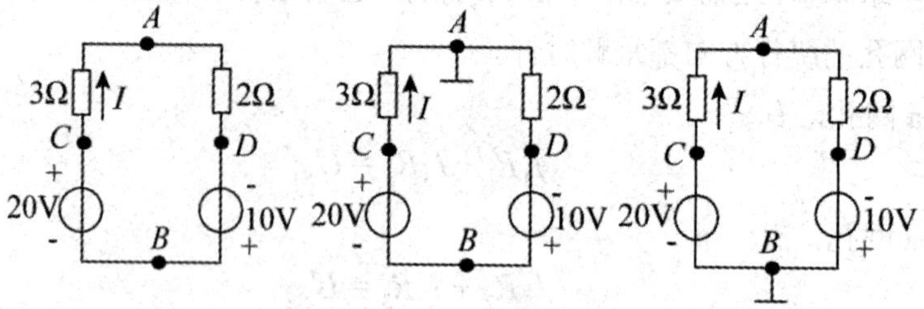

（a）　　（b）　　（c）

图 1-18　例 1-4 图

【解】当以 A 为参考点时，电路如图 1-18（b）所示。

电路中电流 I＝（20＋10）/（3＋2）＝6 A

C 点电位：V_C ＝6×3＝18 V

D 点电位：$V_D = -6\times2 = -12$ V

$U_{CD} = V_C - V_D = 30$ V

当以 B 为参考点时，电路如图 1-18（c）所示。

C 点电位：$V_C = 20$ V

D 点电位：$V_D = -10$ V

$U_{CD} = V_C - V_D = 30$ V

从上述计算可知，电路中的参考点改变后，各点的电位随之改变，但是任意两点间的电压不变。

实际应用中有些电路不画出电源，在各端标注出电位值，如图 1-19 所示，图 1-19（a）和 1-19（b）是等效的。

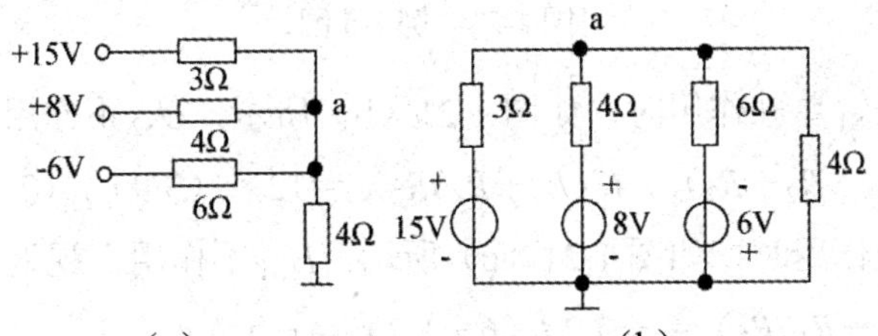

图 1-19　电位标注示意图

1.3.4　叠加原理

多个电源同时作用的线性电路中，任何支路的电流或任意两点间的电压，都是各个电源单独作用时所得结果的代数和。图 1-20（a）所示电路有两个电源，包括一个恒压源和一个恒流源。图 1-20（b）为恒压源单独作用时的等效电路，图 1-20（c）为恒流源单独作用时的等效电路。

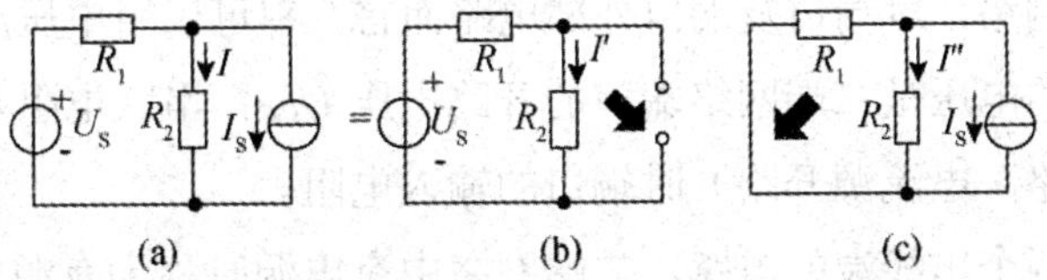

图 1-20　叠加原理示意图

（a）原电路；（b）电压源独立作用；（c）电流源独立作用

应用叠加原理的原则如下。

（1）叠加定理只适用于线性电路。

（2）等效分解时只将电源分别考虑，电路的其他非电源结构和参数不变。不作用的恒压源应予以短路（即 $U_S=0$），不作用的恒流源应予以开（断）路（即 $I_S=0$）。

（3）叠加定理只适用于电流（或电压）的计算，功率不能叠加。

（4）每个分解电路应标明各支路电流（或电压）参考方向；原电路中电流（或电压）是各分解电流（或电压）的代数和。

【例 1-5】 在图 1-21（a）所示电路中，已知 $R_1=2\ \Omega$，$R_2=3\ \Omega$，$R_3=6\ \Omega$，$U_{S1}=12\text{ V}$，$U_{S2}=7.2\text{ V}$，用叠加原理求得 I_3 和 R_3 的功率。

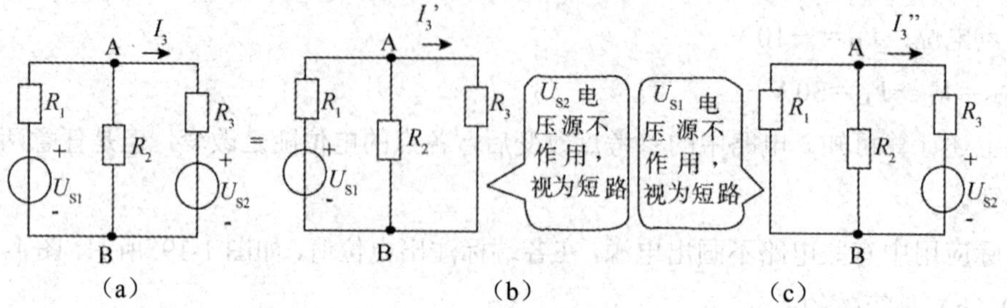

图 1-21　例 1-5 图

【解】 当电源 U_{S1} 单独作用时，如图 1-21（b）所示，U_{S2} 不作用，视为短路，则

$I_3'=U_{S1}\times(R_2/(R_2+R_3))/(R_1+R_2//R_3)=12\times(3/9)/(2+2)=1\text{ A}$

当电源 U_{S2} 单独作用时，如图 1-21（c）所示，U_{S1} 不作用，视为短路，则

$I_3''=-U_{S2}/(R_3+R_1//R_2)=-7.2/(6+1.2)=-1\text{ A}$

两者叠加，则 R_3 上电流为

$I_3=I_3'+I_3''=1+(-1)=0\text{ A}$

R_3 的功率由 $P=I^2R$ 得出，为零。

思考：如果尝试把各分量求出的功率进行叠加，R_3 的功率会有什么结果？

1.3.5　戴维南定理

戴维南定理又称等效电压源定理，其示意图如图 1-22 所示。对于外部电路来说，任何一个线性有源二端网络，对端口及端口外部电路而言，都可以用电压源串联内阻的等效电路来代替。电压源的电压是二端网络端口的开路电压 U_{OC}，串联电阻是网络中所有独立电源置零（电压源短路，电流源开路）时端口的输入电阻。

二端网络指有两个出线端的电路，二端网络中有电源时称为有源二端网络。

戴维南定理一般用于求解复杂电路中的某一条支路电流或电压。运用戴维南定理时，第一步是把需要求解的负载与有源二端网络分开；第二步是把有源二端网络与外电路断开，求出开路电压 U，即等效电压源电压 U_{OC}；第三步是将有源二端网络内部恒压源短路、恒流源开路，变为无源二端网络，求出等效电压源的内阻 R_0；第四步是把有源二端网络用等效电压源串联内阻代替，画出等效电路图并接上需要求解的支路负载，求出支路的电流或电压。

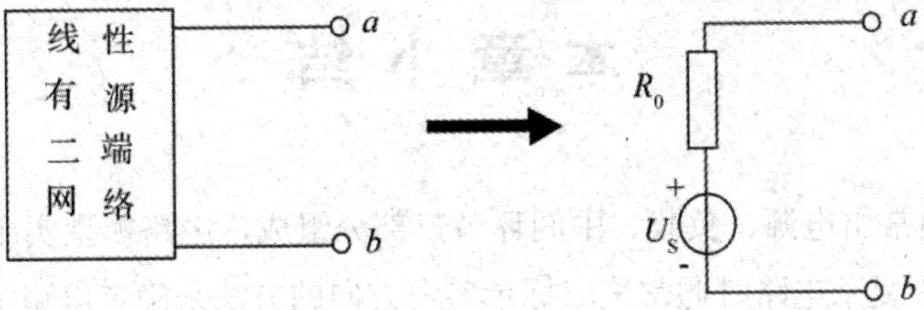

图 1-22　戴维南定理示意图

【例 1-6】图 1-23（a）所示电路中，R_1＝2 Ω、R_2＝3 Ω、R_3＝3 Ω、R_4＝2 Ω、R_5＝2.6 Ω、U＝10 V，求 R_5 支路的电流 I。

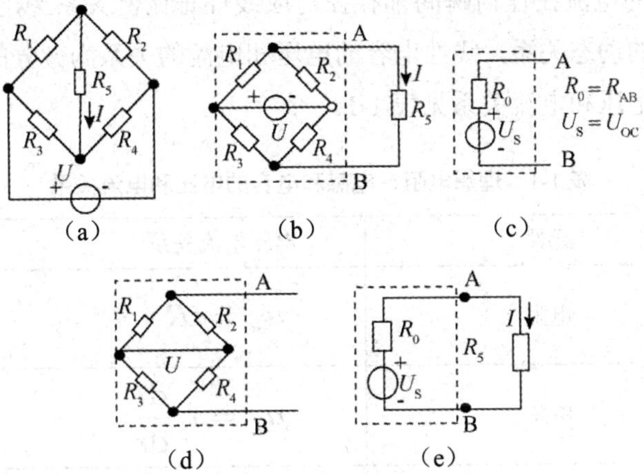

图 1-23　例 1-6 图

【解】第一步是把需要求解的负载与有源二端网络分开，图 1-23（a）所示电路转换为负载与有源二端网络电路，如图 1-23（b）和图 1-23（c）所示。下面需要求有源二端网络的开路电压和内阻电阻值。

第二步是把有源二端网络与外电路断开，求出开路电压 U_{AB}，即等效电压源电压 U_{OC}。

$$U_S = U_{OC} = U_{AB} = 10\times\frac{3}{2+3} - 10\times\frac{2}{3+2} = 6-4 = 2\ \text{V}$$

第三步是将有源二端网络内部恒压源短路、恒流源开路，变为无源二端网络，求出等效电压源的内阻 R_0，如图 1-23（d）所示。

$$R_0 = R_{AB} = R_1 // R_2 + R_3 // R_4 = 2.4\ \Omega$$

第四步是把有源二端网络用等效电压源串联内阻代替，画出等效电路图并接上需要求解的支路负载，如图 1-23（e）所示。

$$I = \frac{U_S}{R_0 + R_5} = \frac{2}{2.4+2.6} = 0.4\ \text{A}$$

本章小结

（1）电路通常由电源、负载、中间环节三部分组成，电路模型实质上是把实际电路元件理想化。分析复杂电路时通常采取标示参考方向的方法来确定电路中各支路电流和元件端电压在电路方程中的正、负号。参考方向可以任意假定，但选定后不能改变。通过计算得出结果为正值时，参考方向与实际方向相同，否则相反。

（2）电源有电压源和电流源两种，两种电源模型之间可以进行等效变换。电阻元件两端电压与流经它的电流在任何瞬间都存在对应线性正比例关系,线性电感元件的电压和电流的关系为微分的动态关系，线性电容的电压和电流的关系为微分的动态关系。理想电阻、电感和电容的电压和电流关系见表 1-1。

表 1-1　理想电阻、电感和电容的电压和电流关系

元件	电压电流关系
电阻	$u_R = iR$
电感	$u_L = L\dfrac{\mathrm{d}i}{\mathrm{d}t}$
电容	$i_C = C\dfrac{\mathrm{d}u}{\mathrm{d}t}$

（3）基尔霍夫定律是电路分析的重要定律，包括基尔霍夫电流定律（KCL，或称基尔霍夫第一定律）和基尔霍夫电压定律（KVL，或称基尔霍夫第二定律）。支路电流法是以支路电流为未知量，应用基尔霍夫电流定律和基尔霍夫电压定律求解出各未知电流。支路电流法的总体思路是，对于一个具有 m 条支路、n 个节点的电路，根据 KCL 可列出 $n-1$ 个独立的节点电流方程式，根据 KVL 可列出 $m-(n-1)$ 个独立的回路电压方程式。支路电流法分析步骤如下。

①分析电路有几条支路、几个节点和几个回路。

②标出各支路电流的参考方向。

③根据基尔霍夫电流定律列出 $n-1$ 个节点电流方程式，不足的未知量根据基尔霍夫电压定律列出 $m-(n-1)$ 个独立的回路电压方程式。 在列回路电压方程式时一般选取独立回路，独立回路尽可能选用网孔列 KVL 方程。

④联立求解方程组，求得各支路电流。如果电流数值为负，说明电流实际方向与标定的参考方向相反。

（4）电路中某点电位是指这个点到参考点的电压，参考点电位通常设定为零，电路

中 A 点电位一般用 V_A 表示。电位具有相对性，当参考点改变时，电路中各点的电位也随之改变。电路中电压用 U 表示，电路中 A 点与 B 点之间电压等于两点之间电位差，用 U_{AB} 表示。

（5）叠加原理是指多个电源同时作用的线性电路中，任何支路的电流或任意两点间的电压，都是各个电源单独作用时所得结果的代数和。

思考与练习

一、判断题

1．电位是相对量，电压是绝对量，二者没有任何关联。（　　）

2．电路中参考点变化时，电路中各点电位会改变，电路中两点间的电压也改变。（　　）

3．基尔霍夫定律既可用于分析直流电路，又可用于分析交流电路。（　　）

4．叠加原理既能够叠加电压或电流分量，又可能叠加功率。（　　）

5．分析复杂电路时参考方向可以任意假定，但选定后不能改变。（　　）

6．电源有电压源和电流源两种，两种电源模型之间不能进行等效变换。（　　）

二、选择题

1．某设备铭牌标称的额定值为“1 kΩ、2.5 W”，设备正常使用时允许流过的最大电流为（　　）。

A．25 mA　　B．50 mA　　C．75 mA　　D．250 mA。

2．灯泡 A 额定值为 100 W/220 V，灯泡 B 额定值为 25 W/220 V，把它们串联后接到 220 V 电源上，以下说法正确的是（　　）。

A．A 灯泡亮些　　B．B 灯泡亮些　　C．两个亮度相同　　D．以上都不对

3．灯泡 A 额定值为 100 W/220 V，B 额定值为 25 W/220 V，把它们并联后接到 220 V 电源上，以下说法正确的是（　　）。

A．A 灯泡亮些　　B．B 灯泡亮些　　C．两者亮度相同　　D．以上都不对

4．某导体的阻值为 4 Ω，在其他条件不变情况下，把它均匀切为两段，每段电阻值为（　　）。

A．1 Ω　　B．2 Ω　　C．3 Ω　　D．4 Ω

三、填空题

1．电路无源元件有____________、____________和____________，电路有源元件有__________和__________。

2．电路由__________、__________和__________三个部分组成。

3．应用叠加原理进行分析时，不作用的恒压源应予以____________，不作用的恒流源应予以__________。

四、简答题

1．简述电路组成环节和各环节的作用。

2．简述理想电源和实际电源的区别。

3．额定功率大的设备所消耗的电能是不是肯定比额定功率小的设备所消耗的电能多？

五、计算题

1．某电路的电源为220 V，电源内阻为1 Ω，电源可通最大电流为15 A。电路正常工作时，负载电阻变动值为21 Ω至43 Ω。当电路正常工作时，电流最大值和最小值分别是多少？如果负载发生短路，电路中电流值多大？这时电源会不会烧毁？

2．图1-24所示电路中，已知 $R_1=10\ \Omega$，$R_2=8\ \Omega$，$R_3=2\ \Omega$，$R_4=6\ \Omega$，两端电压 $U=140$ V。试求电路中的电流 I_1。

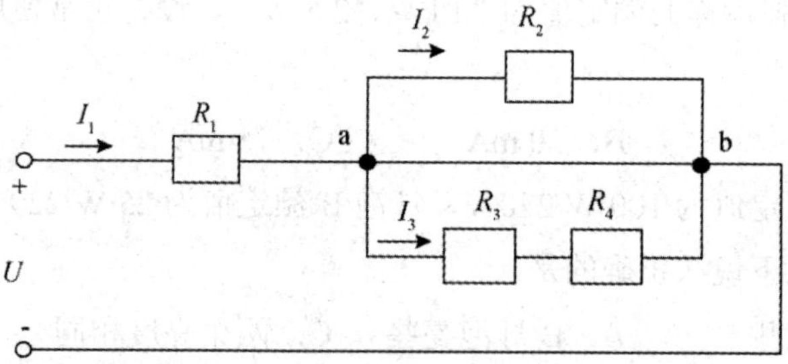

图1-24　计算题2图

3．图1-25所示电路中，已知电流 $I=20$ mA，$I_1=12$ mA，$R_1=5$ kΩ，$R_2=3$ kΩ，$R_3=2$ kΩ。求 A_1 和 A_2 的读数是多少？

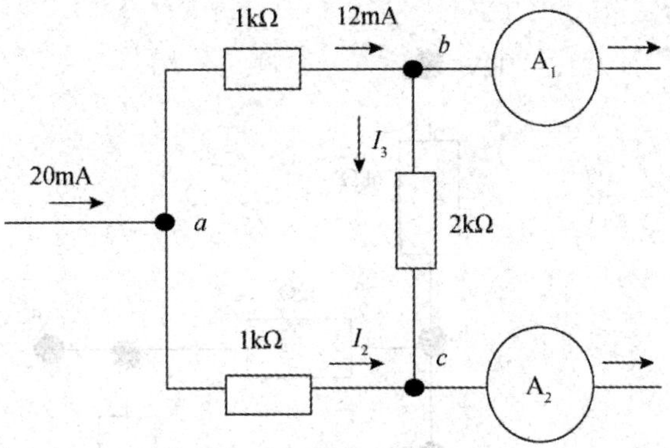

图 1-25　计算题 3 图

4．求图 1-26 所示电路中电流 I，已知 $U_1=10$ V，$U_2=20$ V，$U_3=30$ V，$R=10\ \Omega$。

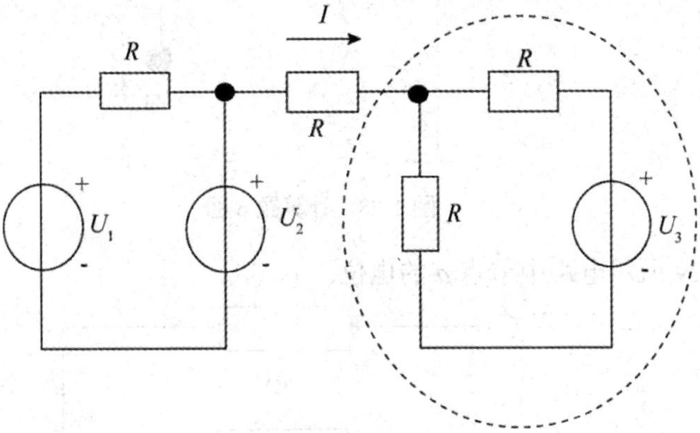

图 1-26　计算题 4 图

5．图 1-27 所示电路中，已知 $U_{S1}=60$ V，$U_{S2}=120$ V，$R_1=R_2=R_3=10$ kΩ。分别用支路电流法和叠加原理求流过电阻 R_3 的电流。

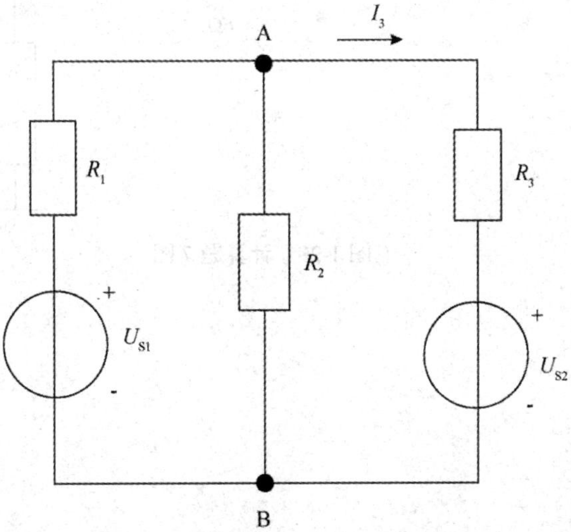

图 1-27　计算题 5 图

6．图 1-28 所示电路中，求开关 S 断开或闭合时 a 点电位。

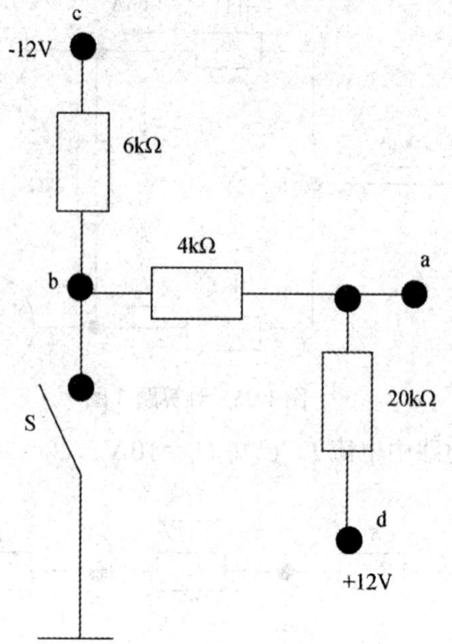

图 1-28 计算题 6 图

7. 求图 1-29 所示电路中节点 *a* 的电位。

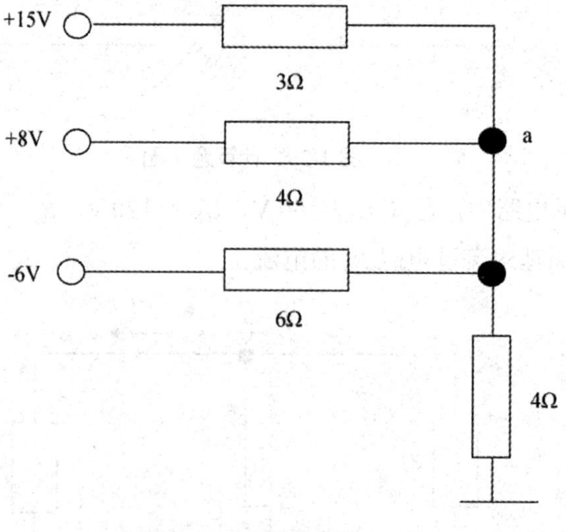

图 1-29 计算题 7 图

第2章 交流电

【本章导读】

交流电广泛应用于生产和日常生活中。交流电具有可长距离经济输送、可进行变压成不同电压等级适应使用要求等优点，交流电也可以通过整流转换为直流电。在电力系统中，发电和输配电时通常采用三相交流电，工业生产中大部分电气设备采用三相交流电作为电源；而办公、家庭中很多电气设备采用单向交流电作为电源，单相交流电通常取自三相交流输电线路中的其中一相。

【学习目标】

- 理解交流电三要素和相位差的含义；
- 理解相量分析方法，能运用相量分析方法进行计算；
- 理解三种元件在交流电路中特性，理解感抗、容抗和功率因数概念，掌握三种功率计算和功率因数提高方法；
- 熟悉三相交流电的电源与负载的连接方式，掌握三相交流电在星形连接和三角形连接条件下的电压、电流和功率计算。

2.1 单相交流电基本知识

实际应用中的交流电的电压和电流随时间按正弦规律变化，因此被称为正弦交流电。

2.1.1 正弦交流电的周期、频率和角频率

正弦交流电由发电厂发电机产生，其大小与方向均随时间按正弦规律变化。正弦交流电的波形如图 2-1 所示，正半周的波形在横轴上方，负半周的波形在横轴下方。反映交流电随时间变化的快慢程度的参数是周期、频率和角频率。

1. 周期

正弦交流电每重复变化一个循环所需要的时间称为周期，用字母 T 表示，单位是秒(s)。在图 2-1 中，正弦交流电从 0 到 2π 变化所需的时间为一个周期。

2. 频率

频率是指正弦交流电在单位时间内重复变化的循环次数，用字母 f 表示，单位是赫兹（Hz），简称赫。目前实际应用中的交流电的频率主要有 50 Hz 和 60 Hz 两种，我国的交流电采用 50 Hz 为标准频率，称为工频。一般来说，频率越高，正弦交流电随时间变化就越快。

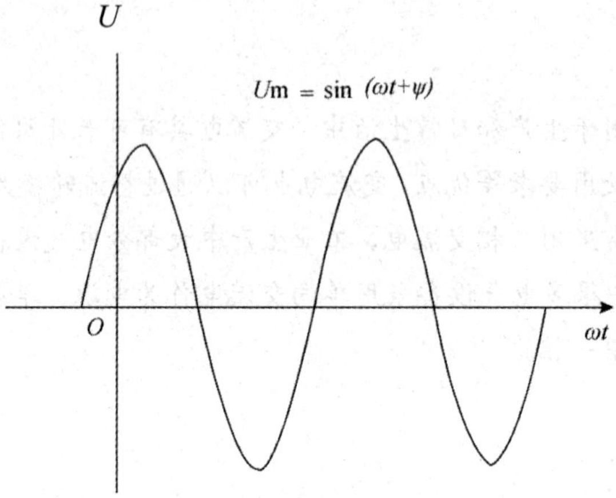

图 2-1　正弦交流电的波形

由上述内容可知周期与频率互为倒数关系：

$$T = 1/f$$

$$f = 1/T$$

3. 角频率

正弦交流电变化的快慢除了用周期和频率描述外，还可以用角频率 ω 描述。角频率 ω 指正弦交流电单位时间（1 s）内所经历的弧度数，单位是弧度/秒（rad/s）。

角频率与周期、频率的关系为

$$\omega = 2\pi f = 2\pi / T$$

2.1.2　正弦交流电的瞬时值、最大值和有效值

1. 瞬时值

由图 2-1 可以得出正弦交流电的电压和电流的表达式分别为

$$u = U_{\mathrm{m}}\sin(\omega t + \psi)$$

$$i = I_{\mathrm{m}}\sin(\omega t + \psi)$$

由上述表达式可知在任一时刻正弦交流电的电压、电流数值，即瞬时值。可以看出，瞬时值是变量。通常用小写字母表示瞬时值。

2. 最大值

正弦交流电的电压或电流振荡的最高点称为最大值。用 U_{m} 或 I_{m} 表示电压或电流的最

大值，也称幅值。

3. 有效值

实际应用中很少用幅值来表示正弦交流电的大小，一般用有效值来表示。正弦交流电的有效值是指与其具有相同热效应的直流电数值，即无论是交流电还是直流电，只要它们对同一负载的热效应相等，那么交流电流 i 的有效值在数值上等于直流电流 I 的数值。

在图 2-2 中，交流电流 i 与直流电流 I 的电流热效应相同，即二者做功能力相等。交流电的有效值使用直流电符号，电压或电流用 U 或 I 表示，用来反映交流电的大小。

交流电流 i 通过电阻 R 时，在 t 时间内产生的热量为 Q　　直流电流 I 通过相同电阻 R 时，在 t 时间内产生的热量也为 Q

图 2-2　交流电的有效值

理论和实践证明，正弦交流电的有效值和最大值的之间关系为

$$U = \frac{U_{\mathrm{m}}}{\sqrt{2}} = 0.707U_{\mathrm{m}}$$

$$I = \frac{I_{\mathrm{m}}}{\sqrt{2}} = 0.707I_{\mathrm{m}}$$

交流电路经常采用有效值进行测量和计算。电气设备上标注的额定电压或额定电流和电工仪表的测量读数也是指有效值。例如，办公或工业电气设备使用的电压 220 V 或 380 V 是指这些设备电压的有效值。

交流电的最大值反映了它的振荡最高点，而有效值则反映了它的做功能力。

2.1.3　正弦交流电的相位、初相位和相位差

1. 相位

在正弦交流电的电流和电压的表达式中，$\omega t+\psi$ 反映了交流电随时间变化的进程，它是一个随时间变化的电角度，称为正弦交流电的相位角，简称相位。

正弦交流电的相位跟随时间变化，使得交流电的瞬时值发生变化。

2. 初相位

$t=0$ 时的相位角称为初相位角或初相位，即 ψ。初相位反映了正弦交流电在计时起始点的状态，初相位的范围为－180°～＋180°。图 2-3 为初相位示意图。

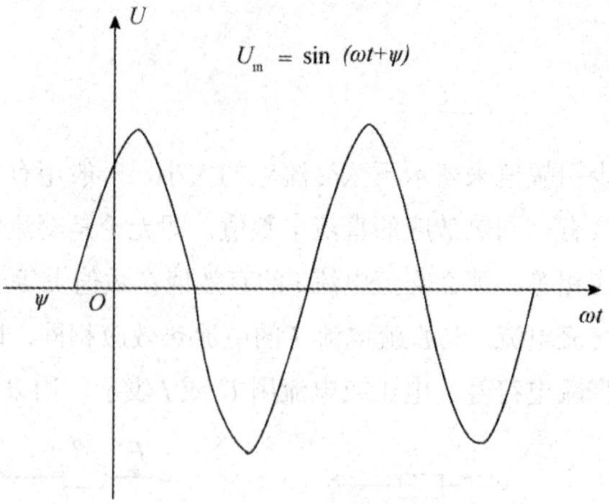

图 2-3 初相位示意图

由正弦交流电电压瞬时值表达式 $u = U_m \sin(\omega t + \psi)$ 可知，交流电的最大值、角频率和初相位确定后，正弦交流电就可以被确定了。因此，把最大值、角频率和初相位称为正弦交流电的三要素。

3. 相位差

为了比较同频率正弦交流电在变化过程中的相位关系以及顺序，引入了相位差概念。相位差指同频率正弦交流电的初相位之差，用 ϕ 表示。

例如，两个正弦交流电，它们的表达式分别为

$$u = U_m \sin(\omega t + \psi_u)$$

$$i = I_m \sin(\omega t + \psi_i)$$

那么，这两个交流电相位差为

$$j = (\omega t + \psi_u) - (\omega t + \psi_i)$$

因此，同频率的正弦交流电的相位差与时间 t 无关，反映了同频率正弦量随时间变化在顺序或“步调”上的差别，如图 2-4 所示。具体有以下几种情况：

（1）同相：如果 u 和 i 的初相位相等，即 $\psi_u - \psi_i = 0°$，那么它们的相位差等于 0，这种情况称为同相。它说明 u 和 i 步调一致，同时过零且同时达到正负向最大值。交流电路负载为纯电阻时，u 和 i 就是同相关系。

（2）反相：若 u 和 i 的相位差 180°，即 $\psi_u - \psi_i = \pm 180°$，那么 u 和 i 的顺序或步调相反，总是在一个到达正的最大值时，另一个必然在负的最大值处，这种情况称为反相。在电子线路中的晶体管的共射极放大器线路中，输出电压与输入电压的是反相的。

（3）超前与滞后：如果 u 和 i 的初相位不相等且相位差不是±180°，即 $\psi_u - \psi_i \neq 0°$ 且 $\psi_u - \psi_i \neq \pm 180°$，那么 u 和 i 随时间 t 变化时，可能到达零值点或正负最大值点时会存在时间差异或步调不相同，这种情况下，首先到达零值点（或最大值点）的相对另一个称为超前，反之称为滞后。

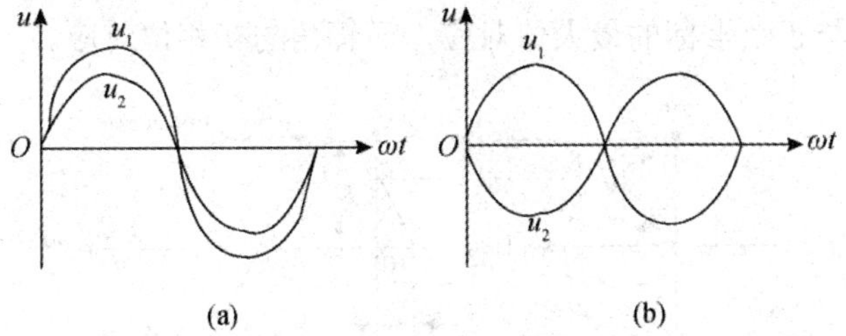

图 2-4　同相与反相

（a）同相 ；（b）反相

对于相位差必须注意两个问题。一是不同频率的正弦交流电不能进行相位比较。也就是说，在进行正弦交流电相位关系的比较时，它们必须是同频率的交流电，否则不能进行相位比较。二是相位差不得超过－180°～＋180°，如果超过该范围，则应进行换算。

【例 2-1】某正弦交流电电压有效值为 220 V，初相位为 0° ，频率为工频。另一正弦交流电的电流有效值为 10 A，初相位为 120° ，频率为工频。（1）写出这两个正弦交流电的瞬时值表达式；（2）求两者的相位差并分析它们的相位关系。

【解】对于电压有效值为 220 V 的正弦交流电，瞬时值表达式为

$$\begin{aligned} u &= U_{\mathrm{m}}\sin(\omega t+\psi_u) \\ &= 220\sqrt{2}\sin(100\pi t+0°) \\ &= 311\sin 100\pi t \end{aligned}$$

对于电流有效值为 10 A 的正弦交流电，瞬时值表达式为

$$\begin{aligned} i &= I_{\mathrm{m}}\sin(\omega t+\psi_i) \\ &= 10\sqrt{2}\sin(100\pi t+120°) \\ &= 14.1\sin(100\pi t+120°) \end{aligned}$$

相位差

$$j = (\omega t+\psi_u) - (\omega t+\psi_i) = \psi_u - \psi_i = -120°$$

从相位差值可以看出，u 比 i 滞后 120° 。

2.1.4　正弦交流电的相量表示

1. 正弦交流电的复数表示法

使用正弦三角函数表达式和波形图都可以明确地表示正弦交流电的特征（或要素），但需要对正弦交流电进行运算分析时，这两种方法很不方便。实际应用中通常对正弦交流电采用相量表示法，把三角函数运算转换为复数运算，简化了正弦交流电的运算分析。

由正弦交流电三要素可知，交流电是由最大值、角频率和初相位决定的。在交流电路分析时，同频率的交流电才能进行叠加。因此，在分析交流电路时，只要确定交流电的最大值和初相两个要素，就可以进行比较和分析。图 2-5 为交流电的复数坐标与正弦坐标表

示图，复数 A 的模与正弦坐标的最大值对应，而辐角与初相位对应。

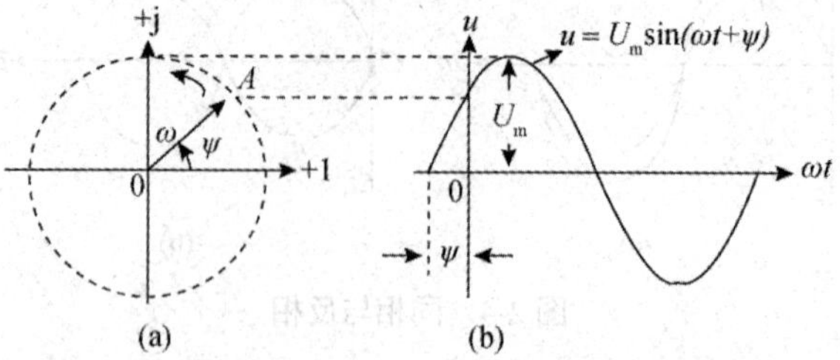

图 2-5　正弦交流电的复数坐标与正弦坐标

（a）复数坐标；（b）正弦坐标

2. 复数及其运算

复数 A 在复平面上是一个点，如图 2-6 所示。原点指向复数的箭头称为复数 A 的模 a，模 a 与正向实轴之间的夹角为复数 A 的幅角 ψ，A 在实轴上的投影是实部数值 a_1，A 在虚轴上的投影是虚部数值 a_2。

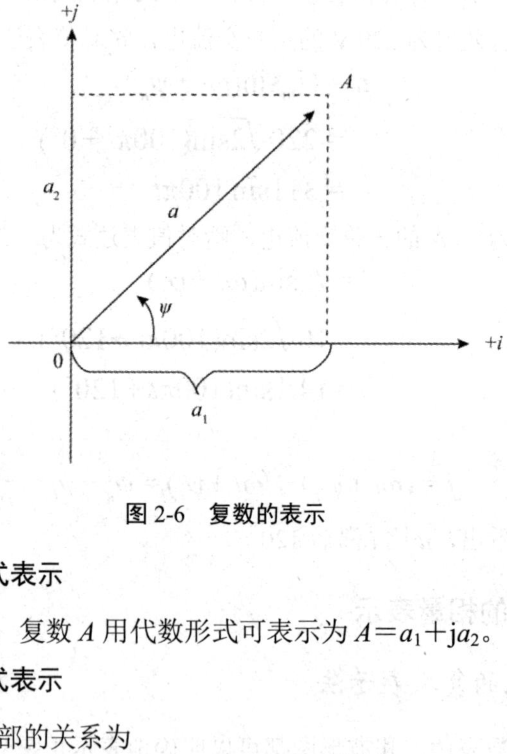

图 2-6　复数的表示

（1）复数的代数形式表示

从图 2-6 中可以看出，复数 A 用代数形式可表示为 $A = a_1 + ja_2$。

（2）复数的指数形式表示

复数的模与实部、虚部的关系为

$$a = \sqrt{a_1^{\ 2} + a_2^{\ 2}}$$

复数的辐角与实部、虚部的关系为

$$\psi = \arctan\frac{a_2}{a_1}$$

$$a_1 = a\cos\psi$$

$$a_2 = a\sin\psi$$

复数的指数形式表达式为

$$A = a\mathrm{e}^{\mathrm{j}\psi}$$

因此，复数也可以写成

$$A = a_1 + \mathrm{j}a_2 = a\cos\psi + \mathrm{j}a\sin\psi$$

（3）复数的极坐标形式表示

复数的极坐标形式表示是指数形式表示的简化，复数 A 的极坐标表达式为

$$A = a\angle\psi$$

上述复数的三种表达形式可以相互转换的。

【例 2-2】已知复数 A 的模 $a=10$，辐角 $\psi=53.1°$，试写出复数 A 的极坐标形式和代数形式表达式。

【解】由模和辐角，得复数 A 极坐标形式表达式：

$$A = 10\angle 53.1°$$

实部

$$a_1 = a\cos\psi = 10\cos 53.1° = 6$$

虚部

$$a_2 = a\sin\psi = 10\sin 53.1° = 8$$

复数 A 的代数形式表达式为 $A=6+\mathrm{j}8$

（4）复数运算

复数运算一般采用以下方法进行：两个复数进行加减运算时，采用代数方法；两个复数进行乘除运算时，采用极坐标方法。

$$A + B = (a_1 + b_1) + \mathrm{j}(a_2 + b_2)$$

$$A - B = (a_1 - b_1) + \mathrm{j}(a_2 - b_2)$$

$$A\cdot B = ab\angle(\psi_a + \psi_b)$$

$$\frac{A}{B} = \frac{a}{b}\angle(\psi_a - \psi_b)$$

【例 2-3】复数 $A=3+\mathrm{j}4$，$B=6+\mathrm{j}8$，求 $A+B$，$A-B$。

【解】 $A+B=(3+\mathrm{j}4)+(6+\mathrm{j}8)=(3+6)+\mathrm{j}(4+8)=9+\mathrm{j}12$

$A-B=(3+\mathrm{j}4)-(6+\mathrm{j}8)=(3-6)+\mathrm{j}(4-8)=-3-\mathrm{j}4$

正弦交流电的相量表示采用复数表示交流电，以复数形式表示的正弦交流电的电压或

电流称为相量（矢量），相量（矢量）上方有符号“ •”。

【例 2-4】求正弦交流电 $i=14.1\sin(\omega t+120°)$ A 的最大值和有效值相量表示。

【解】最大值相量表示为

$$\dot{I}_m=14.1\angle 120°$$

有效值相量表示为

$$\dot{I}=10\angle 120°$$

使用相量时要注意以下几点。

（1）相量只反映模值（对应正弦交流电的最大值或有效值）和辐角（对应正弦交流电的初相位），并不等于正弦交流电，它不是时间 t 的函数。

（2）只有同频率的正弦交流电才可以使用相量（或相量图）分析，不同频率的不可以使用。

（3）用相量表示正弦交流电实质上是一种数学变换，目的是简化运算。

按照正弦交流电的大小和相位关系，可以用初始位置的射线画出相应的向量图形，这种图形称为正弦交流电相量图。相量图可以把正弦交流电的相量以图形方式在坐标系上反映出来，图 2-7 为正弦交流电相量图。

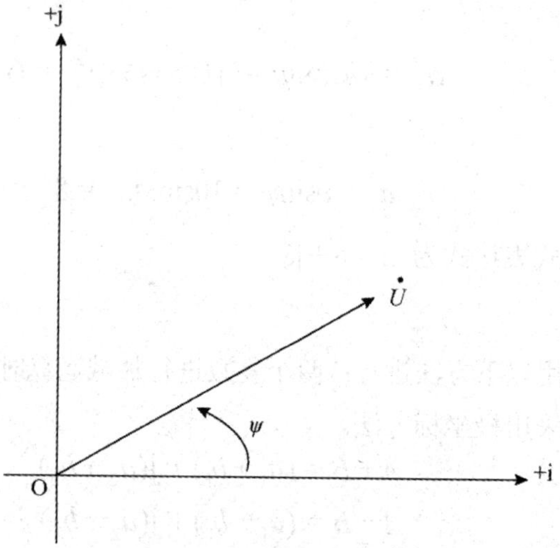

图 2-7　正弦交流电相量图

利用相量图也可对正弦交流电进行运算和分析。如有正弦交流电 $u_1=U_1\sin(\omega t+\psi_1)$ 和 $u_2=U_2\sin(\omega t+\psi_2)$ 叠加，可以利用相量图对它们进行运算。

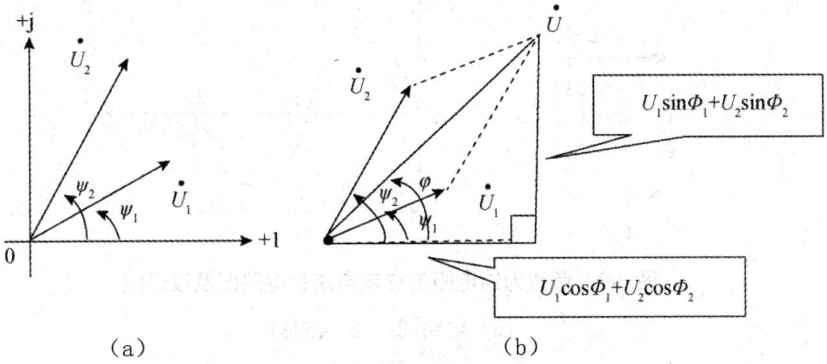

图 2-8 相量图运算分析

具体方法如下。第一步，画出两个正弦量的相量图。绘制时，选定某一个量为参考相量，另一个量则根据与参考量之间的相对位置画出，如图 2-8（a）所示。第二步，根据平行四边形法则和直角三角形关系，求出夹角 ψ 和叠加后的模值 U，如图 2-8（b）所示。

$$U=\sqrt{(U_1\cos\psi_1+U_2\cos\psi_2)^2+(U_1\sin\psi_1+U_2\sin\psi_2)^2}$$

$$j=\arctan\frac{U_1\sin\psi_1+U_2\sin\psi_2}{U_1\cos\psi_1+U_2\cos\psi_2}$$

2.2 正弦交流电路分析

与直流电路不同，在交流电路中，电阻、电感和电容的电流、电压的大小、方向会随时间变化，电路元件的电场和磁场会随之变化。变化的电场、磁场也会影响通过电路中元件的电压和电流。在实际的交流电路中，电阻、电容和电感三种电路元件独立或者组合存在。掌握电路元件在交流电路中的特性是分析交流电路的基础。

在进行交流电路分析时，当只考虑某元件的一种参数而忽略其他参数的作用时，该元件被视为理想元件，例如理想电感是只有电感的理想线圈。交流电路中只存在一种理想元件负载的电路称为单一参数电路，主要有三种：纯电阻电路、纯电感电路、纯电容电路。而电路中存在两种或两种以上的理想元件的交流电路，主要有电阻电感（RL）电路，电阻、电感和电容（RLC）电路等。

2.2.1 负载为纯电阻的正弦交流电路

1. 伏安关系

图 2-9（a）为负载为纯电阻的交流电路的电路图。

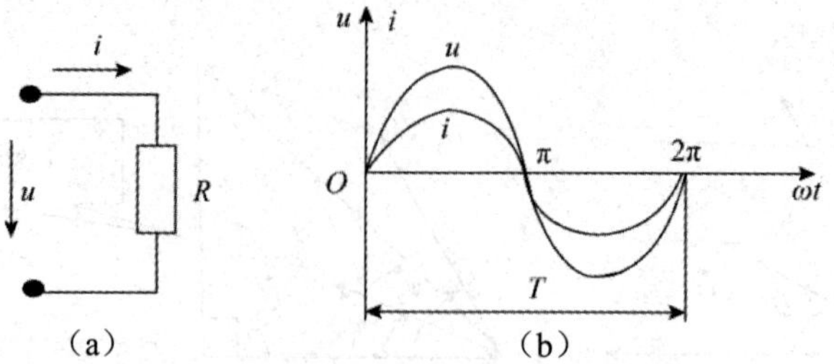

图 2-9　负载为纯电阻的交流电路的电路图及波形图

（a）电路图；（b）波形图

电路中电阻电压 u、电流 i 即时对应，如图 2-9（b）所示，两者关系为

$$i=\frac{u}{R}$$

设通过电阻的正弦交流电的电流为

$$i=I_{\mathrm{m}}\sin(\omega t+\psi_i)=\sqrt{2}I\sin(\omega t+\psi_i)$$

那么电阻两端电压为

$$u=iR=\sqrt{2}IR\sin(\omega t+\psi_u)=\sqrt{2}U\sin(\omega t+\psi_u)$$

上述式子中 I、U 为交流电流和交流电压的有效值。

正弦交流电路中，电阻的电压和电流的相量图见图 2-10 。

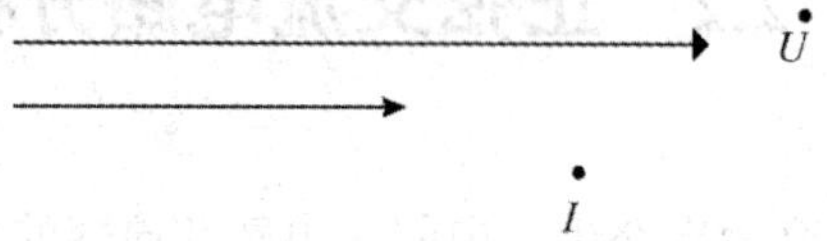

图 2-10　正弦交流电路中电阻的电压和电流的相量图

正弦交流电路中的电阻适用欧姆定律，电压与电流频率相同，相位相同。

2. 功率

由于在正弦交流电路中电流和电压随时间变化，功率也会随时间变化。电路元件在某一瞬时吸收或发出的功率为瞬时功率，一般用小写字母 p 表示。瞬时功率为瞬时电压与瞬时电流的乘积

$$p=ui$$

电阻在交流电路中的瞬时功率为

$$\begin{aligned}p=ui&=\sqrt{2}U\sin(\omega t+\psi_u)\cdot\sqrt{2}I\sin(\omega t+\psi_i)\\&=UI[1-\cos2(\omega t+\psi_i)]\end{aligned}$$

从电阻瞬时功率公式可以看出，瞬时功率由不变量 UI 和变量 $-UI\cos2(\omega t+\psi_i)$ 组成。如果取 $\psi_i=0$，那么电阻的瞬时功率为

$$\begin{aligned}p=ui&=U_{\mathrm{m}}\sin\omega t\cdot I_{\mathrm{m}}\sin\omega t\\&=UI-UI\cos2\omega t\end{aligned}$$

图 2-11 为电阻瞬时功率波形图（设 $\psi_i=0$）。

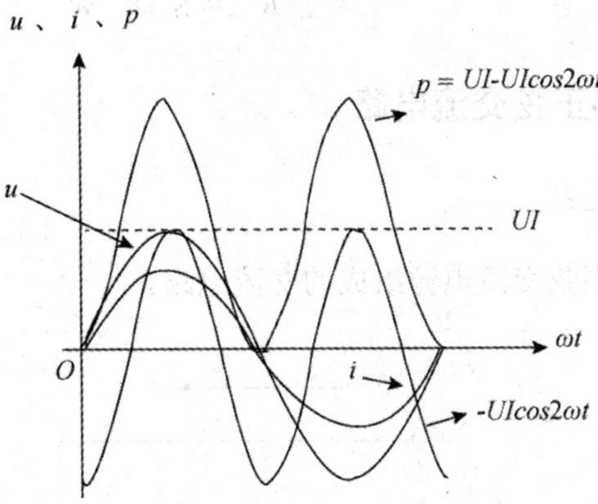

图 2-11　电阻瞬时功率波形图

图 2-11 中，虚线部分为功率的平均值 P（等于 UI）。瞬时功率虽然随时间变化，但始终在坐标轴横轴上方，其值为正，这表明电阻始终消耗功率。

根据电阻瞬时功率公式，可以计算出在交流电一周期内电阻消耗的平均功率为

$$P=UI=I^2R=\frac{U^2}{R}$$

平均功率指瞬时功率在一个周期内的平均值。用电设备上标注的额定功率指的是设备消耗的平均功率，也称有功功率，用大写字母 P 表示。

实际中有不少设备属于纯电阻类型，而纯电阻交流电路是较简单的交流电路，电炉、电烙铁等设备属于电阻性负载，与交流电源连接起来即组成纯电阻交流电路。

【例 2-5】有两只白炽灯泡，额定电压均为 220 V，灯泡 A 额定功率为 40 W，灯泡 B 额定功率为 100 W。把它们串联起来接入 220 V 交流电路中，灯泡 A、B 的实际功率是多少？

【解】灯泡 A 的电阻：

$$R_{\mathrm{A}}=\frac{U^2}{P_{\mathrm{eA}}}=\frac{220^2}{40}=1210\ \ \Omega$$

灯泡 B 的电阻：

$$R_{\mathrm{B}}=\frac{U^2}{P_{\mathrm{eB}}}=\frac{220^2}{100}=484\ \ \Omega$$

串联后电路中电流：

$$I=\frac{U}{R_{\mathrm{A}}+R_{\mathrm{B}}}=\frac{220}{1210+484}=0.13\ \ \mathrm{A}$$

灯泡 V 实际功率：

$$P_{\mathrm{A}}=I^2R_{\mathrm{A}}=20.45\ \ \mathrm{W}$$

灯泡 B 实际功率：

$$P_B = I^2 R_B = 8.18\ \text{W}$$

2.2.2 负载为纯电感正弦交流电路

1. 电压与电流关系

图 2-12 为电感与正弦交流电源组成的交流电路。

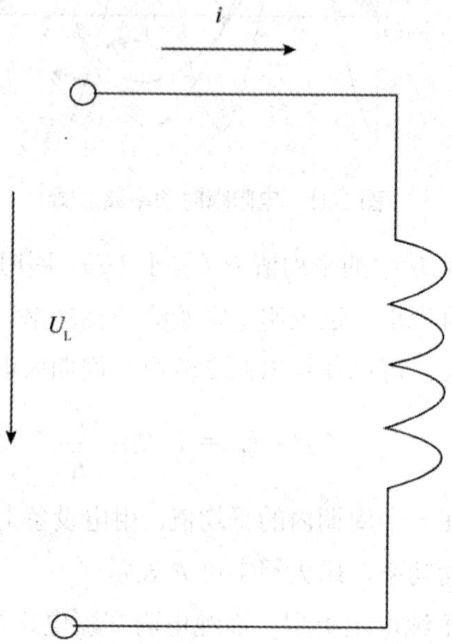

图 2-12 电感与正弦交流电源组成的交流电路

设电路电流为

$$i = I_m \sin(\omega t + \psi_i)$$

设电感的电压、电流为关联参考方向。根据电感的伏安特性 $u_L = L\dfrac{di}{dt}$，得两端电压为

$$u_L = L\frac{di}{dt} = I_m \omega L \cos(\omega t + \psi_i)$$
$$= I_m \omega L \sin(\omega t + \psi_i + 90^\circ)$$

因此，在正弦交流电路中，电感的电压和电流为同频率的正弦量，电压的相位超前电流的相位 90°。电感的电压最大值与电流最大值的数量关系为

$$U_m = I_m \omega L = I_m 2\pi f L$$

从上得出电感的电压有效值与电流有效值的数量关系为

$$U_L = I \cdot 2\pi fL$$

$$I = \frac{U_L}{2\pi fL}$$

电感的电压和电流的相量表达为

$$\dot{U}_L = j\omega L\dot{I}$$

图 2-13 为电感的电压、电流相量关系图。

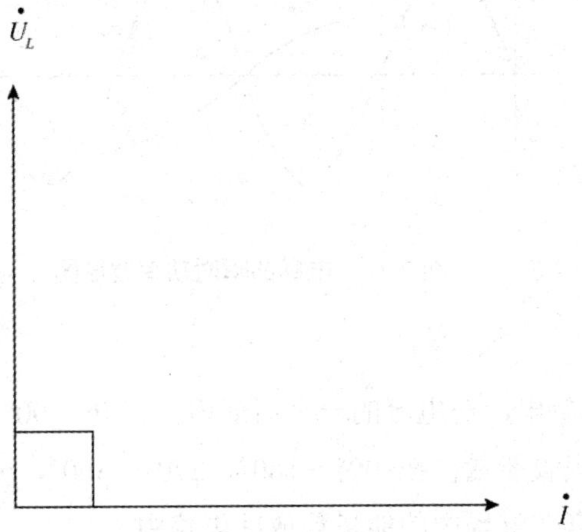

图 2-13　电感元件的电压、电流相量关系图

2. 感抗

电感的电压与电流关系式中分母 $2\pi fL$ 被定义为电感的感抗 X_L。

$$X_L = \omega L = 2\pi fL$$

感抗表示线圈对正弦交流电流的阻碍作用。当 $f = 0$ 时.感抗 $X_L=0$，这表明对于直流电流来说，电感（线圈）相当于短路。

电感 L 的单位为亨利（H），感抗 X_L 单位为欧姆（Ω）。

电感的电压和电流 D 相量关系可写成

$$\dot{U}_L = j\omega L\dot{I} = j\dot{I}\dot{X}$$

3. 电感的功率

（1）瞬时功率

设 $i = \sqrt{2}I\sin\omega t$，那么

$$u_L = \sqrt{2}U_L\sin(\omega t + 90^\circ) = \sqrt{2}U_L\cos\omega t$$

电感的瞬时功率为

$$p_L = u_L i = \sqrt{2}U_L \sin(\omega t + \frac{\pi}{2}) \times \sqrt{2} I \sin \omega t$$
$$= 2U_L I \sin \omega t \times \cos \omega t$$
$$= U_L I \sin 2\omega t$$

图 2-14 为的元件瞬时功率波形图。

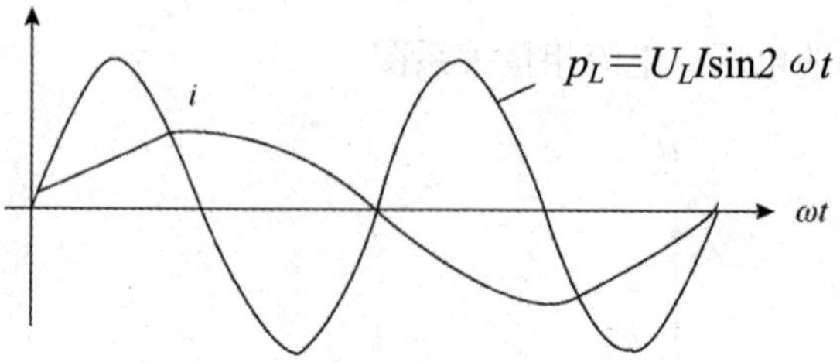

图 2-14 电感的瞬时功率波形图

（2）**平均功率**

从图 2-14 中可以看出，在电流的一个周期内，在 0°～90°、180°～270°，p_L 为正值，说明这时电感从电路吸收能量；在 90°～180°、270°～360°，p_L 为负值，说明这时电感向电路提供能量，将储存在磁场中的能量释放回电路中。

因此，在电流的一个周期内，电感的平均功率为零。也就是说，在正弦交流电路中，电感是储能元件，不消耗能量，起能量交换作用。

（3）**无功功率**

实际应用中，为了衡量电感能量交换能力，把电感瞬时功率的最大值定义为电感无功功率，也称感性无功功率，用 Q_L 表示，无功功率的单位为乏（Var）。

【例 2-6】某电感的电感量 L＝0.127 H，忽略其电阻，接到 120 V 工频正弦交流电源上。求：（1）感抗 X_L、电流、无功功率 Q_L；（2）如果频率增加到 1000Hz，感抗 X_L、电流、无功功率 Q_L 多大？（3）如果把该元件接到电压为 120 V 的直流电源上，会是什么情况？

【解】（1） $X_L = 2\pi f L = 2\times3.14\times50\times0.127 = 40\ \Omega$

$I = U_L/X_L = 120/40 = 3\ \text{A}$

$Q_L = U_L\times I = 120\times3 = 360\ \text{Var}$

（2）当电源频率 f＝1 000 Hz

$X_L = 2\pi f L = 2\times3.14\times1\,000\times0.127 = 800\ \Omega$

$I = U_L/X_L = 120/800 = 0.15\ \text{A}$

$Q_L = U_L\times I = 120\times0.15 = 18\ \text{Var}$

（3）如果该元件接到电压为 120 V 直流电源上，由于直流电频率为零，因此元件的感抗 X_L 为零。这时电路相当于短路，电流很大，很容易损坏电源，甚至会酿成事故。

2.2.3 负载为纯电容的正弦交流电路

1. 电压与电流关系

图 2-15 为电容与正弦交流电源组成的交流电路。

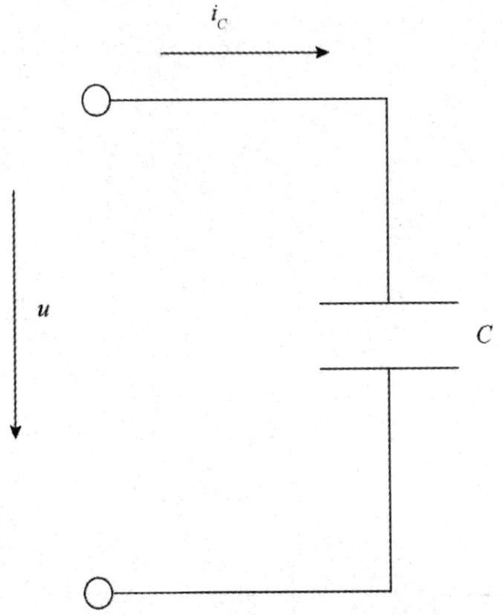

图 2-15 电容与正弦交流电源组成的交流电路

设电路电压为

$$u_C = U_{Cm} \sin \omega t$$

电容两极板之间电压按正弦规律变化。当电压随时间增大时，电容在充电；当电压随时间减小时，电容在放电。因此，在正弦交流电路中，电容所在支路的电流实际上是充放电的正弦电流。按照图 2-15 所示参考方向，由电容的伏安特性 $i = C\dfrac{\mathrm{d}U_C}{\mathrm{d}t}$，得电容的电流为

$$\begin{aligned} i &= C\frac{\mathrm{d}U_C}{\mathrm{d}t} = C\frac{\mathrm{d}(U_{Cm}\sin \omega t)}{\mathrm{d}t} \\ &= CU_{Cm}\omega \cos \omega t = I_m \sin(\omega t + 90°) \end{aligned}$$

因此，在正弦交流电路中，电容的电压和电流为同频率的正弦量，电流的相位超前电压相位 90°。电容的电压最大值与电流最大值的数量关系为

$$I_{Cm} = U_{Cm}\omega C = U_{Cm} 2\pi f C$$

从上得出电容元件电压有效值与电流有效值的数量关系为

$$U_C = I / 2\pi f L$$

$$I = \frac{U_C}{2\pi f C}$$

电容的电压和电流的相量表达为

$$\dot{I}_C = j\dot{U}_C \omega C$$

图 2-16 为电容的电压、电流相量关系图。

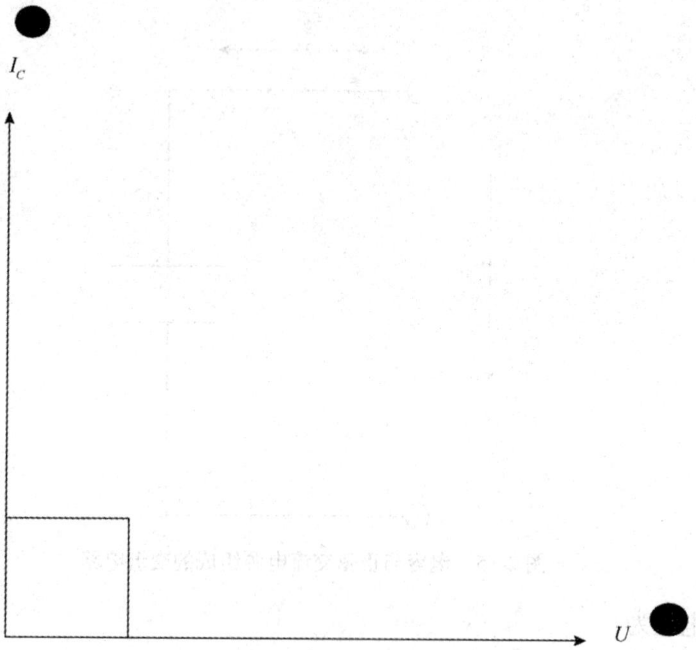

图 2-16　电容的电压、电流相量关系图

2. 容抗

电容的电压与电流关系式中 $1/2\pi fC$ 被定义为电容的容抗 X_C。

$$X_C = 1/\omega L = 1/2\pi fL$$

容抗表示电容对正弦交流电流的阻碍作用，容抗 X_C 单位为欧姆（Ω）。容抗与频率成反比，与电容量成反比。当 $f=0$ 时.容抗 $X_C=\infty$，这表明对于直流电流来说，电容相当于开路。

3. 电容元件的功率

（1）瞬时功率

电容的瞬时功率为

$$p_C = u_C i = U_{Cm} I_m \sin(\omega t + 90^\circ)\sin\omega t$$
$$= U_{Cm} I_m \sin\omega t\cos\omega t = U_C I\sin 2\omega t$$

图 2-17 为电容的瞬时功率波形图。

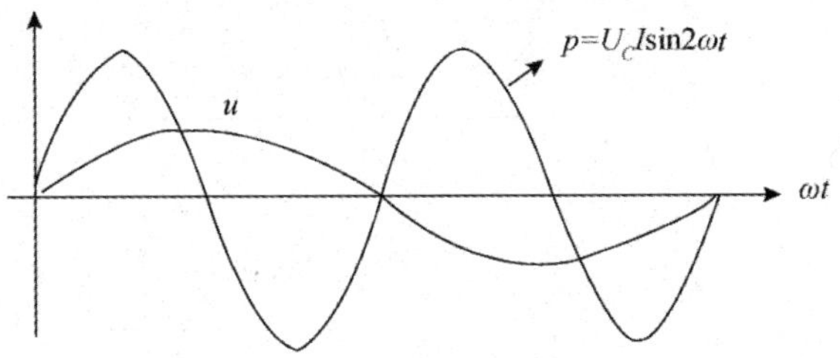

图 2-17　电容的瞬时功率波形图

（2）平均功率

从图 2-17 中可以看出，在电流的一个周期内，在 0°～90°、180°～270°，p_L 为正值，说明这时电容从电路吸收能量建立电场；在 90°～180°、270°～360°，p_L 为负值，说明这时电容向电路放电，能量释放回电路。

因此，在电流的一个周期内，电容的平均功率为零。也就是说，在正弦交流电路中，电容是储能元件，不消耗能量，起能量交换作用。

（3）无功功率

为了衡量电容与电源能量交换能力，把电容瞬时功率的最大值定义为电容无功功率，也称容性无功功率，用 Q_C 表示，无功功率的单位为乏（Var）。

【例 2-7】电容 C＝0.127 F，接在 10 V 工频正弦交流电路中。（1）容抗 X_C、电流、无功功率 Q_C；（2）如果频率降低到 5 赫兹，感抗 X_C、电流、无功功率 Q_C 多大。

【解】（1）$X_C=1/2\pi fC=1/(2\times3.14\times50\times0.127)=0.025\ \Omega$

$I=U_C/X_C=10/0.025=400\ \text{A}$

$Q_C=U_C\times I=10\times400=4\ 000\ \text{Var}$

（2）$f=1\ 000\text{Hz}$

$X_C=1/2\pi fC=1/(2\times3.14\times5\times0.127)=0.25\ \Omega$

$I=U_C/X_C=10/0.25=40\ \text{A}$

$Q_C=U_C\times I=10\times40=400\ \text{Var}$

2.2.4　负载为电阻和电感串联的正弦交流电路

在生产和生活中，很多设备实际上可以由电阻和电感串联组合而成，当这些设备接入交流电路中时，电路实际上是负载为电阻和电感串联的正弦交流电路，也称 RL 串联交流电路。图 2-18 为负载为电阻和电感串联正弦交流电路。

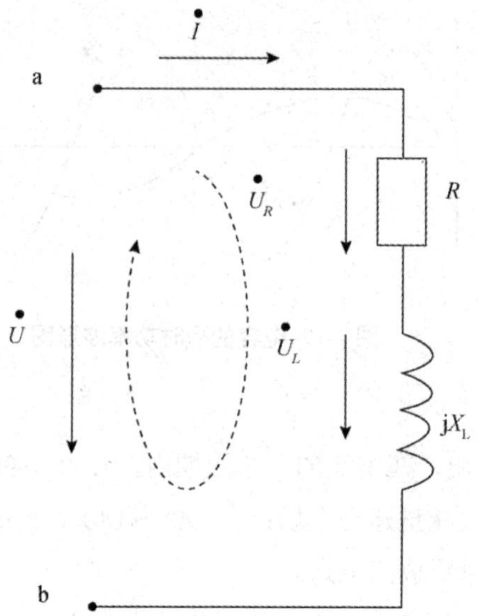

图 2-18　负载为电阻和电感串联正弦交流电路

1. 电压与电流关系

设电路中电流和电流相量为

$$i = \sqrt{2}I\sin\omega t$$

$$\dot{I} = I\angle 0°$$

电阻电压为

$$\dot{U}_R = \dot{I}R$$

$$u_R = iR = \sqrt{2}IR\sin\omega t$$

电感电压为

$$\dot{U}_L = j\omega\dot{I}L = j\dot{I}X_L$$

$$u_L = \sqrt{2}IX_L\sin(\omega t + 90^{\circ})$$

根据基尔霍夫电压定律，电路的电压方程和电压相量为

$$u = u_R + u_L$$

$$\dot{U} = \dot{U}_R + \dot{U}_L$$

图 2-19 为负载为电阻和电感串联的正弦交流电路电压、电流相量关系图。

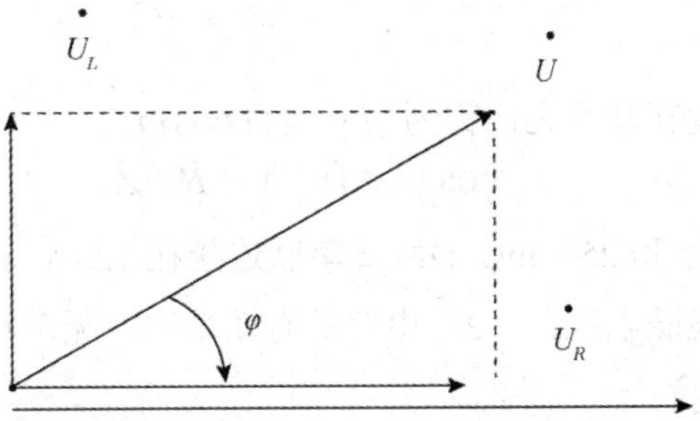

图 2-19　负载为电阻和电感串联的正弦交流电路电压、电流相量关系图

由上述分析可知，电路总电压在相位上比电流超前，比电感电压滞后。

电路中电阻电压 U_R 和电感电压 U_L 为

$$U_R = IR$$
$$U_L = IX_L$$

总电压值为

$$U = \sqrt{U_R^2 + U_L^2} = \sqrt{(IR)^2 + (IX_L)^2} = I\sqrt{R^2 + X_L{}^2}$$

电阻电压、电感电压和总电压组成了电压三角形，总电压与电流的相位角 φ 为

$$\varphi = \arctan\frac{U_L}{U_R} = \arctan\frac{IX_L}{IR} = \arctan\frac{X_L}{R}$$

2. 电路的阻抗

由于电流和总电压方程符合欧姆定律，因此把电阻和电感对交流电流的阻碍作用定义为 阻抗。

$$Z = \sqrt{R^2 + X_L{}^2}$$

电阻、感抗和阻抗组成了阻抗三角形，在阻抗三角形中，Z 和 R 的夹角称为阻角，等于总电压与电流的相位角 φ。

3. RL 串联交流电路的功率和功率因数

（1）有功功率 P

在 RL 串联交流电路中，电路消耗的有功功率等于电阻消耗的有功功率。

$$P = I^2R = UI\cos\varphi$$

（2）无功功率 Q

在 RL 串联交流电路中，电路的无功功率也就是电感的无功功率。

$$Q = I^2X_L = UI\sin\varphi$$

（3）视在功率 S

电路总电流与总电压有效值的乘积为视在功率，用字母 S 表示，单位为伏安（VA）。

$$S = UI = \sqrt{P^2 + Q_L{}^2}$$

（4）功率因数

电路的有功功率与视在功率之比称为功率因数 $\cos\varphi$。

$$\cos\varphi = P/S = R/Z$$

【例 2-8】 6 Ω 的电阻和 25.5 mH 的线圈串联连接在 120 V 的工频电源上，求：（1）线圈感抗、电路阻抗和线圈电流；（2）电路的有功功率、无功功率和视在功率。

【解】（1）线圈感抗：

$$X_L = 2\pi fL = 8\ \Omega$$

电路阻抗：

$$Z = \sqrt{R^2 + {X_L}^2} = \sqrt{6^2 + 8^2} = 10\ \Omega$$

电路电流：

$$I = U/Z = 120/10 = 12\ \text{A}$$

（2）有功功率：

$$P = I^2 \times R = 864\ \text{W}$$

无功功率：

$$Q = I^2 \times X_L = 1\,152\ \text{Var}$$

视在功率：

$$S = U \times I = 1\,440\ \text{VA}$$

2.2.5 负载为 RLC 串联的正弦交流电路

由电阻、电感和电容串联而成的设备接入交流电路中时，电路被称 RLC 串联交流电路。图 2-20 为负载为 RLC 串联的正弦交流电路。

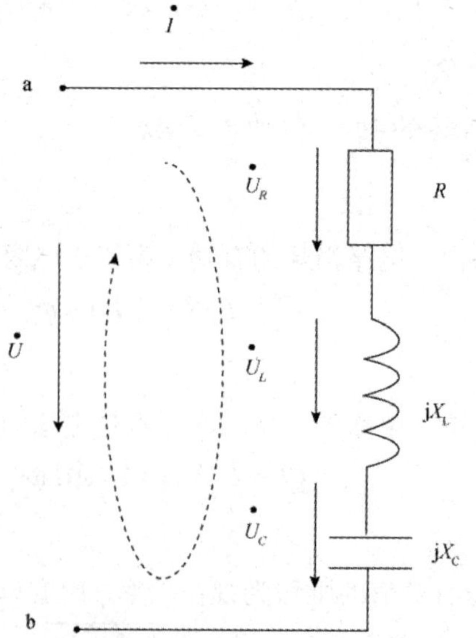

图 2-20 负载为 RLC 串联的正弦交流电路

1. 电压与电流关系

设电路中电流和电流相量为

$$i = \sqrt{2} I \sin \omega t$$

$$\dot{I} = I \angle 0?$$

电阻电压为

$$\dot{U}_R = \dot{I} R$$

$$u_R = iR = \sqrt{2} IR \sin \omega t$$

电感电压为

$$\dot{U}_L = \mathrm{j}\omega \dot{I} L = \mathrm{j} \dot{I} X_L$$

$$u_L = \sqrt{2} I X_L \sin(\omega t + 90^\circ)$$

电容电压为

$$\dot{U}_C = -\mathrm{j}\omega \dot{I} C = -j \dot{I} X_C$$

$$u_C = \sqrt{2} I X_C \sin(\omega t - 90^\circ)$$

根据基尔霍夫电压定律，电路的电压方程和电压相量为

$$u = u_R + u_L + u_C$$

$$\dot{U} = \dot{U}_R + \dot{U}_L + \dot{U}_C$$

图 2-21 为负载为 RLC 串联的正弦交流电路电压、电流相量关系图。

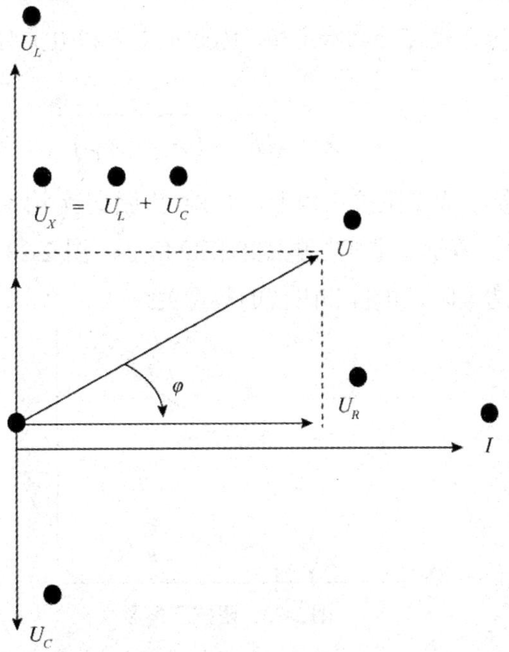

图 2-21　负载为 RLC 串联的正弦交流电路电压、电流相量关系图

图 2-21 可知，电感与电容的电压为反向，它们叠加后为电抗电压，用 U_X表示。

电路中电阻电压 U_R、电感电压 U_L 和电容电压 U_C 为

$$U_R = IR$$

$$U_L = IX_L$$

$$U_C = IX_C$$

总电压值为

$$U = \sqrt{U_R^2 + U_X^2} = \sqrt{(IR)^2 + (IX_L - IX_C)^2} = I\sqrt{R^2 + (X_L - X_C)^2}$$

电阻电压、电抗电压和总电压组成了电压三角形，总电压与电流的相位角 φ 为

$$j = \arctan\frac{U_X}{U_R} = \arctan\frac{I(X_L - X_C)}{IR} = \arctan\frac{(X_L - X_C)}{R}$$

图 2-22 为电压三角形。电压三角形是相量图，定性反映各电压间的数量关系、相位关系。

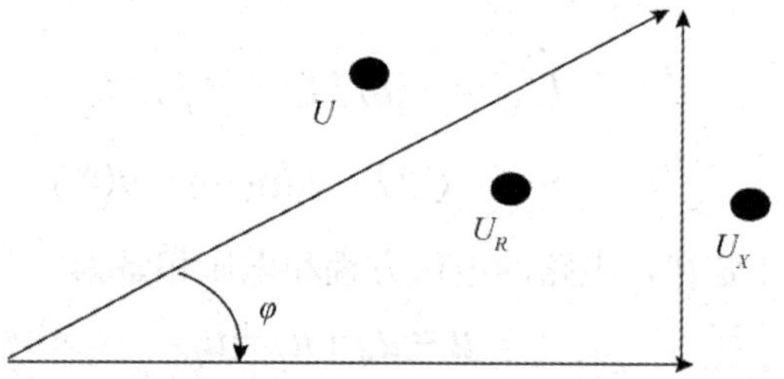

图 2-22　电压三角形

2. 电路的阻抗

由于电流和总电压方程符合欧姆定律，因此把电阻和电抗对交流电流的阻碍作用定义为阻抗。

$$Z = \sqrt{R^2 + \left(X_L - X_C\right)^2}$$

电阻、电抗和阻抗组成了阻抗三角形，与 RL 串联交流电路相同，在阻抗三角形中，Z 和 R 的夹角称为阻角，等于总电压与电流的相位角 φ。图 2-23 为阻抗三角形，阻抗三角形不是相量图，可表达电阻、电抗和阻抗的数量关系。

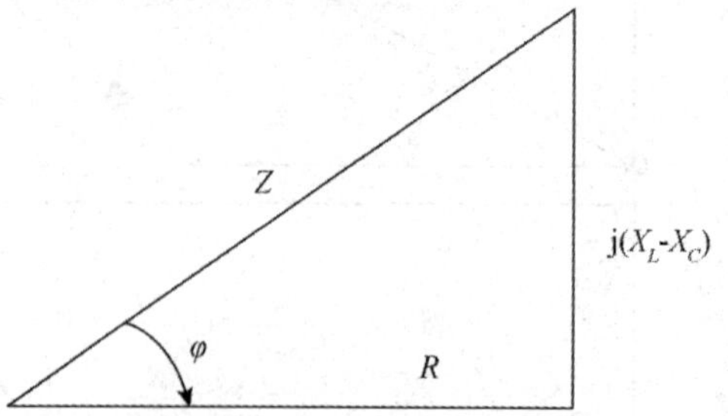

图 2-23　阻抗三角形

3. RLC 串联交流电路的功率和功率因数

（1）有功功率 P

在 RLC 串联交流电路中，电路消耗的有功功率等于电阻消耗的有功功率。

$$P = I^2 R = UI\cos\varphi$$

（2）无功功率 Q

在 RLC 串联交流电路中，电路的无功功率也就是电抗上的无功功率。

$$Q = I^2(X_L - X_C) = UI\sin\varphi$$

（3）视在功率 S

电路总电流与总电压有效值的乘积为视在功率，用字母 S 表示，单位为伏安（VA）。

$$S = UI = \sqrt{P^2 + Q^2}$$

有功功率、无功功率和视在功率组成了功率三角形，S 和 P 的夹角为功率角。

（4）功率因数

电路的有功功率与视在功率之比称为功率因数 $\cos\varphi$。

$$\cos\varphi = P / S = R / Z$$

图 2-24 为功率三角形，功率三角形不是相量图，可表达有功功率、无功功率和视在功率的数量关系。

在电路或设备中，无功功率和有功功率都是非常重要的。虽然无功功率只是进行电磁能量的转换，并不对负载作功，但是，没有无功功率，变压器不能变压，电动机不能转动，电力系统就不能正常运行。

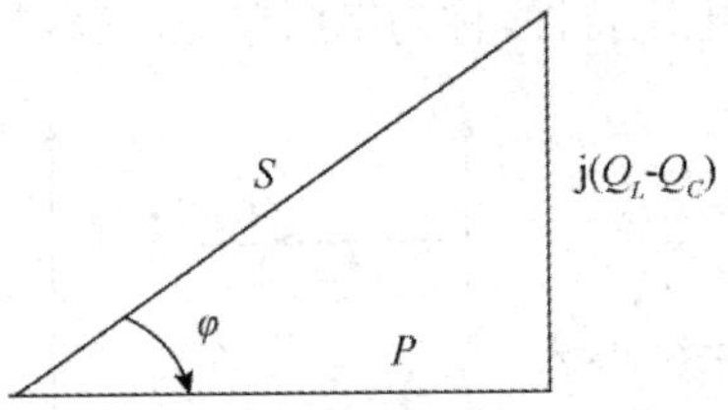

图 2-24　功率三角形

无功功率占用了电力系统发电或供电设备提供功率的能力，同时也增加了电力系统输电过程中的损耗，导致设备或线路的功率因数降低。

【例 2-9】 RLC 串联电路，电阻 8 Ω、感抗 X_L＝20 Ω、容抗 X_C＝14 Ω，接在 220 V 的工频电源上，求：（1）电路阻抗和线圈电流；（2）各元件上电压；（3）电路的有功功率、无功功率、视在功率和功率角。

【解】（1）电路阻抗：

$$Z = \sqrt{R^2 + (X_L - X_C)^2} = \sqrt{8^2 + (20-14)^2} = 10$$

电路电流：

$$I=U/|Z|=220/10=22\text{ A}$$

（2）电阻电压：

$$U_R=I\times R=176\text{ V}$$

电感电压：

$$U_L=I\times X_L=440\text{ V}$$

电容电压：

$$U_C=I\times X_C=308\text{ V}$$

（3）有功功率：

$$P=I^2\times R=3\,872\text{（W）}$$

无功功率：

$$Q=Q_L-Q_C=2\,904\text{（Var）}$$

视在功率：

$$S=U\times I=4\,840\text{（VA）}$$

功率角：

$$\varphi=\arctan[(X_L-X_C)/R]=36.9°$$

4. 电路特性

从上述分析可知，在 RLC 串联交流电路中，当 $X_L>X_C$ 时，$U_L>U_C$，$\varphi>0$，总电压超前电流，这时电路表现为感性特性；当 $X_L<X_C$ 时，$U_L<U_C$，$\varphi<0$，总电压滞后电流，电路表现为容性特性；当 $X_L=X_C$ 时，$U_L=U_C$，$\varphi=0$，总电压与电阻电压相同，这时电路总电压与电流同相，电路表现为电阻特性，称为串联谐振。三种特性电路示意图如图 2-25 所示。

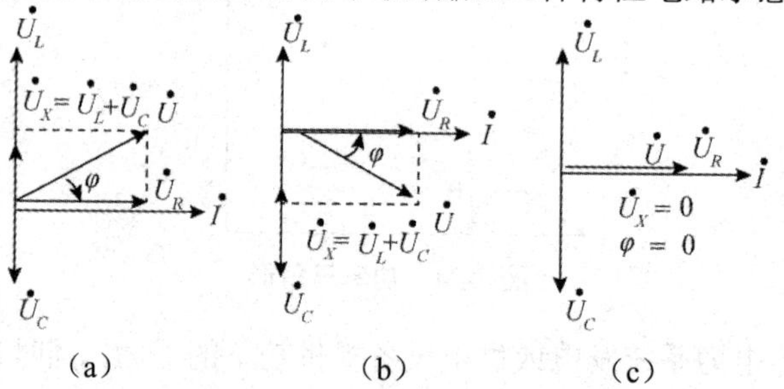

图 2-25 三种特性电路示意图

（a）感性电路；（b）容性电路；（c）阻性电路

在电阻、电感和电容串联电路中，如果发生总电压与电流同相的谐振，由于电抗为零，因此电路阻抗最小，当电压不变时，发生谐振时电路的电流最大，而在电感和电容两端将出现过电压情况等。例 2-9 中，电感和电容两端的电压分别是 440 V 和 308 V，均远大于电源电压。

在低压配电系统中，设备电压通常为 380 V 或 220 V，如果发生谐振，就会出现过电压导致设备故障或事故，因此应避免谐振的发生。

2.2.6　功率因数改善

在交流电路中，电路的有功功率与视在功率之比称为功率因数 $\cos\varphi$，功率因数也等于电压与电流之间的相位差余弦。由于大部分电路中都含有电感或电容性负载，因此功率因数基本小于 1。

功率因数是衡量配电线路以及电气设备效率高低的指标，其大小与电路的负荷性质有关。对于感性负载大的配电线路或电气设备，用于建立交变磁场及进行能量转换的无功功率大，在电源提供视在功率相同情况下，提供的有功功率减少，功率因数低。

【例 2-10】某发电机额定电压为 220 V，输出视在功率为 4 400 kVA。发电机在额定工况下发电时，能让多少台额定电压 220 V、有功功率为 4.4k W、功率因数为 0.5 的设备正常工作？如果把设备功率因数提高到 0.8，这时又能让多少台设备正常工作？

【解】发电机额定电流为

$$I_e = \frac{S}{U} = \frac{4\,400 \times 10^3}{220} = 2 \times 10^4 \text{ A}$$

设备功率因数为 0.5 时电流：

$$I_1 = \frac{P}{U\cos\phi_1} = \frac{4\,400}{220 \times 0.5} = 40 \text{ A}$$

可供设备台数为

$$n_1 = \frac{I_e}{I_1} = \frac{2 \times 10^4}{40} = 500 \text{ 台}$$

设备功率因数提高到 0.5 时电流：

$$I_2 = \frac{P}{U\cos\varphi_2} = \frac{4\,400}{220 \times 0.8} = 25 \text{ A}$$

可供设备台数为

$$n_2 = \frac{I_e}{I_2} = \frac{2 \times 10^4}{25} = 800 \text{ 台}$$

从例 2-10 可见，功率因数低会降低电源利用率。实际生产和生活中，大多数用电设备为感性负载，设备本身的功率因数较低，导致线路的功率因数偏低。

为了提高线路或电气设备的功率因数，提高电源利用率和降低线路成本，可采取在线路或设备并联电容补偿法或提高自然功率因数等措施。

1. 并联电容补偿

并联电容补偿是在感性负载上并联电容器，利用电容器无功功率 Q_C 来补偿感性负载的无功功率 Q_L，降低感性负载与线路或电源间的能量交换。

【例 2-11】一台功率为 2.2 kW 的单相感应电动机，接在 220 V、50 Hz 的电路中，电动机的电流为 20 A。（1）求电动机的功率因数。（2）如果在电动机两端并联一个 159 μF 的电容器，电路的功率因数为多少？

【解】（1）电动机功率因数为

$$\cos\varphi=\frac{P}{UI_{\mathrm{e}}}=\frac{2.2\times1000}{220\times20}=0.5$$

功率角为

$$\varphi_1=60^\circ$$

（2）设没有并联电容前电路中的电流为 I_1，并联电容后，电动机中的电流不变，仍为 I_1，但电路总电流发生了变化，由 I_1 变成 I。电流相量关系为

$$\dot{I}=\dot{I}_1+\dot{I}_C$$

图 2-26 为并联电容后相量图。

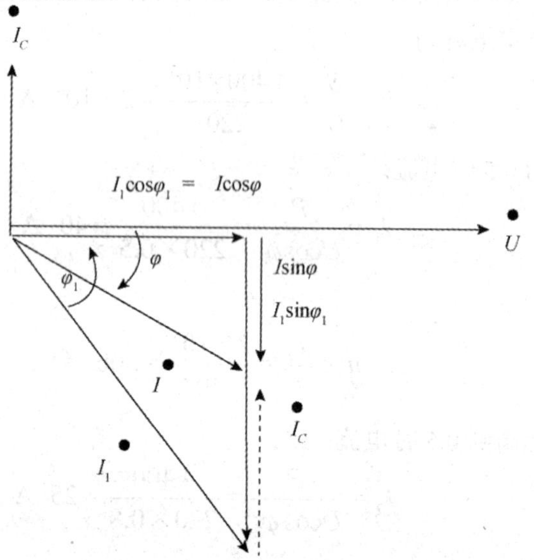

图 2-26 并联电容后相量图

并联的电容电流为

$$I_C=\omega CU=314\times159\times10^{-6}\times220\approx11\ \mathrm{A}$$

由图中可知，

$$I_{\mathrm{C}}=I_1\sin\varphi_1-I\sin\varphi$$

$$I_1\sin\varphi_1=20\sin60^\circ\approx17.32$$

因此，补偿后

$$I\sin\phi=I_1\sin\phi_1-I_{\mathrm{C}}=17.32-11=6.32\ \mathrm{A}$$

$$I\cos\varphi=I_1\cos\varphi_1=20\cos60^\circ=10\ \mathrm{A}$$

$$I=\sqrt{(I\sin\varphi)^2+(I\cos\varphi)^2}=\sqrt{6.32^2+10^2}=11.83$$

$$\cos\varphi=10/11.83=0.845$$

并联电容后，电路的功率因数从0.5提高到0.845。

实际应用中，投入电容对电路功率因素补偿的方法有就地补偿和集中补偿等方式。就地补偿主要针对某些功率因素低的设备，根据其功率因素计算出需要投入的并联补偿电容容量，直接对该设备进行补偿；集中补偿是在高低压配电线路中根据功率因数情况安装并联电容组进行补偿。

2. 提高自然功率因数

除使用电容补偿方法提高功率因数外，企业可以通过合理选配设备和生产调度等管理方式提高功率因数。

在选择电机容量时，尽可能安排处于较高的负载工况，不宜让电机设备长期处于轻载运行状态。如变压器的负荷率在80%附近是比较理想的工况。企业设计生产流程时应合理安排，尽量集中生产，避免长时间空载运行。

2.3 三相交流电

2.3.1 三相交流电概念

电力生产、输送、分配和使用的各个环节大多数采用三相交流电。与单相交流电相比，三相交流电具有很多优点。就发电环节而言，三相交流发电机输出功率大、效率高。就电力输送环节而言，在相同输电距离条件下，如果输送功率相等、电压相同、要求损耗相同，那么采用三相输电方式可以节约大量输电线材等材料成本。就使用电能的负载设备环节而言，三相电动机结构简单，价格低廉，性能良好，维护使用方便。

三相交流电由三相交流发电机产生。三相交流发电机由定子（磁极）和转子（电枢）组成。发电机的转子绕组由A-X，B-Y，C-Z三组组成，每个绕组称为一相，三相绕组匝数相等、结构相同，对称嵌放在定子铁芯槽中，在圆周上互相相差120°。三相绕组的首端分别用A、B、C表示，尾端分别用X、Y、Z表示。通常把三相绕组分别称为A相绕组、B相绕组、C相绕组。

发电机的转子绕组通电后产生磁场，在原动机带动下，发电机转子沿逆时针方向以角速度 ω 旋转时，转子与定子之间发生相对运动，相当于定子绕组在顺时针方向上做切割磁力线运动。根据电磁感应定律，三相绕组分别产生感应电动势。由于三个绕组完全对称且在空间上相差120°，三相产生的感应电动势最大值 E_m 相等，频率相同，但是初相位相互差异为120°，三相电动势瞬时值的正弦函数表达式为

$$e_A = E_m \sin \omega t$$
$$e_B = E_m \sin(\omega t - 120°)$$
$$e_C = E_m \sin(\omega t + 120°)$$

从上面表达式得三相电动势的波形图和相量图，如图 2-27 所示。

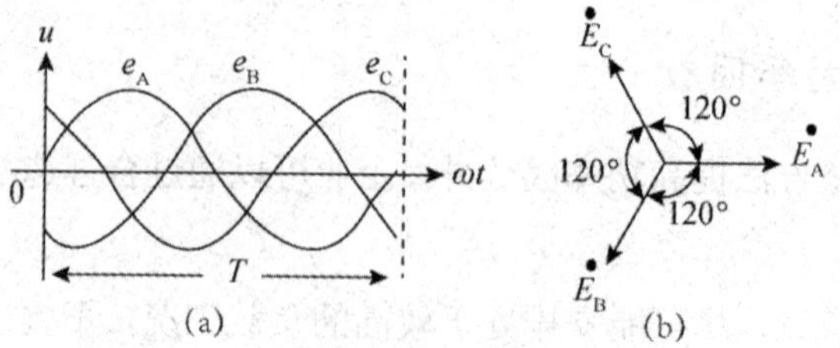

图 2-27　三相电动势波形图和相量图

（a）波形图；（b）相量图

三相电动势的相量极坐标可表示为

$$\dot{E}_A = E_m \angle 0°$$
$$\dot{E}_B = E_m \angle -120°$$
$$\dot{E}_C = E_m \angle 120°$$

A 相电动势超前 B 相电动势 120° 相位，B 相电动势超前 C 相电动势 120° 相位，C 相电动势超前 A 相电动势 120° 相位。

相序指三相电动势到达最大值（或零）的先后次序，由上述分析可知，三相电动势相序是 A 相到 B 相，再到 C 相，这样的相序为正序。

由波形图 2-27（a）可知，三相电动势在任一瞬间的代数和为零。

$$e_A + e_B + e_C = 0$$

由相量图 2-27（b）可知，如果把这三个电动势相量加起来，相量和为零。

$$\dot{E}_A + \dot{E}_B + \dot{E}_C = 0$$

电路分析中通常用电压来进行分析，三相交流电的电压表达式为

$$U_A = U_m \sin \omega t$$
$$U_B = U_m \sin（\omega t - 120°）$$
$$U_C = U_m \sin（\omega t + 120°）$$

三相电压的相量极坐标可表示为

$$\dot{U}_A = U_m \angle 0^\circ$$

$$\dot{U}_B = U_m \angle -120^\circ$$

$$\dot{U}_C = U_m \angle 120^\circ$$

2.3.2　三相电源连接

三相交流电作为电源向负载供电时，有星形连接（也称 Y 接）和三角形连接（也称△接）两种连接方式，其中，星形连接是最常用的连接方式。

1. 三相电源星形连接

（1）星形连接

星形连接是把发电机三相绕组的尾端 X、Y、Z 连接在一起，将三相绕组的首端 A、B、C 分别与三相电源输电线路连接，通过输电线路连接负载。三相电源星形连接如图 2-28 所示，图中，尾端 X、Y、Z 的连接点称为中性点或零点，在线路上用符号“N”表示，从中性点引出的导线称为中性线或零线。三相绕组首端的接线端子用 A、B、C 表示，从 A、B、C 引出的三根导线称为相线（也称火线），分别用 L_1、L_2、L_3 表示。

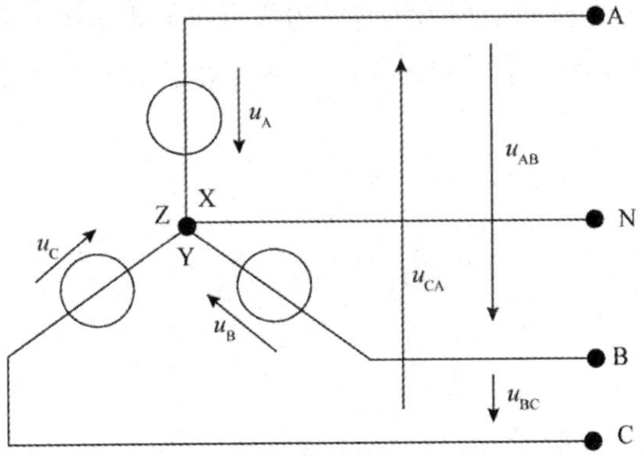

图 2-28　三相电源星形连接

星形连接中，由三根相线和一根中性线组成的输电方式称为三相四线制，通常在低压配电系统中采用三相四线制这种方式。只由三根相线组成的输电方式称为三相三线制，三相三线制常用于 10 kV 以上等级输电线路。

（2）相电压与线电压

三相电源的星形连接方式可以输出相电压和线电压两种电压。

相电压是每相绕组两端的电压，如 A 和 X、B 和 Y、C 和 Z 之间的电压，即各相线与中性线之间的电压，瞬时值用 u_A、u_B、u_C 表示。由于三相交流电源的三个电动势的最大值相等、频率相同、相位差均为 120°，所以三相交流电源的三个相电压是对称的，最大值相等、频率相同、相位差为 120°。三相的相电压有效值相等，用 U_P 表示。相电压的脚标只有一个字母，表示了相电压的正方向由相线指向中性线或零线。

线电压是各相绕组首端之间电压，也就是各相线之间的电压，瞬时值用 u_{AB}、u_{BC}、u_{CA} 表示，各线电压的脚标表示线电压的正方向。线电压也是对称的，相位差为 120°。三相的线电压有效值相等，用 U_L 表示。

对于线电压，由电压瞬时值的关系可知

$$u_{AB} = u_A - u_B$$

$$u_{BC} = u_B - u_C$$

$$u_{CA} = u_C - u_A$$

由于它们都是同频率的正弦量，因此可以用有效值相量表示为

$$\dot{U}_{AB} = \dot{U}_A - \dot{U}_B$$

$$\dot{U}_{BC} = \dot{U}_B - \dot{U}_C$$

$$\dot{U}_{CA} = \dot{U}_C - \dot{U}_A$$

图 2-29 为星形连接三相电源的相电压与线电压的相量图。从图 2-29 中可以看出，线电压在相位上比各对应的相电压超前 30°，各线电压也是对称的，相位差也都是 120°。

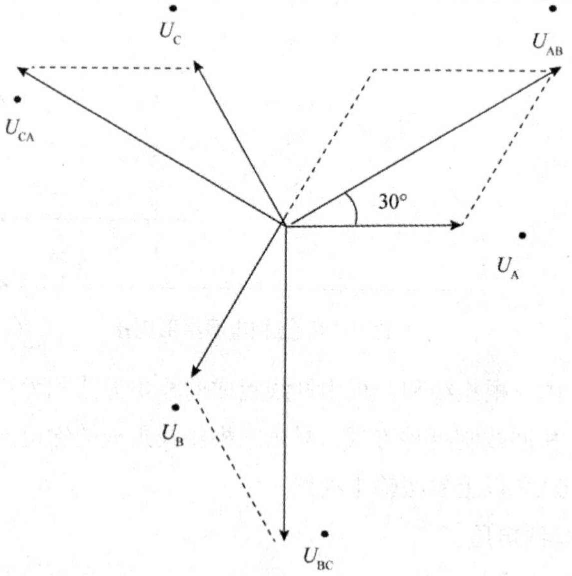

图 2-29 星形连接的三相电源的相电压与线电压的相量图

可以计算出线电压与相电压的关系：

$$\dot{U}_{AB}=\dot{U}_{A}-\dot{U}_{B}=\sqrt{3}\dot{U}_{A}\ \angle 30^{\circ}$$

$$\dot{U}_{BC}=\dot{U}_{B}-\dot{U}_{C}=\sqrt{3}\dot{U}_{B}\ \angle 30^{\circ}$$

$$\dot{U}_{CA}=\dot{U}_{C}-\dot{U}_{A}=\sqrt{3}\dot{U}_{C}\ \angle 30^{\circ}$$

即

$$\dot{U}_{L}=\sqrt{3}\dot{U}_{P}\ \angle 30^{\circ}$$

线电压与相电压的有效值关系

$$U_{L}=\sqrt{3}U_{P}$$

在低压配电系统中，三相电源的星形连接可以输出两种电压，即通常所指的有效值分别为 380 V、220 V 的两种电压，其中，380 V 是线电压，220 V 是相电压。

2. 三相电源三角形连接

三角形连接是把发电机三相绕组的首尾端依次连接，形成的三个连接点与三相电源输电线路连接，通过输电线路连接负载。

三相电源三角形连接如图 2-30 所示，AX 绕组的尾端 X 与 BY 绕组的首端 B 相连，BY 绕组的尾端 Y 与 CZ 绕组的首端 C 相连，CZ 绕组的尾端 Z 与 AB 绕组的首端 A 相连，这三个连接点作为三相电源输出端。

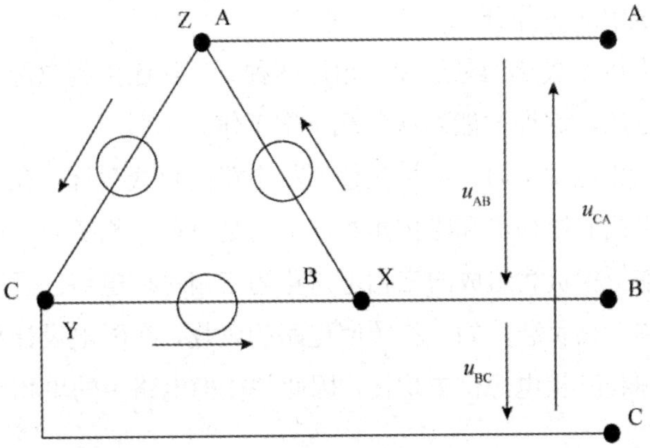

图 2-30　三相电源三角形连接

当发电机绕组接成三角形时，每相绕组直接跨接在两相线之间，线电压等于相电压。

$$U_{L}=U_{P}$$

与星形连接可以输出两种电压不同，三相电源作三角形连接只能输出一种电压，每相电压数值相等，相位差为 120°，图 2-31 为三相交流电三角形连接电压相量图。

任意两相电压的相量和与第三相电压大小相等、方向相反。

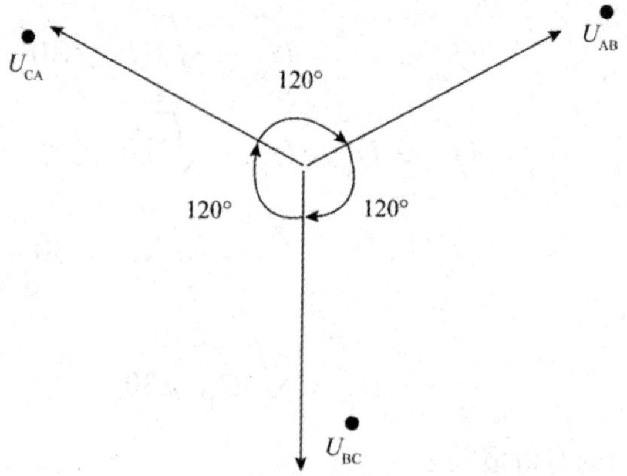

图 2-31　三相电源三角形连接电压相量图

在三相电压作三角形连接时，各相相量和为零，回路中不会有电流。但如果某绕组接反就会导致三相绕组电压相量和不为零（等于相电压的两倍），而发电机绕组阻抗小，三角形回路中将产生很大的环流，可能导致发电机绕组损坏或烧毁。因此，在实际应用中，三相电源三角形连接较少使用。

2.3.3　三相负载连接

实际应用中使用交流电的负载可分为单相和三相两种：单相负载通过单相电源供电，如风扇、电灯等设备；三相负载通过三相电源供电，如三相异步电动机、三相电加热炉等设备。在电力线路中，单相负载实际上接在三相电源的某一相线与中性线上，因此单相负载也属于三相系统中的一部分。

三相负载的连接方式分为星形和三角形两种。负载连接到电源上时，必须确保负载额定电压等于电源电压，这样才能确保负载正常工作。

负载连接到三相电源上时，应尽量使三相电路的负载对称。在三相电路中，三相负载的复阻抗相等（阻抗的模相等和阻抗角相同）的是对称三相负载，例如三相电动机、三相变压器等，由对称三相负载组成的三相电路称为三相对称电路；而三相负载的复阻抗不相等的被称为不对称三相负载，如三相照明电路的负载。在配电设计和运行中，要尽可能使三相负载达到对称和三相电源供电均衡，因此往往把电路中的单相负载尽可能平均分配到三相电　源上。

1. 三相负载的星形连接

（1）对称三相负载的星形连接

三相负载的连接如图 2-32 所示，三相负载三个尾端连接在一起接到电源的中性线上，三相负载的首端分别接到电源的三条相线上。

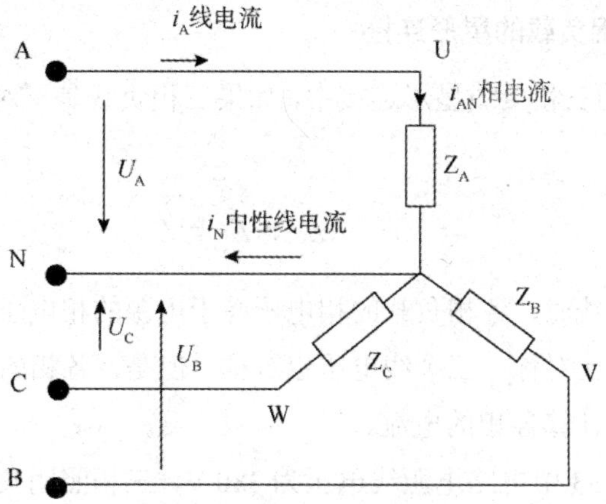

图 2-32　三相负载的星形连接

图 2-32 所示的对称三相负载星形连接中，三相负载的阻抗分别是 Z_A、Z_B 和 Z_C，它们的关系为

$$Z_A = Z_B = Z_C$$

①相电压与线电压

在星形连接方式下，负载端电压等于电源相电压。如果忽略输电线路上的电压降，那么负载的相电压等于电源的相电压，负载的线电压等于电源的线电压。三个相电压对称，三个线电压也对称。线电压与相电压的关系与三相电源相同，为

$$U_L = \sqrt{3}U_P$$

②相电流与线电流

负载的相电流是指流过每相负载的电流，负载的线电流是指流过相线或端线的电流。若三相负载对称，流过每相负载的相电流相等。线电流的正方向规定为从电源端流向负载端，对称三相负载的线电流有效值用 I_L 表示。由图 2-32 可知，负载的线电流等于对应相的相电流。

$$I_P = I_L$$

由于三相负载和三相电压对称，因此相电流对称，相电流的值大小相等，相位互差 120°，相电流和线电流为

$$\dot{I}_L = \dot{I}_P = \dot{I}_A = \dot{I}_B = \dot{I}_C = \frac{\dot{U}_P}{Z}$$

由于相电流对称，中性线电流为零。

$$\dot{I}_N = \dot{I}_A + \dot{I}_B + \dot{I}_C = 0$$

由此可见，在对称三相负载星形连接中，中性线电流为零。在这种连接方式下，即使中性线断开或者没有中性线，各相负载的电流和电压是对称的，负载工作不受影响，跟有中性线完全相同。

（2）**不对称三相负载的星形连接**

在图 2-32 所示的三相负载星形连接中，如果三相负载是不对称的，那么各相阻抗的关系为

$$Z_A \neq Z_B \neq Z_C$$

当电路中有中性线时，各相负载的相电压等于电源的相电压，负载的线电压等于电源的线电压。三个相电压对称，三个线电压也对称。但是，各相的电流不相等，应按照单相电路的分析方法分别计算各相的电流。

【例 2-12】图 2-33 中电路电源线电压为 380 V，三相照明负载星形连接，每相都安装了额定值为 220 V/40 W 的白炽灯泡 50 个。某时刻各相灯泡工作情况如下：U 相所有灯泡关断，V 相开 25 个灯泡，W 相 50 个灯泡全开。求此时各相电流。

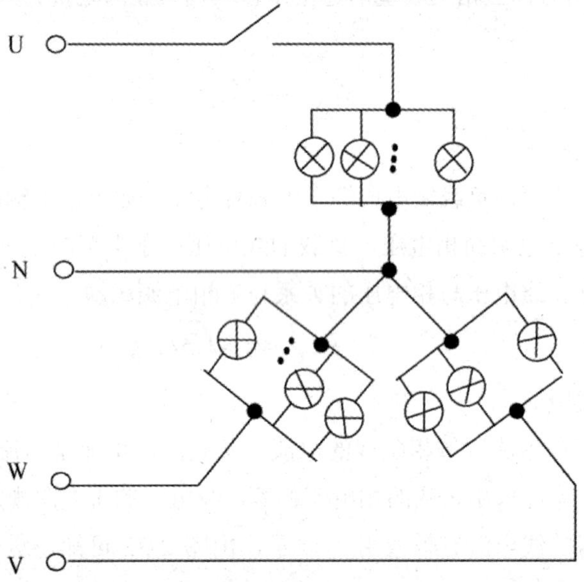

图 2-33　三相照明负载（带中性线）

【解】电路为不对称三相负载星形连接，有中性线。

线电压 U_L＝380 V，相电压 U_P＝220 V。

U 相所有灯泡关断，相当于断路，V 相和 W 相在额定电压条件下正常工作。

U 相断路，通过 U 相的电流为零。

$$I_U = 0$$

V 相、W 相的电流是为

$$I_V = \frac{25 \times 40}{220} = 4.55 \text{ A}$$

$$I_W = \frac{50 \times 40}{220} = 9.09 \text{ A}$$

如果电路中没有中性线，各相负载的相电压不等于电源的相电压，各相的电流也不相等，应按照单相电路的分析方法分别计算各相的电流。

【例 2-13】图 2-34 中电路电源线电压为 380 V，三相照明负载星形连接，每相都安装了额定值为 220 V/40 W 的白炽灯泡 50 个。某天各相灯泡工作情况如下：U 相所有灯泡关断，V 相开 25 个灯泡，W 相 50 个灯泡全开。中性线因故断开。分析此时各相负载是否能正常工作。

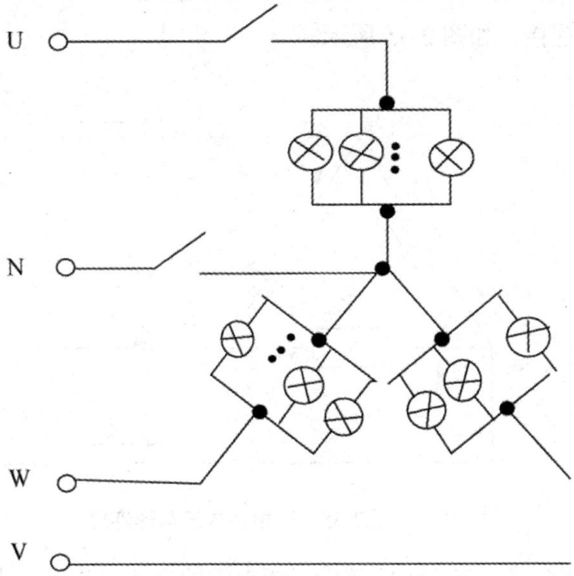

图 2-34　三相照明负载（无中性线）

【解】本电路的中性线断开，U 相断路，V 、W 两相负载串联连接于 380 V 线电压上。

V 相的电阻为

$$R_V = \frac{220^2}{25 \times 40} = 48.4\ \Omega$$

W 相的电阻为

$$R_W = \frac{220^2}{50 \times 40} = 24.2\ \Omega$$

V 相负载的电压为

$$U_V = U_L \frac{R_V}{R_V + R_W} = 253\ \text{V}$$

W 相负载的电压为

$$U_V = U_L \frac{R_W}{R_V + R_W} = 127\ \text{V}$$

这时，V 相负载两端电压大于额定电压，V 相灯泡很快会烧毁，电路断路。在 V 相灯泡烧毁前，W 相电压远小于额定电压，也无法正常工作。

从上面的例子中可以看出，在三相四线配电电路中，中性线的作用十分重要。中性线可以防止负载电压不相等导致损坏或不能正常工作；当电路中某一相发生故障时，中性线可保障其他无故障负载相继续正常工作。因此，必须保证中性线在运行中可靠、不断开，不允许在其上安装保险丝和开关。

2. 三相负载的三角形连接

三相负载的三角形连接是指三相负载首尾相接构成一个闭环，由三个连接点向外引出端线与三相电源连接，如图 2-35 所示。

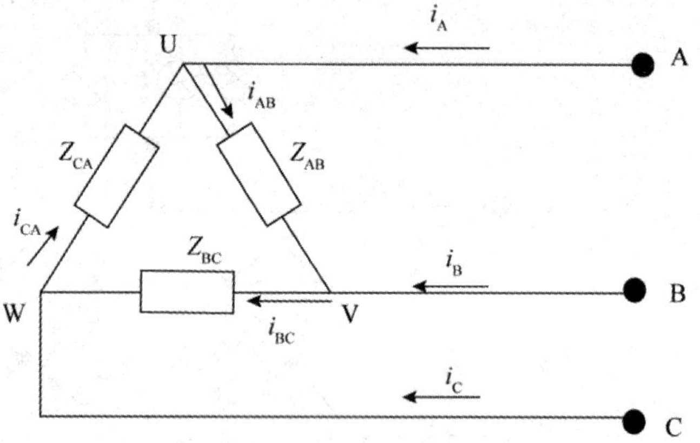

图 2-35　三相负载三角形连接

在三相负载的三角形连接中，因为三相电源的电压对称，所以不管三相负载是否对称，三相负载的相电压也是对称的。负载的相电压等于电源的线电压。

$$\dot{U}_L = \dot{U}_P$$

$$U_P = U_L$$

三角形连接各相电流为

$$\dot{I}_{AB} = \frac{\dot{U}_{AB}}{Z_{AB}}$$

$$I_{BC} = \frac{\dot{U}_{BC}}{Z_{BC}}$$

$$\dot{I}_{CA} = \frac{\dot{U}_{CA}}{Z_{CA}}$$

如果三相负载对称，三相的阻抗相同：

$$Z_{AB} = Z_{BC} = Z_{CA}$$

那么负载的各相电流大小相等：

$$I_{AB}=I_{BC}=I_{CA}=I_P=\frac{U_L}{Z}$$

三角形连接的线电流为

$$\dot{I}_A=\dot{I}_{AB}-\dot{I}_{CA}$$
$$\dot{I}_B=\dot{I}_{BC}-\dot{I}_{AB}$$
$$\dot{I}_C=\dot{I}_{CA}-\dot{I}_{BC}$$

【例 2-14】 380 V 的三相对称电路中，将三只 55 Ω 的电阻分别接成星形和三角形，试求两种接法的线电压、相电压、线电流和相电流。

【解】 星形连接方式连接时：

$$U_L=380\ \text{V}$$
$$U_P=\frac{U_L}{\sqrt{3}}\approx 220\ \text{V}$$
$$I_L=I_P=\frac{U_P}{R}=220/55=4\ \text{A}$$

三角形连接方式连接时

$$U_L=U_P=380(\text{V})$$
$$I_P=\frac{U_P}{R}=380/55=6.9(\text{A})$$
$$I_L=\sqrt{3}I_P=12(\text{A})$$

从例 2-14 中可以看出，电源相同情况下，对称三相负载三角形连接时线电流是星形连接时线电流的 3 倍。

2.3.4　三相功率计算

三相电路中，三相负载总有功功率等于各相负载有功功率之和，即

$$P=P_U+P_V+P_W$$
$$=U_UI_U\cos\varphi_U+U_VI_V\cos\phi_V+U_WI_W\cos\varphi_W$$

三相负载的无功功率等于各相负载无功功率之和，即

$$Q=Q_U+Q_V+Q_W$$
$$=U_UI_U\sin\varphi_U+U_VI_V\sin\varphi_V+U_WI_W\sin\varphi_W$$

三相负载的视在功率为

$$S=\sqrt{P^2+Q^2}$$

三相负载的功率因数为

$$\cos\varphi = P / S$$

对称三相负载进行星形连接时，根据其线电压与相电压、线电流与相电流关系

$$U_L = \sqrt{3}U_P$$

$$I_L = I_P$$

其有功功率为

$$\begin{aligned} P &= 3U_P I_P \cos\varphi \\ &= 3\times\frac{1}{\sqrt{3}}U_L I_L \cos\varphi = \sqrt{3}U_L I_L \cos\varphi \end{aligned}$$

对称三相负载进行三角形连接时，根据其线电压与相电压、线电流与相电流关系

$$U_L = U_P$$

$$I_L = \sqrt{3}I_P$$

其有功功率为

$$\begin{aligned} P &= 3U_P I_P \cos\varphi \\ &= 3\times U_L \frac{1}{\sqrt{3}} I_L \cos\varphi = \sqrt{3}U_L I_L \cos\varphi \end{aligned}$$

因此，在对称三相负载电路中，无论采用星形或三角形连接方式，三相电路有功功率、无功功率和视在功率计算公式如下

$$P = \sqrt{3}U_L I_L \cos\varphi$$

$$Q = \sqrt{3}U_L I_L \sin\varphi$$

$$S = \sqrt{3}U_L I_L$$

【例 2-15】某对称三相负载，每相电阻 R=6 Ω，感抗 X_L=8 Ω。把该负载分别以星形和三角形方式连接到线电压为 380 V 的对称三相交流电源上。求：（1）负载作星形连接时相电流、线电流、有功功率、无功功率和视在功率；（2）负载作三角形连接时相电流、线电流、有功功率、无功功率和视在功率。

【解】对称三相负载每相的阻抗为

$$Z = \sqrt{R^2 + X_L^2} = \sqrt{6^2 + 8^2} = 10\ \Omega$$

功率因数为

$$\cos\varphi = \frac{R}{Z} = 0.6$$

（1）负载作星形连接时，负载相电压为

$$U_{\mathrm{P}} = \frac{U_{\mathrm{L}}}{\sqrt{3}} = 220\ \mathrm{V}$$

负载每相相电流为

$$I_{\mathrm{P}} = \frac{U_{\mathrm{P}}}{Z} = \frac{220}{10} = 22\ \mathrm{A}$$

负载作星形连接时，线电流等于相电流。

$$I_{\mathrm{L}} = I_{\mathrm{P}} = 22\ \mathrm{A}$$

三相负载有功功率、无功功率和视在功率为

$$P = \sqrt{3}U_{\mathrm{L}}I_{\mathrm{L}}\cos\phi = \sqrt{3}\times 380\times 22\times 0.6 = 8.69\ \mathrm{kW}$$

$$Q = \sqrt{3}U_{\mathrm{L}}I_{\mathrm{L}}\sin\phi = \sqrt{3}\times 380\times 22\times 0.8 = 11.58\ \mathrm{kVar}$$

$$S = \sqrt{3}U_{\mathrm{L}}I_{\mathrm{L}} = \sqrt{3}\times 380\times 22 = 14.48\ \mathrm{kkVA}$$

（2）负载作三角形连接时，负载相电压等于线电压

$$U_{\mathrm{P}} = U_{\mathrm{L}} = 380\ \mathrm{V}$$

相电流为

$$I_{\mathrm{P}} = \frac{U_{\mathrm{P}}}{Z} = \frac{380}{10} = 38\ \mathrm{A}$$

根据三角形连接时线电流与相电流的关系，线电流为

$$I_{\mathrm{L}} = \sqrt{3}I_{\mathrm{P}} = \sqrt{3}\times 38 = 65.81\ \mathrm{A}$$

三相负载有功功率、无功功率和视在功率为

$$P = \sqrt{3}U_{\mathrm{L}}I_{\mathrm{L}}\cos\phi = \sqrt{3}\times 380\times 65.81\times 0.6 = 25.99\ \mathrm{kW}$$

$$Q = \sqrt{3}U_{\mathrm{L}}I_{\mathrm{L}}\sin\phi = \sqrt{3}\times 380\times 65.81\times 0.8 = 34.65\ \mathrm{kVar}$$

$$S = \sqrt{3}U_{\mathrm{L}}I_{\mathrm{L}} = \sqrt{3}\times 380\times 65.81 = 43.31\ \mathrm{kVA}$$

由例 2-15 可知，在三相电源作用下，对称负载以三角形方式进行连接时，线电流、有功功率、无功功率和视在功率为星形连接时的 3 倍。因此，对于负载该选取星形连接还是

三角形连接方式，应根据负载的额定电压和电源情况来确定。如果负载的额定电压等于电源的线电压，应采用三角形连接方式；如果负载的额定电压等于电源的相电压，应采用星形连接方式。

本 章 小 结

1．正弦交流电的电压表达式 $u = U_{\mathrm{m}} \sin(\omega t + \psi)$ 中，最大值 U_{m}、角频率 ω 和初相位 ψ 被称为正弦交流电三要素。

相位差指同频率正弦交流电的初相位之差，用 j 表示，同频率的正弦交流电的相位差与时间 t 无关。对于相位差必须注意不同频率的正弦交流电不能进行相位比较。相位差也不得超过－180°～＋180°，如果超过该范围，应进行换算。

2．正弦交流电相量表示法是采用复数表示交流电。相量只反映模值（对应正弦量的最大值或有效值）和辐角（对应正弦交流电的初相），并不等于正弦交流电，它不是时间 t 的函数；只有同频率的正弦交流电才可以使用相量（或相量图）分析，不同频率的不可以使用；用相量表示正弦交流电实质上是一种数学变换，目的是为了简化运算。

3．电阻、电感和电容在正弦交流电路中的特性见表 2-1。

表 2-1　电阻、电感和电容在正弦交流电路中的特性

元件	电压与电流关系	阻抗	功率	相量图
电阻（R）	相位差为零	$R = U / I$	有功功率 $P = UI$	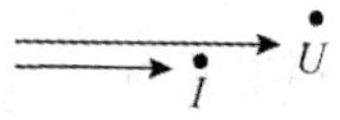
电感（L）	电压比电流超前 90°	$X_L = \omega L$ $= 2\pi f L$	无功功率 $Q_L = U_L I = I^2 X_L$	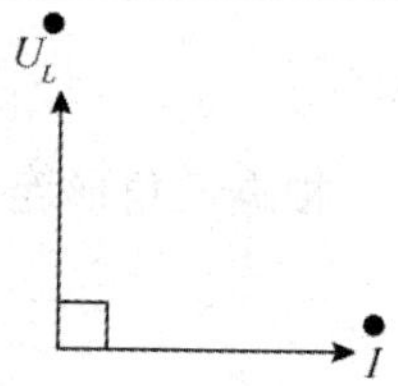
电容（C）	电压比电流滞后 90°	$X_C = 1/\omega L$ $= 1/2\pi f C$	无功功率 $Q_C = U_C I = I^2 X_C$	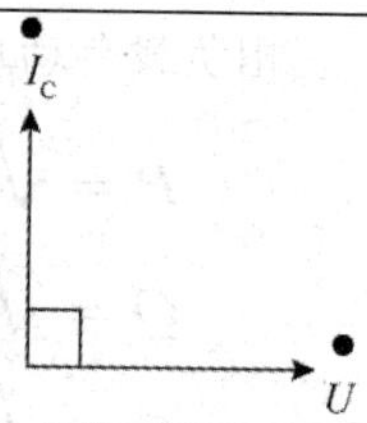

（续表）

元件	电压与电流关系	阻抗	功率	相量图
电阻、电感串联（RL）	电压与电流的相位角 $\varphi=\arctan\dfrac{U_L}{U_R}=\arctan\dfrac{X_L}{R}$	$Z=\sqrt{R^2+{X_L}^2}$	有功功率 $P=I^2R=UI\cos\varphi$ 无功功率 $Q=I^2X_L=UI\sin\varphi$ 视在功率 $S=UI=\sqrt{P^2+{Q_L}^2}$	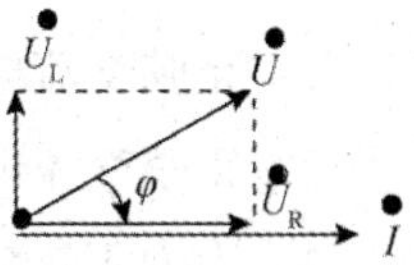
电阻、电感、电容串联（RLC）	电压与电流的相位角 $\varphi=\arctan\dfrac{U_X}{U_R}=\arctan\dfrac{X}{R}$	$Z=\sqrt{R^2+(X_L-X_C)^2}$	有功功率 $P=I^2R=UI\cos\varphi$ 无功功率 $Q=I^2(X_L-X_C)=UI\sin\varphi$ 视在功率 $S=UI=\sqrt{P^2+Q^2}$	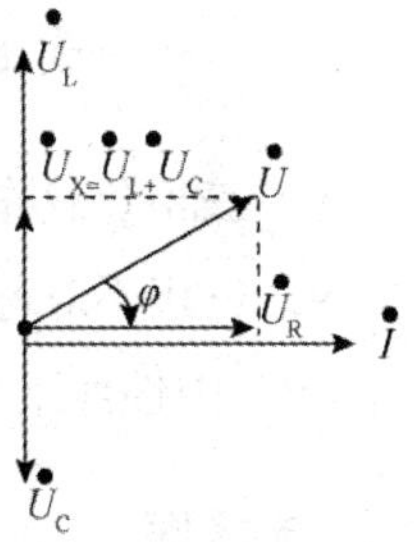

4．为了提高线路或设备的功率因数，提高电源利用率和降低线路成本，可采取并联电容补偿方法提高功率因数。

5．三相交流电每相最大值相等、频率相同、初相位相互差异为 120°，A 相超前 B 相 120° 相位，B 相超前 C 相 120° 相位，C 相超前 A 相 120° 相位。三相电动势相序正序是 A 相到 B 相，再到 C 相。

6．三相交流电作为电源向负载供电时，有星形连接（也称 Y 接）和三角形连接（也称△接）。在低压配电系统中，三相电源的星形连接可以输出两种电压，其中 380 V 是线电压，220 V 是相电压。三角形连接只能输出一种电压。

7．负载在三相交流电中选取星形还是三角形连接方式，应根据负载的额定电压和电源情况来确定。如果负载的额定电压等于电源的线电压，应采用三角形连接方式；如果负载额定电压等于电源相的电压，应采用星形连接方式。

在三相四线配电电路中，中性线可以防止负载电压不相等导致损坏或不能正常工作；当电路中某一相发生故障时，中性线保障其他无故障负载相继续正常工作。必须保证中性线在运行中可靠、不断开，因此中性线上不允许安装保险丝和开关。

思考与练习

一、判断题

1．正弦交流电的三要素是指最大值、角频率和相位。（ ）

2．正弦交流电路中电感消耗的有功功率等于零。（ ）

3．因为正弦交流电可以用相量来表示，所以说相量就是正弦交流电。（ ）

4．正弦交流电路的视在功率等于有功功率和无功功率之和。（ ）

5．正弦交流电路的频率越高，阻抗越大；频率越低，阻抗越小。（ ）

6．中性线的作用就是使不对称 Y 接负载的端电压保持对称。（ ）

7．三相负载作三角形连接时，肯定是 $I_L = \sqrt{3}I_P$。（ ）

8．三相负载作星形连接时，线电流等于相电流。（ ）

9．三相不对称负载越接近对称，中性线上通过的电流就越小。（ ）

10．中性线不允许断开，不能安装保险丝和开关，并且截面积比相线大。（ ）

二、选择题

1．提高供电电路的功率因数，下列说法正确的是（ ）。

A．减少了用电设备中无用的无功功率

B．减少了用电设备的有功功率，提高了电源设备的容量

C．可以节省电能

D．可提高电源设备的利用率并减少输电线路中的功率损耗。

2．已知 $i_1 = 10\sin(314t + 90°)$（A），$i_2 = 15\sin(628t + 30°)$（A），则（ ）。

A．i_1 超前 i_2 60° B．i_1 滞后 i_2 60° C．相位差无法判断 D．两者同相

3．在 RL 串联电路中，U_R＝4 V，U_L＝3 V，则总电压为（ ）。

A．7 V B．12 V C．5 V D．1 V

4．正弦交流电路的视在功率等于电路的（ ）。

A．电压有效值与电流有效值乘积 B．平均功率

C．瞬时功率最大值 D．无功功率

5．三相对称电路是指（ ）。

A．三相电源对称的电路

B．三相负载对称的电路

C．三相电源和三相负载均对称的电路

D．三相电源和对称和三相负载不对称的电路

三、填空题

1. 从耗能和储能的角度分析，电阻元件为_____元件，电感和电容元件为______元件。

2．表达正弦交流电振荡幅度的量是__________，表达正弦交流电随时间变化快慢程度的量是__________，起始位置时的量称为它的__________，这三者被称为正弦交流电的__________。

3. 能量转换过程不可逆的功率为_______功率，能量转换过程可逆的功率为 ______功率，它们叠加的总和称为________功率。

4．电网的功率因数越高，电源的利用率就__________，无功功率就 _________。

5．交流电路中只有电阻和电感相串联时，电路性质呈__________；交流电路中只有电阻和电容相串联的电路，电路性质呈__________。

6．当 RLC 串联交流电路中发生谐振时，电路中__________最小且等于__________，电路中电压一定时__________最大，可能出现____________等故障。

7．如果负载的额定电压等于电源的线电压，应采用_________连接方式。如果负载的额定电压等于电源的相电压，应采用_________连接方式。

四、简答题

1．简述提高功率因数的意义和方法。

2．某接触器线圈额定耐压值为 500 V，如果把它接在交流 380 V 的电源上会有什么情况发生？为什么？

五、计算题

1．某正弦交流电电压有效值为 220 V，初相位为 0° 频率为工频。另一正弦交流电的电压有效值为 110 V，初相位为－60°，频率为工频。求：

（1）写出这两个正弦交流电的瞬时值表达式；

（2）求两者的相位差并分析它们的相位关系。

2．分析 $u_1=220\sqrt{2}\sin(100\pi t+60°)$（V）与 $u_2=220\sqrt{2}\sin(120\pi t+90°)$（V）的相位差。

3．已知正弦交流电 $u_1=8\sin(314t+120°)$（V）和 $u_2=8\sin(314t-120°)$（V），求总电压并画出相量图。

4．求以下正弦交流电有效值相量

（1）$i=28.2\sin(\omega t+120°)$（A）；

（2）$u=311\sin(\omega t+30°)$（V）。

5．RL 串联电路接到 220 V 的直流电源时功率为 1.2 kW，接在 220 V、50 Hz 的电源上时功率为 0.6 kW，试求它的 R、L 值。

6. 已知交流接触器的线圈电阻为 200 Ω，电感量为 7.3 H，接到工频 220 V 的电源上，求线圈中的电流。如果把该接触器接到 220 V 直流电源上，线圈中的电流值是多少？如果该线圈允许通过的电流为 0.1 A，将产生什么后果？

7. 一个标称 10 μF，耐压为 220V 的电容，问：

（1）将它接到 50 Hz，电压有效值为 110 V 的交流电源上时，电路电流和无功功率各为多少?

（2）如果电压不变，而电源频率变为 1 000 Hz，那么电流和无功功率是多少?

（3）如果把这个电容接到 220 V 的交流电源上，会有什么情况?

8. 某对称三相负载，每相电阻 $R=3$ Ω，感抗 $X_L=4$ Ω。把该负载分别以星形和三角形方式连接到相电压为 220 V 的对称三相交流电源上。求：

（1）负载作星形连接时相电流、线电流、有功功率、无功功率和视在功率；

（2）负载作三角形连接时相电流、线电流、有功功率、无功功率和视在功率。

第 3 章　电工常用工具与仪表

【本章导读】

在电工实际操作中，常常在电气设备安装、运行维护和修理中使用电工工具和测量仪表。因此，正确使用常用电工测量仪表是从事电工操作的相关人员必须掌握的技能。本章将介绍如何正确使用电工工具和测量仪表。

【学习目标】

- 掌握电工常用工器具的使用方法；
- 掌握模拟式万用表的工作原理和正确使用万用表测量电阻、电压和电流的方法；
- 熟练使用数字式万用表、兆欧表和钳形电流表。

3.1　电工常用工器具

3.1.1　验电器

验电器是用来测量导体或设备是否带电的工具。验电器分为低压验电器（也称验电笔、电笔等）和高压验电器，其实物图如图 3-1 所示。

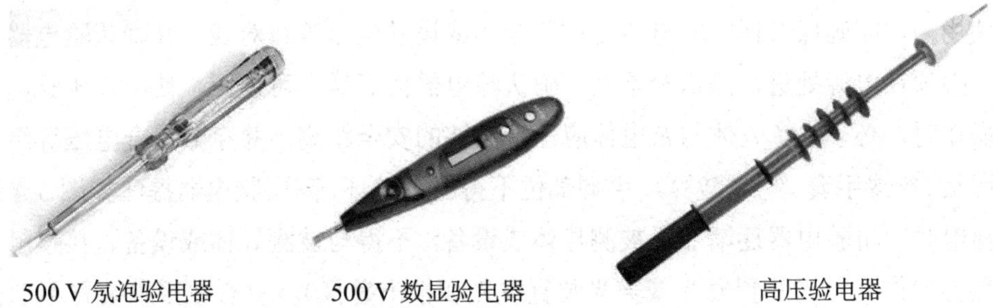

500 V 氖泡验电器　　500 V 数显验电器　　高压验电器

图 3-1　验电器的实物图

氖泡验电笔被广泛应用于电工操作中，它由发光氖管、降压电阻、弹簧、笔身、笔尖等组成，检测电压范围 60 V～500 V。氖泡验电笔的原理：当用验电笔验电时，带电体经验电笔、人体与大地形成回路，而当带电体和大地之间电位差超过 60 V 时，氖管发光。图 3-2 为氖泡验电器结构示意图。

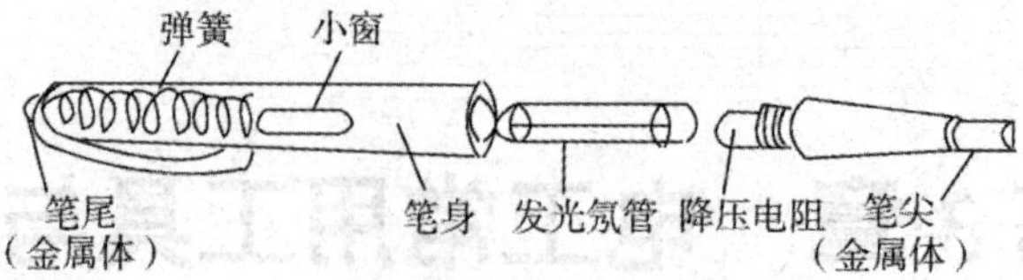

图 3-2　氖泡验电笔结构示意图

氖泡验电笔为低压验电笔，低压验电笔使用方法及注意事项如下：

使用前，应检查验电笔的氖管是否能够正常发光，可以在电源进行测试检查，确认验电笔氖管正常发光后才可使用。使用时，操作者应穿绝缘鞋。使用时应使用正确握笔姿势。低压验电笔握法如图 3-3 示。测量时，手指接触验电笔尾部金属体，避开直射强光，背光测量以便观察氖管发光情况。

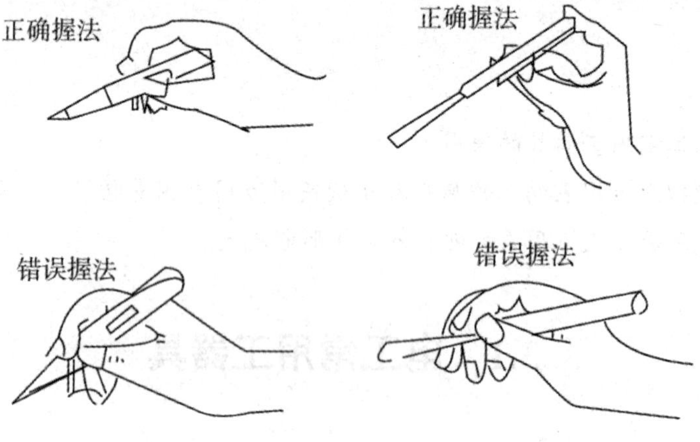

（a）　　（b）

图 3-3　验电笔握法

（a）笔式握法；（b）螺丝刀式握法

高压验电器使用方法及注意事项如下。

使用前，应确保选择的验电器与被测导体或设备电压等级对应，并确认验电器能正常工作。必须在电源处进行测试和检查，确认验电器良好后方可使用。使用高压验电器进行验电操作时，必须注意人体与带电体应保持足够的安全距离，并穿戴符合电压等级的安全防护用具（绝缘手套、绝缘鞋等），手握部位不得超过护环，高压验电器握法如图 3-4 所示。

验电时应将验电器逐渐靠近被测导体或设备，不得与被测导体或设备直接接触，直至报警装置动作（发光装置发光或声光装置发光和报出警报）。只有在报警装置不动作并已采取防护措施后，才能与被测导体等直接接触。使用高压验电器进行验电必须遵守监护制度，验电应至少两人进行，测试者在前，另一人在后进行监护。测试时应防止发生相间或对地短路事故。注意：在恶劣天气情况（如雪、雨、雾等）严禁使用高压验电器，防止发生事故。

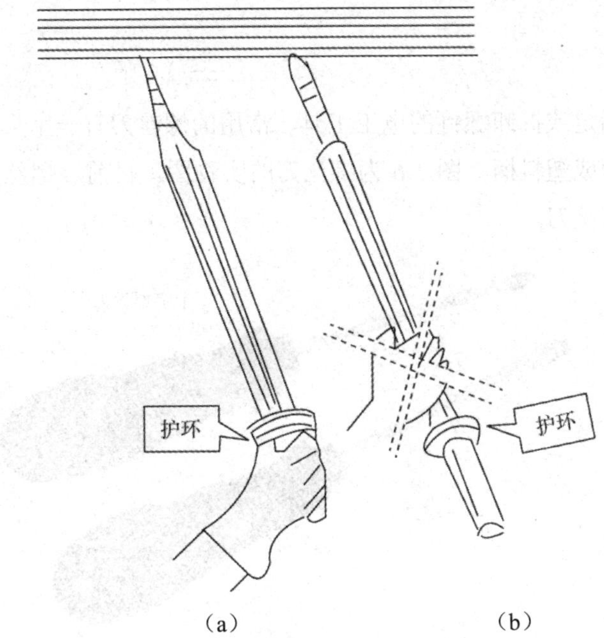

图 3-4　高压验电器握法

（a）正确握法；（b）错误握法

所有验电器使用完毕后应保持清洁并储存在干燥处，防止摔坏。

3.1.2　电工刀

电工刀的作用是剖削电线绝缘护套，割绳索、木桩等，其实物图如图 3-5 所示。电工刀由刀片、刀刃、刀把、刀挂等构成。新电工刀刀口较钝，应先开启刀口然后再使用。而电工刀不使用时，应把刀片收缩到刀把内防止伤人。使用电工刀时，刀口应向外切削。剖削电线绝缘护套时，刀面与导线应成较小的角度以免割伤线芯。由于电工刀的刀柄无绝缘护套，因此严禁带电操作。

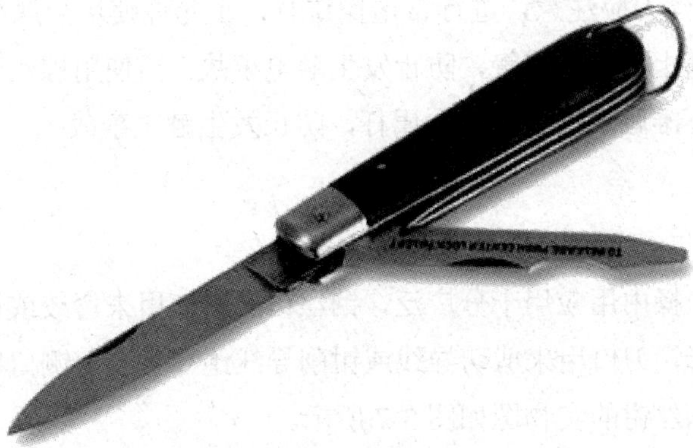

图 3-5　电工刀的实物图

3.1.3 螺丝刀

螺丝刀是用来固定或拆卸螺钉的电工工具，常用的螺丝刀有一字形、十字形两种，螺丝刀的握柄多为木柄或塑料柄。图 3-6 为螺丝刀的实物图。目前，螺丝刀的规格和种类很多，很多为组合式螺丝刀。

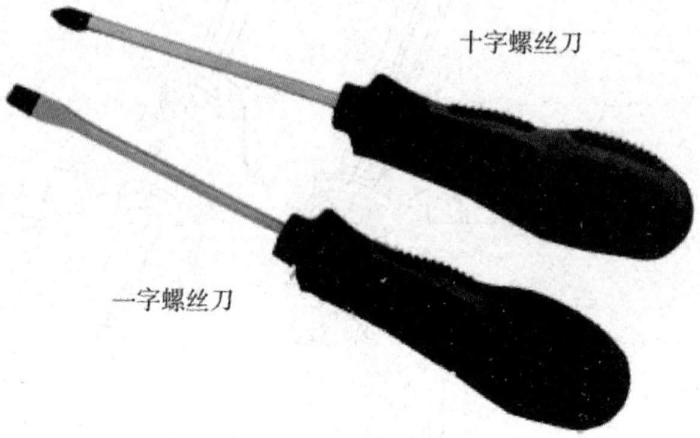

图 3-6 螺丝刀的实物图

螺丝刀的使用方法如下。

（1）大螺丝刀一般用来紧固或旋松较大的螺钉。使用时，用大拇指、食指和中指夹住握柄，手掌顶住握柄的末端，以适当的力度旋紧或旋松螺钉。刀口要放入螺钉的头槽内，不能打滑。

（2）小螺丝刀一般用来紧固或拆卸电器装置接线桩上的小螺钉。使用时，大拇指和中指夹着握柄，用食指顶住握柄的末端，刀口放入螺钉的头槽内。捻旋时施以适当的力，不能打滑，以免损伤螺钉的头槽。

（3）使用较长的螺丝刀时，用右手握住握柄并旋动握柄，左手握住螺丝刀的中间部分，使螺丝刀不致滑脱螺钉头槽。此时左手不得放在螺钉的周围，以免螺丝刀滑出时将手划伤。

（4）使用螺丝刀应注意，进行带电操作时，不允许使用金属杆直通柄顶的螺丝刀，应在螺丝刀金属杆上穿套绝缘管，防止发生触电事故。当使用螺丝刀拆卸或紧固带电螺栓时，操作者的手不准触及螺丝刀的金属杆，防止发生触电事故。

3.1.4 钢丝钳

钢丝钳在电工操中用应用十分广泛，钢丝钳的钳口用来弯绞或钳夹导线线头，齿口用来紧固或起松螺母，刀口用来剪切导线或钳削导线绝缘护套，铡口用来铡切导线线芯、钢丝等较硬线材。钢丝钳的实物图如图 3-7 所示。

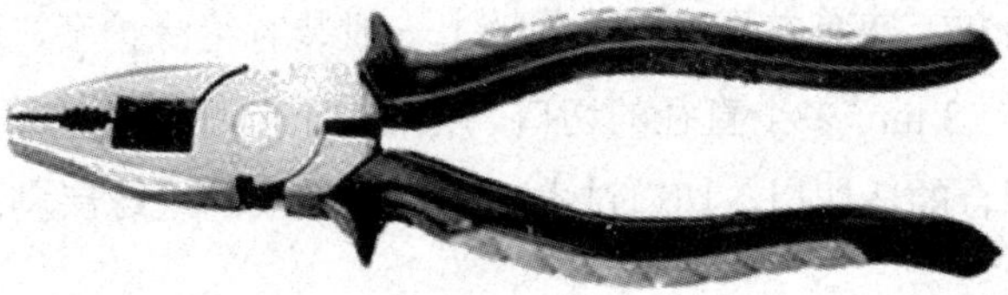

图 3-7　钢丝钳的实物图

钢丝钳的结构和使用方法如图 3-8 所示。

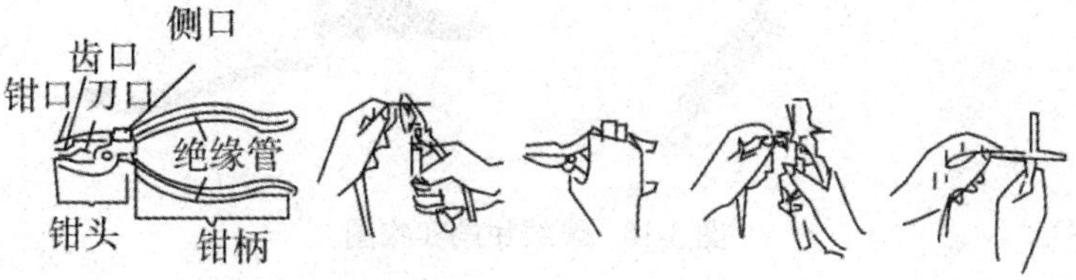

图 3-8　钢丝钳使用方法

使用钢丝钳前，检查钢丝钳绝缘护套是否完好、绝缘性能是否良好和是否符合相应电压等级，防止带电操作时发生触电事故。当使用钢丝钳进行带电剪切导线等操作时，严禁用刀口同时剪切不同电位的两根线（如相线与零线、相线与相线等），防止发生短路事故。

3.1.5　尖嘴钳

尖嘴钳用于夹持或剪断细小金属丝或螺钉。尖嘴钳的特点是头部尖细，适合于在狭小的空间进行操作。尖嘴钳的实物图如图 3-9 所示。尖嘴钳的钳头用来夹持较小螺钉、垫圈、导线，还可以把导线端头弯曲成所需形状；小刀口用于剪断细小的导线、金属丝等。

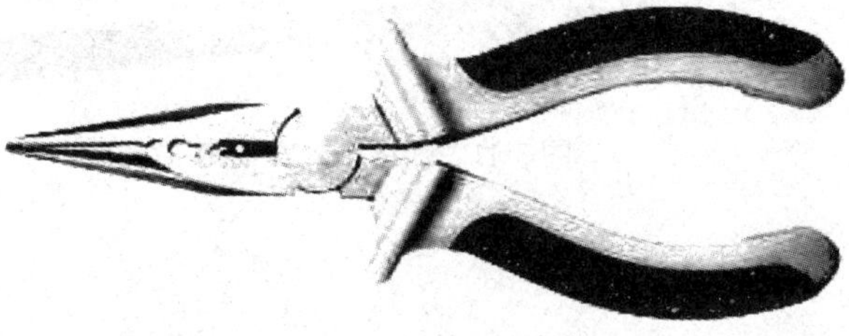

图 3-9　尖嘴钳的实物图

尖嘴钳规格通常按其全长分为 130 mm、160 mm、180 mm、200 mm 等，手柄带有绝缘耐压 500 V 的绝缘护套。尖嘴钳使用注意事项与钢丝钳相同。

3.1.6　剥线钳

剥线钳用于剥削较细导线绝缘护套。电工操作中，剥线钳常用来剥削直径 3 mm 及以下绝缘导线的塑料或橡胶绝缘护套，图 3-10 为剥线钳的实物图。

剥线钳由钳口和手柄两部分组成，手柄上一般装有绝缘护套，耐压为 500 V。剥线钳钳口分为 0.5 mm 至 3 mm 多个直径的切口，用来与不同规格导线芯线直径匹配。进行剥线操作时要注意选择合的适切口，切口过大时难以把导线的绝缘层剥离，切口过小时可能切断导线。

图 3-10　剥线钳的实物图

3.1.7　断线钳

断线钳用于剪较粗的金属丝、线材及电力线缆。断线钳手柄上一般装有绝缘护套，可进行 220 V/380 V 低压设备与线路的带电操作，其实物图如图 3-11 所示。

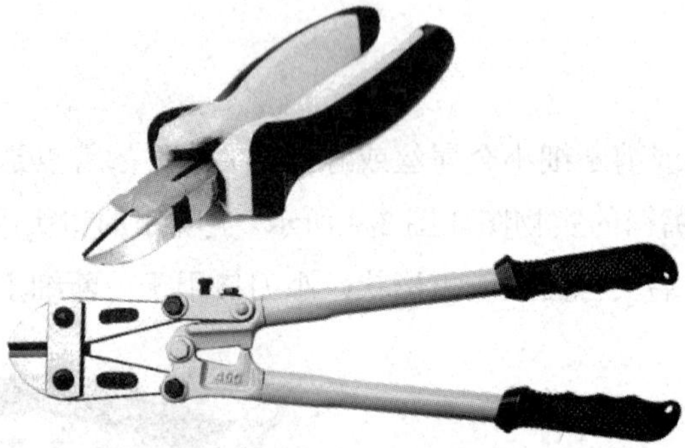

图 3-11　断线钳的实物图

3.1.8　压接钳

压接钳用于压接导线连接端子，在电工安装与维修操作中经常使用。图 3-12 为手动压接钳的实物图，图 3-12（a）为液压压接钳，图 3-12（b）为手动压接钳。

手动式液压压接钳使用方法如下：

（1）选择恰当尺寸的模具，解开插销并打开压接头，把模具装入压接头，使模具中央钢珠与接头口匹配固定模具。

（2）把接线端子放在模具中，闭合压接头并插上插销，摇动液压泵柄来推动压头卡住接线端子，将导线插入接线端子。

（3）连续进行压接，直到压接钳安全阀开启（安全阀开启时发出信号声音）使压接钳卸压。

（4）压接完成后，按住卸压杆使压头复位。最后，解开插销，打开压接头，取出已压好的导线。

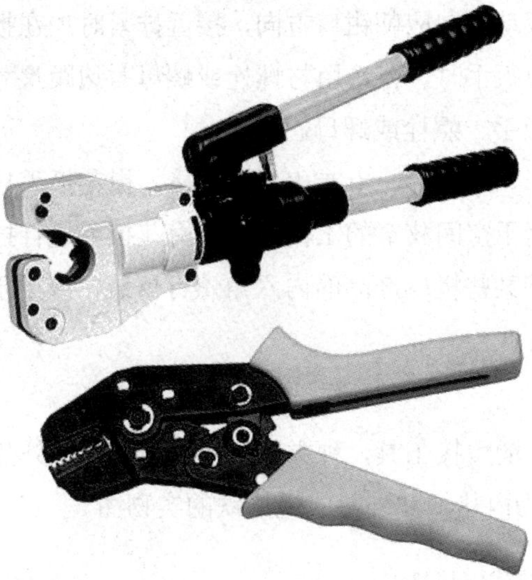

图 3-12　手动压接钳的实物图

（a）液压压接钳；（b）为手动压接钳

3.1.9　扳手

扳手是用来紧固和启动螺母的工具。图 3-13 为扳手的实物图，电工操作中常用扳手有活络扳手、开口扳手、梅花扳手和内六角扳手。

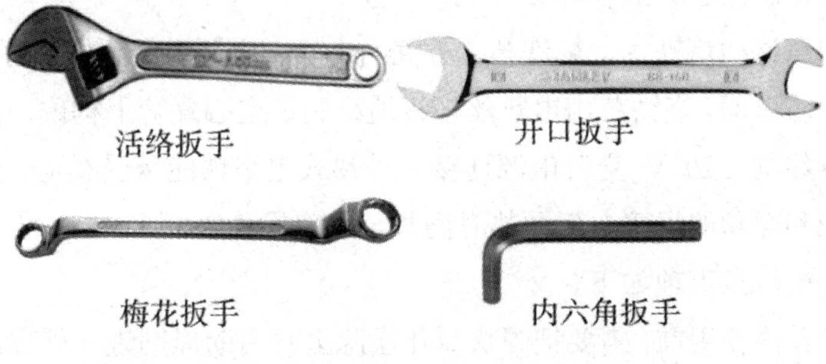

图 3-13　扳手的实物图

活络扳手能在一定范围内任意调节扳手开口尺寸的大小，常用来拆装开口尺寸限度内的螺栓、螺母，紧固力矩较大的螺栓或螺母。使用活络扳手时，应调节开口大小，让扳手钳口面紧贴在螺母或螺栓的面上。必须注意的是，活络扳手只有在开口紧固后才能开始使用， 操作时单手用力朝扳手的副钳口方向，手握扳手的另一端防止用力过猛损坏扳手，手臂尽量垂直于扳手方向，不能双手同时扳动扳手，两脚要按丁字形叉开站稳，防止扳手砸下或操作者摔倒导致受伤。

开口扳手用来拧紧或松开标准规格的螺栓和螺母，大部分开口扳手两端都有开口。开口扳手不可以用来拧紧力矩较大的螺栓或螺母。使用开口扳手时，扳手应完整地夹在螺栓上，增大接触面积，扳动方向应朝钳口方向，接近拧紧时加在扳手上的力过大会导致螺纹滑丝。注意：选用开口扳手时，应选用与螺栓或螺母对边距尺寸相同的扳手，否则无法正常工作，甚至会损坏扳手、螺栓或螺母。

梅花扳手有正方形、六角形、十二角形等规格。梅花扳手只要转过较小角度就能改变扳动方向，非常适合用于空间狭窄的工作场所。梅花扳手进行拧紧操作时，顺时针转动手柄。内六角扳手常用于某些机电产品的内六角螺钉拆装，或用于装卸某些钢架结构。

3.1.10 电烙铁

电烙铁是电工常用的焊接工具，种类有内热式电烙铁、外热式电烙铁、恒温电烙铁和吸锡电烙铁。图 3-14 为内热式和外热式电烙铁的实物图。

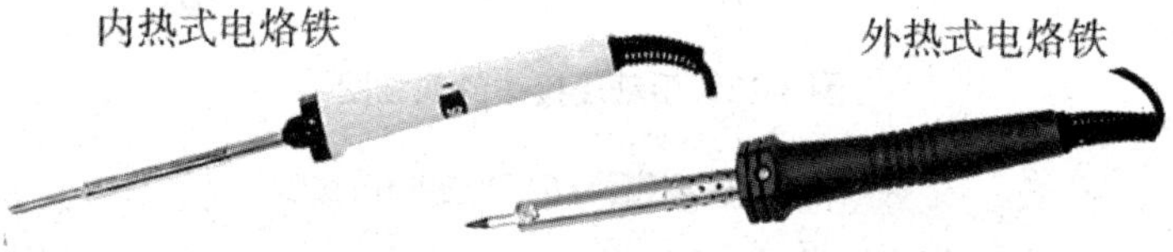

图 3-14 内热式和外热式电烙铁的实物图

内热式电烙铁由手柄、连接杆、弹簧夹、烙铁芯、烙铁头组成，特点是烙铁芯安装在烙铁头里面，发热快，热效率高。内热式电烙铁一般用于焊接印刷电路板上元器件，但机械强度较差，不适用于大面积焊接。

外热式电烙铁由烙铁头、烙铁芯、外壳、木柄、电源引线、插头等组成，特点是烙铁头安装在烙铁芯里面，烙铁芯由电热丝平行地绕制在空心瓷管上构成，中间的云母片绝缘，并引出两根导线与 220 V 交流电源连接。外热式电烙铁能承受震动，机械强度较大，适用于较大体积和面积的焊接，但预热时间长，效率不高。

电烙铁使用注意事项如下。

电烙铁在首次使用前，需要把焊头氧化层除去并用助焊剂进行处理，使焊头前端挂锡，防止氧化。焊接前应检查电源线有无破损或被烫伤现象，采用防漏电等安全措施。不能在易燃易爆场所或有腐蚀性气体场所进行焊接操作。焊接完毕，应拔去电源插头，将电烙铁置于金属支架上，防止导致人员烫伤或火灾等事故。

3.1.11 手电钻

手电钻是一种常用的电工工具，它以交流电源或直流电池驱动电动机工作，用于工件上开孔。手电钻主要由钻头、钻夹头、输出轴、齿轮、转子、定子、机壳、开关和电缆线等组成，图 3-15 为手电钻的实物图。

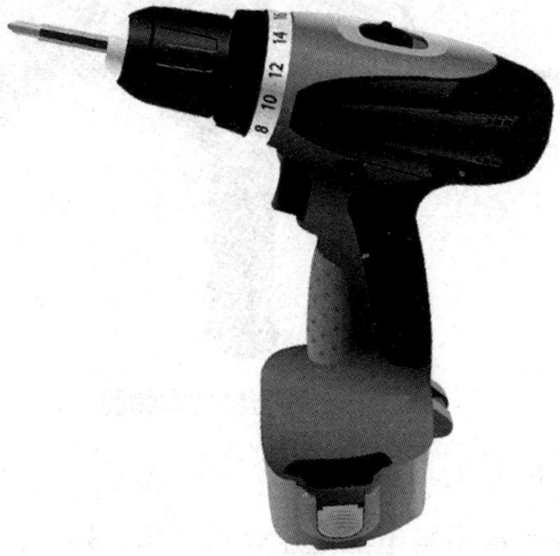

图 3-15　手电钻的实物图

手电钻的钻头能在工件上钻削出通孔或盲孔，也能对已有的孔进行扩孔。常用钻头种类有麻花钻、扁钻、中心钻、深孔钻等。使用手电钻应注意以下几点。

（1）使用前要检查手电钻的额定电压与电源电压是否一致，检查手电钻的外壳、电源线是否存在破损现象。连接电源后应使用验电器检查外壳是否带电。交流手电钻外壳要有接地或接零保护，塑料外壳应防止碰、磕、砸，不要与汽油及其他溶剂接触。

（2）安装钻头时应使用专用装拆工具，严禁用锤子或其他金属制品敲击钻头。搬移手电钻时，必须握住手柄，不能边拉软导线边搬手电钻，防止电源线擦破、割破。

（3）操作钻孔时，操作者应握牢手电钻手柄，钻头应垂直于被钻工件。操作中，不能用力过猛，防止电钻电机过载；当手电钻的转速明显降低时，应握稳手柄和减轻施加的压力；如果手电钻突然停止转动，则必须马上切断电源。

（4）当需要在较小的工件上钻孔时，钻孔前应先把工件固定好，确保钻孔时工件不随钻头转动。

（5）手电钻的外壳的通风口必须保持畅通，防止切屑等杂物进入机壳内造成手电钻损坏或其他事故。

3.1.12　冲击钻

冲击钻是电工安装、维修常用工具，主要用来对混凝土、砖块、石料等坚硬材料上进行冲击打孔。冲击钻由电源线和开关、顺逆转向控制机构、钻夹头、变速机构、辅助手把及标尺调节限位、定位圈、专用钻夹头钥匙、机身可调辅助深度尺和专用拆装工具等组成。图 3-16 为冲击钻的实物图。

图 3-16　冲击钻的实物图

使用冲击钻应注意以下几点。

（1）使用前应检查额定电压与电源电压是否一致，外壳、电源线是否存在破损现象，辅助手柄及深度尺调节是否正常，螺丝是否有松动现象。

（2）安装钻头时，必须按要求安装允许范围内的合金钢冲击钻头或打孔通用钻头，禁止使用允许范围以外的钻头。需要更换钻头时，应该使用钻头锁紧钥匙等专用工具进行拆卸或安装，安装时必须锁紧钻头，禁止使用非专用工具进行更换钻头或敲打冲击钻。

（3）进行冲击钻孔时，首先根据钻孔深度调节深度尺，然后握住冲击钻，把钻头顶在预先定位的钻孔位置上，再扣动扳机开关进行钻孔。钻孔时应保持钻头与被钻处垂直，用力要均匀，防止钻偏。使用时，严禁乱拖冲击钻的电源线，特别是不允许把电源线拖到水中或油中，防止割破、腐蚀电源线导致漏电等安全事故。使用中若发现冲击钻震动异常、过热或有异常声音时，应立即停止操作，检查冲击钻。

3.1.13　拉具

拉具也称拉马，用于拆卸电动机轴承、联轴器和皮带轮等紧固件，是一种拆卸工具。拉具按结构形式不同分为双爪和三爪两种。图 3-17 为拉具的实物图。

使用拉具时，拉具的丝杆要对准电动机轴中心孔。可以使用铁棍等插入拉具丝杆尾端孔中作为手柄，扳动时用力要均匀。如果遇到拉不动的情况，不可继续硬拉以免损坏拉具和轴承等，这时可用手锤轻轻敲击拉具丝杆的尾端或电动机皮带轮外沿，或在轴承、联轴器和皮带轮等紧固件与轴的接缝处注入煤油或除锈剂。必要时可以用喷灯等在紧固件的外表面加热，趁紧固件受热膨胀时迅速拉出。要注意加热的温度不能太高和加热时间不能过长，以免造成电动机的轴过热变形膨胀，拉起来会更困难。

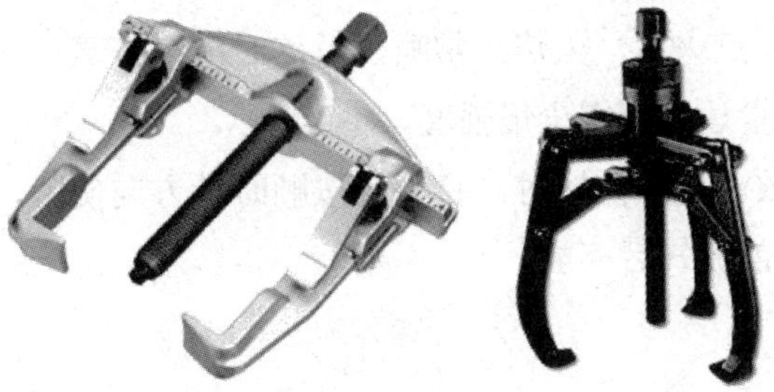

图 3-17　拉具的实物图

3.1.14　喷灯

喷灯是利用高温火焰对工件进行加热的工具，常用于焊锡、焊接地线和电缆接地线焊接。图 3-18 为喷灯的实物图。

图 3-18　喷灯的实物图

喷灯进行加热工作时，火焰温度高达 900 ℃，因此使用喷灯操作应严格按照规程使用。喷灯的使用方法如下。

（1）使用前，必须对喷灯进行检查。检查手动泵和泄压阀能否正常工作，密封是否完好，油箱是否存在破损、裂痕或凹凸。如果存在不正常现象，则必须修理后才能使用。

（2）对喷灯进行加油，旋开加油盖加入规定种类的合格品燃油。加油时，燃油通过带滤网的漏斗后进入油壶，加入油量一般为油壶的四分之三。如果在操作中途需要加油，应先熄火，待灯头冷却、先放气后，才能加油，严禁带火、气拆卸。

（3）检查油路。打气加压后打开手轮进行喷油测试，如果油直线喷出则说明油路畅通。如果存在堵塞，用通针疏通，或放气后拆卸，把喷嘴清洗疏通。

（4）点火。在预热杯中加满油及引火物，并把外部的燃油擦干净后，在避风的地方点燃引火物。预热过程中喷嘴滴油为正常现象。当预热杯中的油快要燃尽时，打气三五下把燃油压入汽化管汽化，缓缓旋开手轮，火焰会自行喷出。

（5）正常工作。点火后，火焰正常喷出，这时继续打气，火焰持续喷出。可以用手轮调节进油阀的出油量达到所需火焰强度。

（6）熄火和存放。工作完毕时，将手轮按顺时针方向旋紧，关闭进油阀熄火，待灯头冷却后，旋松加油盖放气后存放。

3.1.15 梯子

梯子是电工操作中进行高空作业时使用的工具。梯子用铝材等金属材料、木材或竹子等制成，结构主要有人字梯和靠梯两种。图 3-19 为梯子的实物图。

图 3-19 梯子的实物图

使用梯子时应注意以下事项。

（1）使用前，检查工作场所是否稳固，应清除地面杂物和整平地面，并确保梯子支撑处不存在湿滑的油渍或水渍等。

（2）检查梯子，确保梯子的横挡及梯脚套牢固可靠（梯脚应安装防滑胶皮），梯子上面没有杂物。注意梯子与墙的距离、角度。

（3）如果选用人字梯，梯子开角尺寸不能大于梯子长度的一半；如果选用靠梯，梯子放置角度应为60°～75°。

（4）在梯子上进行操作时，梯顶不应低于作业人员的腰部，严禁在人字梯上采用骑马方式站立，或站在梯子最高处或最上面的一、二级横挡上工作。

3.1.16 安全带

电工用安全带是在施工、安装、维修等高空作业时用来保护人员和物料安全的绳索，

图 3-20 为安全带的实物图。安全带的材质大多数是合成纤维绳、麻绳或钢丝绳。

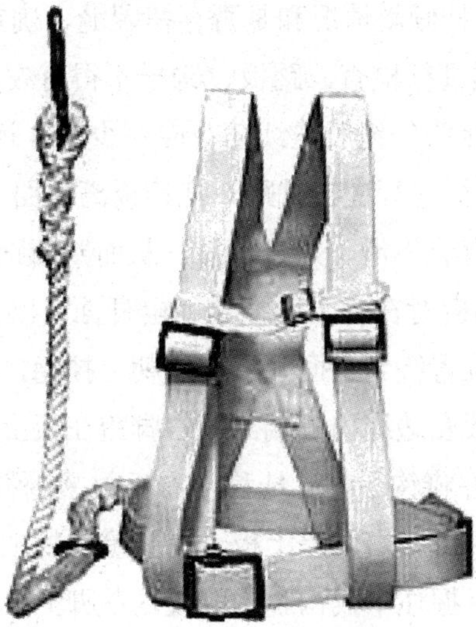

图 3-20　安全带的实物图

每次使用安全带前，必须检查安全带是否在使用期内，安全钩环是否齐全，保险装置是否可靠，带绳是否有破损、变质现象。如果发现任何不符合安全规程的项目，应马上报废该安全带。作业过程中，安全带不许系在电杆尖或需要更换的部件上，应系在牢固可靠的地方。进行作业时，在钩好安全钩环和上好保险装置的前提下才能进行转位、探身或后仰等动作。使用后，应按规定存放保管安全带。如果需要对安全带进行清洁，可把安全带放在低温水中使用肥皂清洗。

3.1.17　踏板和脚扣

踏板和脚扣是用来攀登电杆的登高工具。图 3-21 为踏板和脚扣的实物图。

踏板　　脚扣

图 3-21　踏板和脚扣的实物图

踏板由脚板、绳索、铁钩三部分组成。其中，脚板由坚硬的木板制成，规格如图 3-22（a）所示；绳索为多股麻绳或尼龙绳，绳两端系结在踏板两头的扎结槽内，绳顶端系结铁挂钩，绳长度应该与操作者身高相适应。踏板和绳索都应能够承受 300 kg 的重量。

通常，使用踏板应注意以下几点。

（1）蹬杆前，检查电杆倾斜情况和是否存在裂缝，确定选择登杆的位置。

（2）使用踏板前必须进行检查，踏板、钩子不得有裂纹和变形，心型环完整，绳索无断股或霉变现象；绳扣接头每绳股连续插花应不少于 4 道，绳扣与踏板间应套接紧密。

（3）蹬杆前必须对踏板进行冲击试蹬，把踏板离地面 15～20 cm 勾挂好，用人体做冲击载荷试验，检查踏板有无下滑、是否可靠，从而判断踏板是否合格。

（4）蹬杆时将一块踏板背在身上，挂钩朝电杆面，踏板朝人体背面，左手握绳、右手持钩，从电杆背面适当位置绕到正面并将钩子朝上挂稳，右手收紧围杆上绳子并抓紧上板两根绳子，左手压紧踩板左边绳内侧端部，右脚蹬在板上，左脚上板绞紧左边绳。第二块板从电杆背面绕到正面并将钩子朝上挂稳，右手收紧围杆上绳子并抓紧上板两根绳子，左手压紧踩板左边绳内侧端部，右脚蹬上板，左脚蹬在杆上，左大腿靠近升降板，右腿膝肘部挂紧绳子，侧身、右手握住下板钩脱钩取板，左脚上板绞紧左边绳，依次交替进行完成登杆工作。注意：踏板挂钩必须正勾，为了保证在杆上作业时身体平稳，站立时两腿前掌内侧应夹紧电杆。蹬杆步骤如如图 3-22（b）至（d）所示。

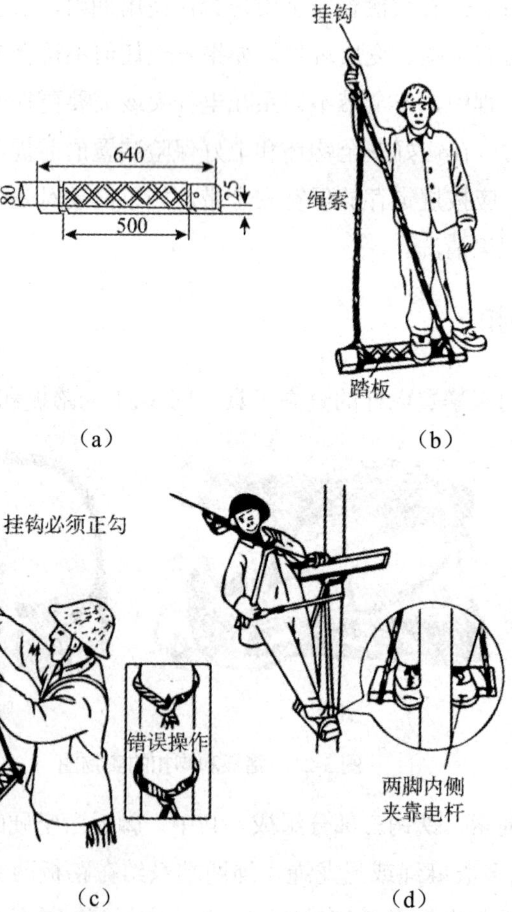

图 3-22　踏板使用示意图

（5）下杆时，首先把上板取下，钩口朝上，大腿部对应杆身上挂板，左手握住上板左边绳，右手握上板绳，抽出左腿，侧身、左手压等高板左端部，左脚蹬在电杆上，右腿膝肘部挂紧绳子并向外顶出，上板靠近左大腿。然后左手松出，在下板挂钩约 10 cm 处握住绳子，左右摇动使其围杆下落，同时左脚下滑至适当位置蹬杆，定住下板绳并保持钩口朝上，左手握住上板左边绳而右手握绳下处。接着右手松出左边绳而只握右边绳，双手下滑，同时右脚下上板、踩下板，左腿绞紧左边绳、踩下板，左手扶杆，右手握住上板，向上晃动松下上板，挂下板，依次交替进行完成下杆工作。

使用脚扣应注意以下几点。

（1）登杆前检查。检查电杆，杆根应牢固，埋深合格，杆身无纵向裂纹，横向裂纹符合要求。根据电杆的规格选择合适规格的脚扣，检查脚扣有无变形，是否在合格期内，所有螺丝是否齐全，皮带是否良好，调节是否灵活，焊口有无开裂。在地面上进行冲击试验，站在地面，将脚扣扣在电杆上，用一只脚站上去，用力朝下蹬，检查脚扣无异常。换好工作鞋，系好安全带，安全带应系在腰带下方，臀部上面，松紧要合适；根据电杆的粗细调节脚扣大小，使脚扣牢靠地扣在电杆上。穿脚扣时，脚扣带的松紧要合适，防止脚扣在脚上转动或滑落。将安全带绕过电杆，调节好合适长度后系好，扣环扣好。

（2）登杆时，应用两手掌上下扶住电杆，上身离开电杆（约 35 cm），臀部向后下方坐，使上体成弓形。当左脚向上跨扣时，左手同时向上扶住电杆，右脚向上跨扣时，右手同时向上扶住电杆。在左脚蹬实后，身体重心移动到左脚上，右脚才可抬起，再向上移动一步，手才可以随着向上移动，两手脚配合要协调。当脚扣可靠扣住电杆后，再开始移动身体。登杆时，步幅不能过大。 如果需要调整左脚扣，则左手扶住电杆用右手调整；如果调整右脚扣则相反。快到杆顶时，要注意防止横担碰到头部。到达工作位置后，将脚扣蹬稳，在电杆的牢固处系好安全带后才能开始工作。图 3-23 为脚扣使用示意图。

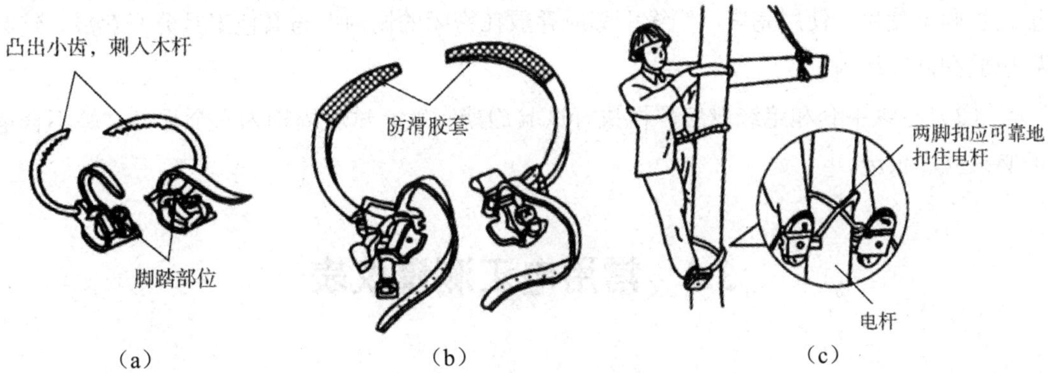

图 3-23　脚扣使用示意图

（3）下杆时，不能直接溜下杆，要注意身体平衡，随电杆杆径增加而调整脚扣。

3.1.18 绝缘手套及绝缘靴

在低压电工操作中，绝缘手套及绝缘靴属于绝缘安全用具，用来防止工作人员触电。绝缘手套属于基本绝缘安全用具，绝缘强度必须能长期承受工作电压，并且能在产生过电压时确保操作人员的人身安全。绝缘靴属于辅助绝缘安全用具，绝缘强度不能长时间承受电气设备（或线路）的工作电压或抵御系统中过电压对操作人员的人身安全侵害，但能够强化基本绝缘安全用具的保护作用，即防止接触电压、跨步电压以及电弧灼伤对操作人员的伤害。绝缘靴等辅助绝缘安全用具用于配合绝缘手套等基本绝缘安全用具使用，不能直接接触高压设备的带电导体。图 3-24 为绝缘手套和绝缘靴的实物图。

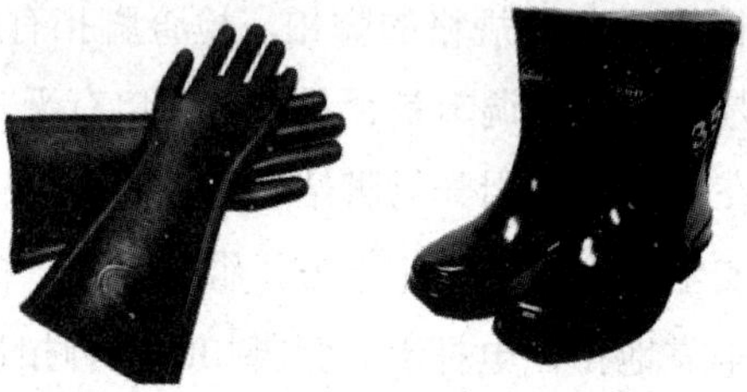

图 3-24 绝缘手套和绝缘靴的实物图

使用绝缘手套和绝缘靴应注意以下几点。

（1）使用前，必须检查绝缘手套和绝缘靴的外观是否清洁（无油垢、无灰尘），表面是否有裂纹、断裂、毛刺、划痕、孔洞及明显变形等。绝缘手套须做充气试验，确认无泄漏现象后才能使用。绝缘靴应鞋底无扎伤、受潮现象，底部花纹清晰明显，无磨平迹象。还应检查绝缘手套和绝缘靴是否在试验合格有效期内。

（2）使用时应按规程穿戴绝缘手套和绝缘靴，在规定的电压等级内使用绝缘手套和绝缘靴，严禁超电压等级使用。操作中要防止碰撞划伤而导致绝缘失效。注意：绝缘靴不准代替雨鞋使用。使用完毕，绝缘手套应存放在密闭的橱内并与其他工具分开存放，绝缘靴应放在储存柜内。

（3）绝缘手套和绝缘靴应严格执行试验周期制度，试验周期为六个月，试验不合格的必须立即报废。

3.2 常用电工测量仪表

在电工实际操作中，往往需要测量用电设备的电压、电流、功率或转速，或者需要测量元件的电阻、电容，这样就需要使用电流表、电压表、电度表、转速表、万用表、兆欧表、钳形电流表等。在这些仪表中，万用表、兆欧表、钳形电流表这三种测量仪表使用最多，被称为“三表”。

3.2.1 万用表

1. 指针式万用表

万用表是电工实际操作中最常用一种多功能、多量程的便携式测量仪表。一般来说，万用表能测量直流电流、直流电压、交流电压和电阻等，有的万用表还能测量交流电流、电容、电感、晶体管共射极直流放大系数等。

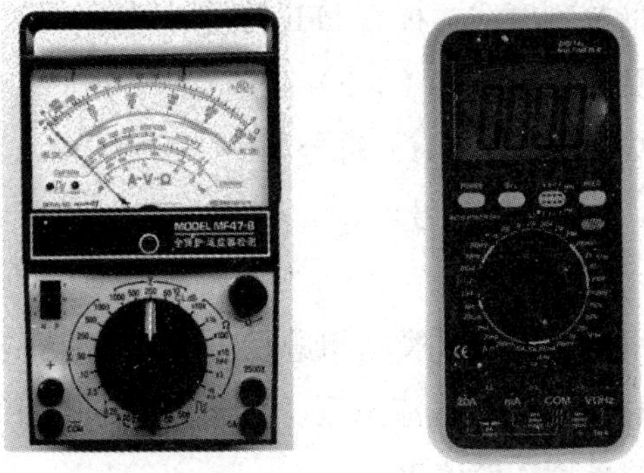

指针式万用表　　数字式万用表

图3-25 指针式万用表和数字式万用表的实物图

万用表主要有指针式万用表和数字式万用表两种。图3-25为指针式万用表和数字式万用表的实物图。指针式万用表也称模拟式万用表或机械式万用表，本节以常用的MF47型指针式万用表为例介绍指针式万用表的使用。

（1）指针式万用表的结构组成和测量原理

①结构组成

指针式万用表的结构主要由表头、转换开关和测量电路三个主要部分组成。

a．表头

万用表表头是万用表的测量显示装置，指针式万用表的表头一般采用显示面板和表头一体化结构，表头内部是高灵敏度的磁电式直流电流表，表头的灵敏度高。

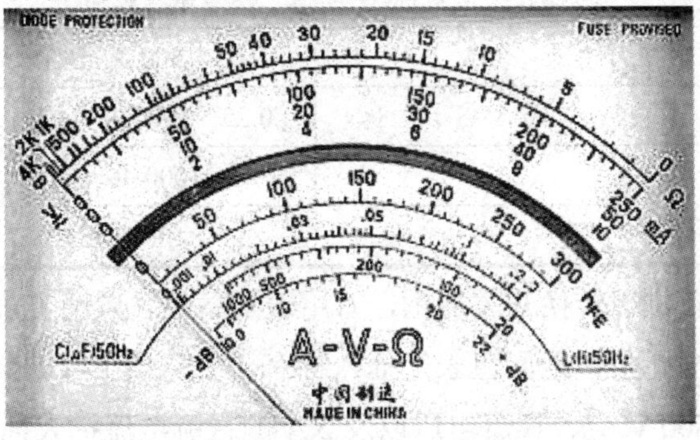

图3-26 指针式万用表刻度盘

表头刻度盘上有几条刻度线，如图 3-26 所示，从上往下分别是：

第一条是电阻阻值刻度线，标有 Ω 符号。测量时转换开关置于 Ω 挡，这条刻度线显示被测元件的电阻阻值。测量时应注意。电阻阻值刻度线从右往左读。

第二条是交、直流电压和直流电流值刻度线，标有交、直流电压 V 和直流电流 mA 符号。测量时转换开关置于交、直流电压或直流电流挡，这条刻度线显示被测对象的交、直流电压值或直流电流值。

第三条是三极管放大倍数刻度线，标有 hFE 符号。

第四条是电容容量刻度线，标有 C（μF）符号。

第五条是电感量刻度线，标有 L（H）符号。

第六条是电平刻度线，标有 dB 符号。

b．转换开关

万用表的转换开关是用来选择测量类别和量程（或倍率）的多挡位的旋转开关。

万用表测量类别包括直流电流、直流电压、交流电压、电阻等。通过调整转换开关，可以选择相应的测量类型的量程（或倍率）。

图 3-27 中的指针式万用表转换开关可以测量的物理量见表 3-1。

图 3-27 指针式万用表转换开关

表 3-1 万用表转换开关可以测量的物理量

测量的物理量	转换开关位置标注	量程或倍率	字母标注方法
直流电流	mA	0.05～500 共五挡	DCA
直流电压	V—	0.25～1000 共八挡	DCV
交流电压	V～	10～1000 共五挡	ACV
电阻	Ω	×1～×10k 共五挡	OHM

表笔和表笔插孔位于转换开关周围，万用表配备红、黑两支表笔，使用时把红色表笔插入标有“＋”的插孔中，把黑色表笔插入标有“－”或 “COM”的插孔中。某些型号的万用表还提供 2 500 V 交、直流电压以及 5 A 的直流电流扩大插孔,使用时把红表笔插到相应的插孔中进行测量。

c．测量线路

测量线路的作用是将不同类别和大小的被测量电量转换为表头所能承受的直流电流。测量线路由电阻、半导体元件及电池等组成，如图 3-28 所示。

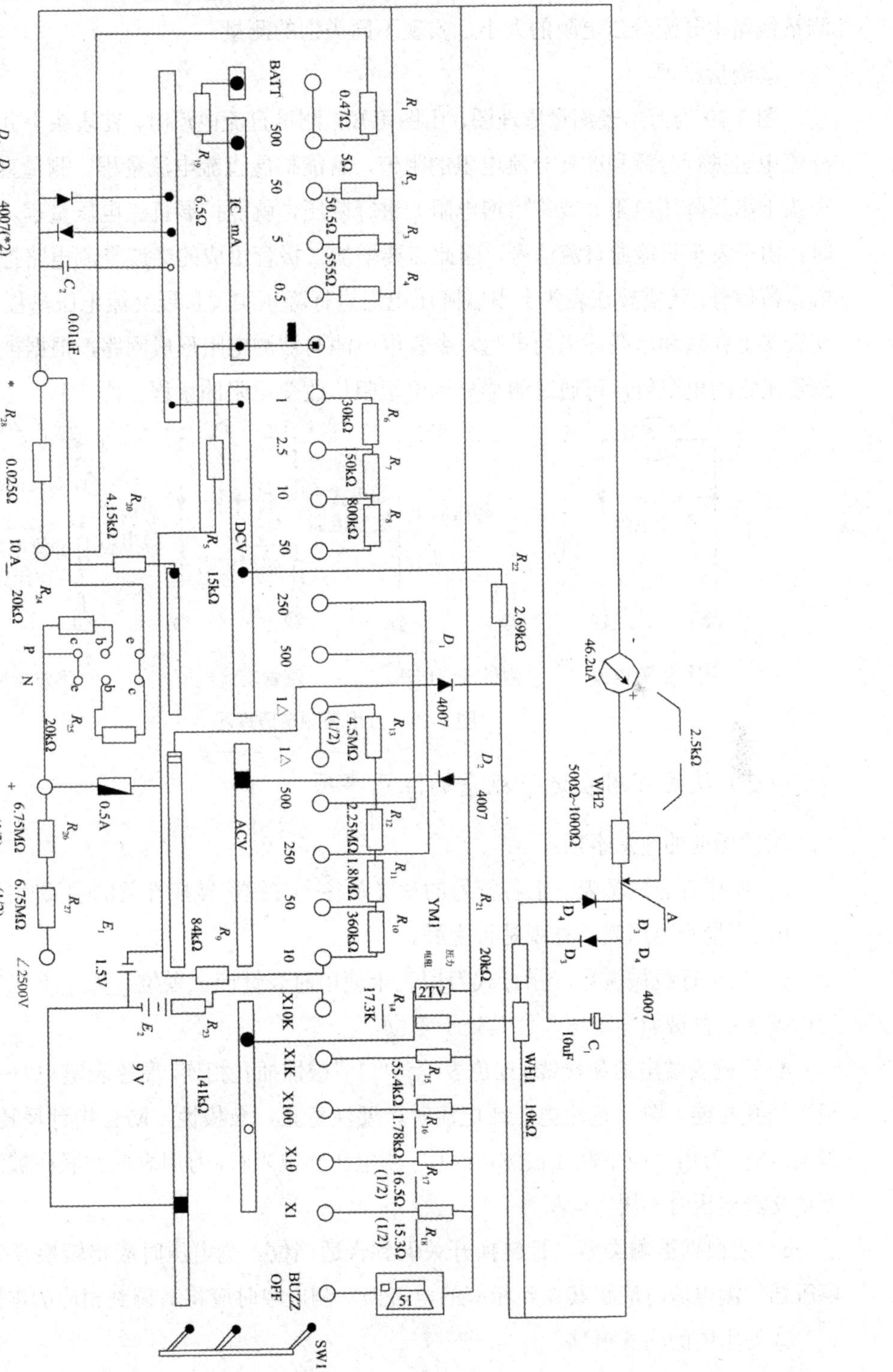

图 3-28 万用表测量线路图

当有微小电流通过表头时，表头就会有指示。因为万用表的表头是高灵敏度的磁电式直流电流表，只能通过很小的电流（46.2 μA），所以在表头上必须并联和串联电阻元件进行分流、降压，才能确保测量时不会损坏表头。当把转换开关调整到不同位置时，就改变测量线路中分流分压电阻的大小，实现不同类别的测量。

②测量原理

图 3-29 为万用表测量原理图，由图可知，测量直流电流时，在表头上并联适当阻值的分流电阻进行分流和改变分流电阻的阻值，就能扩展直流电流量程。测量直流电压时，在表头上串联降压电阻（或称倍增电阻）进行降压，就能扩展直流电压量程。测量交流电压时，由于表头只能通直流信号，因此需要增加二极管组成的半波整流电路把交流信号整流成直流信号，还需要在表头上串联降压电阻进行降压实现扩展交流电压量程。测量电阻时，在表头上并联和串联适当的电阻，令表内电池与被测电阻形成回路，根据被测电阻电流可测量出它的电阻值，可通过调整分流电阻阻值改变电阻的量程。

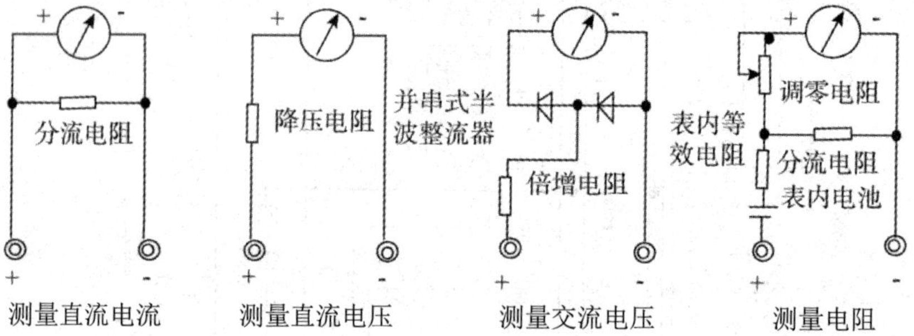

图 3-29　万用表测量原理图

（2）使用万用表进行测量的注意事项

①使用前的注意事项

a．操作者应熟悉表盘上各符号的意义及各个旋钮和转换开关的主要功能和作用。

b．应检查万用表的外观是否完好。

c．应进行机械调零。指针式万用表未使用时表针应在零位，如果不在零位可用螺丝刀微调表头机械调零旋钮，使其处于零位。

d. 正确安装电池和接线。红色表笔与“＋”极性插孔相连，黑色表笔与“—”或“COM”极性插孔相连。测量直流电压或电流时，要注意正、负极性，防止指针反转损坏万用表。测电流时，万用表应串联在被测电路中；测电压和电阻时，万用表应并联在被测电路两端。测量交流电压时不用考虑极性。

e．应根据被测类型，把转换开关调到合适挡位。测电压时应将转换开关调到相应的电压挡，测电流时应将其调到相应的电流挡，测电阻时应将其调到相应的电阻挡。

②使用中的注意事项

a．万用表必须水平放置，否则会产生误差。

b．万用表不能碰撞硬物或跌落到地面上。

c．不得用手去接触表笔的金属部分。

d．要选择合适的挡位。测量时如果无法确定被测值范围时，应先将转换开关转至对应的最大量程，然后根据指针的偏转程度逐步减小至合适的量程。测量电流或电压时，最好使指针处在标尺三分之二以上位置；测量电阻时，最好使指针处在标尺的中间位置。

e．测电阻时，不能带电测量。

f. 严禁在测量的过程中换挡，测量中换挡会毁坏万用表甚至造成事故。如需换挡，应先断开连接，换挡后再测量。

③使用完毕后的注意事项

a．万用表使用完毕后，应将转换开关调到空挡“OFF”处。如果没有空挡，则应把转换开关调到最高交流电压挡。

b．万用表长期不用时，应将表内电池取出，防止电池电解液渗漏损坏万用表。

（3）测量电阻

① 使用前准备

a．安好电池（注意电池正负极）。

b．插好表笔。“－”连黑色表笔、“＋”连红色表笔。

c．机械调零。万用表在测量前，将其水平放置时，要注意表头指针应处于交直流挡的零位上，否则读数会有较大的误差。如果表头指针不在零位，则使用小螺丝刀调整表头下方机械调零旋钮使指针回到零位，如图 3-30 所示。

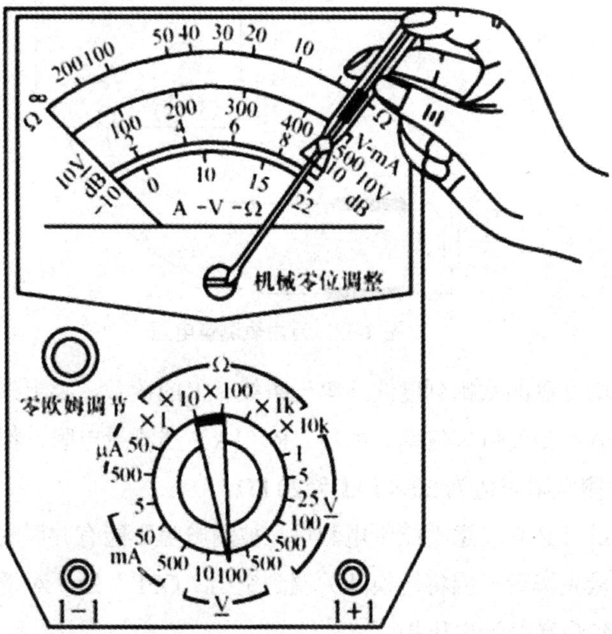

图 3-30　机械调零

d．选择量程。进行试测。先估计所测电阻阻值,再选择合适量程。如果无法估计被测电阻阻值,可将转换开关调到“R×100”或“R×1k”处进行试测，观察指针是否停在中线附近。如果指针停在中线附近说明挡位合适，否则断开后调整挡位。

e．欧姆挡调零。量程选定后，在正式测量之前必须进行欧姆挡调零，否则测量值会有误差。欧姆挡调零的方法是将红黑两色笔短接，观察指针是否指在电阻刻度线的零位。如果不在，调节欧姆调零旋钮，使指针在零位，如图 3-31 所示。需要注意的是，每次换挡后，测量前必须进行欧姆挡调零。

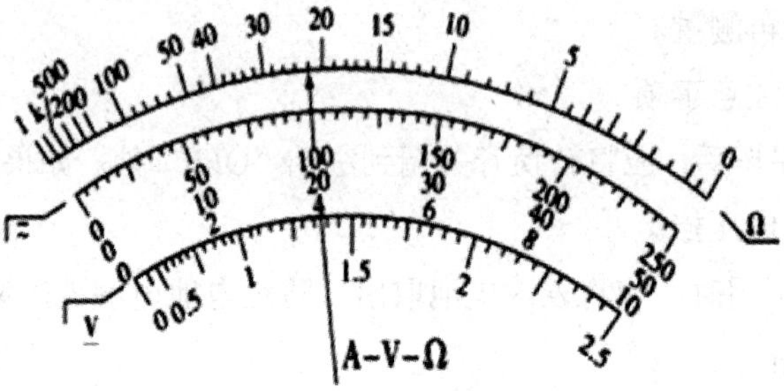

图 3-31　欧姆挡调零

②连接测量

测量时，万用表两表笔并联连接在所测电阻两端进行测量，如图 3-32 所示。

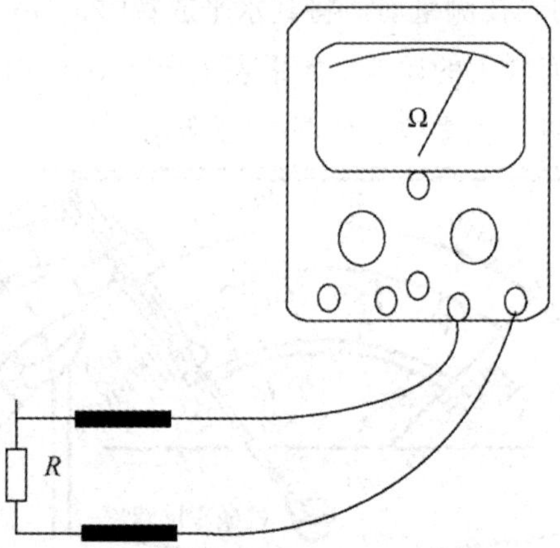

图 3-32　万用表测量电阻

读出指针在刻度盘的欧姆刻度线（第一条线）上的读数，乘上该挡的倍率得出被测电阻的阻值，即阻值＝刻度值×倍率。如用“R×1 k”挡测量电阻，指针所指欧姆刻度线的值为 20，那么被测电阻阻值为 20×1 kΩ＝20 kΩ。

连接电阻测量时必须注意不能带电测量，被测电阻不能有并联支路，读数目光要与表盘刻度垂直。测量完毕后，应将转换开关调到空挡“OFF”处。对于没有空挡的万用表，应把转换开关调到最高交流电压挡。

（4）测量直流电流

①使用前准备

内容大致与测量电阻相同，包括安好电池、插好表笔和进行机械调零。但选择量程的方法与测量电阻不同。

试测前，把被测电路断开，将万用表串联到被测电路中，被测电路中电流从一端流入红表笔，经万用表黑表笔流出，再流入被测线路中。将转换开关调到预估的直流电流量程进行测量。如果不知道被测对象的电流的大致数值，应将转换开关调到直流电流挡最高量程上试测，再根据试测值选择合适量程进行测量。

②连接测量

测量时，万用表串联到被测线路中，要确保被测电路中电流从一端流入红表笔，经万用表黑表笔流出，再流入被测线路中，如图 3-33 所示。

万用表指针稳定后读数，读出指针在刻度盘的电压电流刻度线（第二条线）上的读数。电压电流刻度线标有三组数字，读数时要注意根据所选择量程来选择刻度读数。例如，选择量程为 500 mA 时，应读取第三组数字。

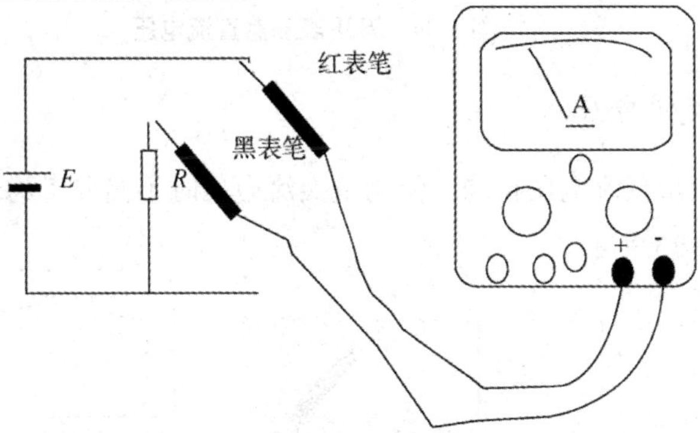

图 3-33　万用表测量直流电流

测量直流电流时必须注意表笔的极性不能接反，否则会损坏万用表。测量完毕后，应将转换开关调到空挡“OFF”处。对于没有空挡的万用表，应把转换开关调到最高交流电压挡。

（5）测量直流电压

①使用前准备

内容大致与测量电阻相同，包括安好电池、插好表笔和进行机械调零。但选择量程的方法与测量电阻不同。

试测时将万用表并联到被测对象上，红表笔接高电位，黑表笔接低电位。将转换开关调到预估的直流电压量程进行测量。如果不知道被测对象的电压的大致数值，应将转换开关调到直流电压挡最高量程上试测，再根据试测值选择合适量程进行测量。

②连接测量

测量时，万用表并联到被测对象上，确保红表笔接高电位，黑表笔接低电位，如图 3-34 所示。万用表指针稳定后读数，读出指针在刻度盘的电压电流刻度线（第二条线）上的读数。电压电流刻度线标有三组数字，读数时注意根据所选择量程来选择刻度读数。例如，选择量程为 250 V 时，应读取第二组数字。

测量直流电压时必须注意表笔的极性不能弄错，否则会损坏万用表。

测量完毕后，应将转换开关调到空挡“OFF”处。对于没有空挡的万用表，把转换开关调到最高交流电压挡。

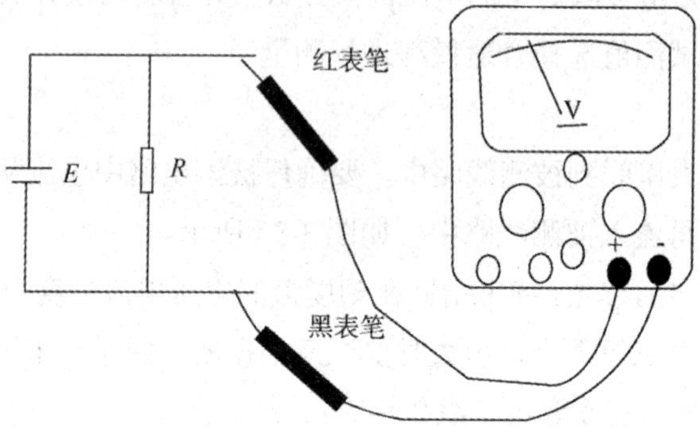

图 3-34　万用表测量直流电压

（6）测量交流电压

步骤大致与测量直流电压相同，但测量交流电压时不需要考虑表笔的极性。万用表测量交流电压如图 3-35 所示。

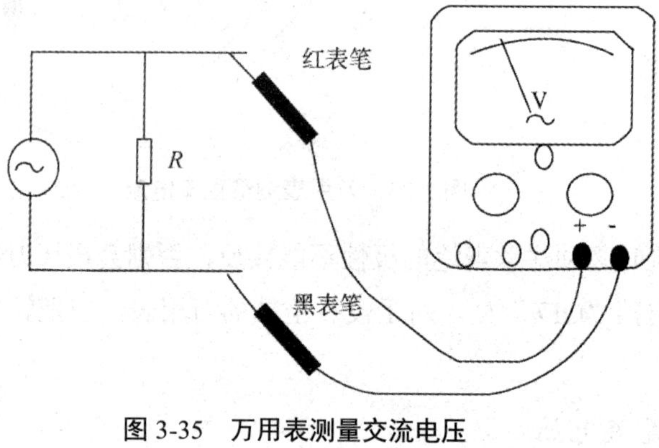

图 3-35　万用表测量交流电压

2. 数字式万用表

与指针式万用表相比，数字式万用表具有很多优点，如读数直观、准确，测量精度高，防磁能力强，带保护装置和具备超限输入显示功能，可靠性和耐久性强，因此数字式万用表的应用越来越广泛。

下面以图 3-36 所示某厂家的数字万用表为例介绍数字万用表的使用。

总体来讲，除电阻的测量外，数字式万用表的使用大体上与指针式万用表相近。测量前应注意以下几点。

（1）转换开关上的“V－”表示直流电压挡，“V～”表示交流电压挡，“A”是电流挡。表笔插孔是“COM”表示公共地，“VΩHz”表示电压、电阻和频率，“mA”表示电流小于 200 μA 和“2 0A”表示电流最大 20 A。

（2）在进行量程选择时，如果无法预先估计被测电压或电流的大小，则应先将转换开关拨至最高量程挡测量一次，再视情况逐渐调整到合适量程。

（3）被测量值超出量程（即满量程）时，数字万用表只是在最高位显示数字“1”，其他位不显示，这时应断开被测对象，然后选择更高量程。

（4）测量电压时，数字万用表与被测电路并联；测量电流时，数字万用表与被测电路串联。

（5）测量交流量时不必考虑极性，但测量直流量时必须区分正负极性。

图 3-36　数字万用表的实物图

（1）测量电压

①测量直流电压（如测量干电池或其他直流电源电压）

首先，将黑色表笔插进“COM”插孔，将红色表笔插进“VΩHz”插孔。然后，把转换开关调到预估量程，把表笔接到直流电源两端并保持接触稳定。当显示屏的显示数值稳定后，从显示屏上读取电压值。如果显示为“1.”，则表明满量程，需要断开后连接，增大量程后重新测量。如果在显示数值前出现“－”号，说明表笔极性与实际极性相反，实际上红表笔接负极而黑表笔接正极。

②测量交流电压

表笔连接与直流电压的测量一样，转换开关调到交流电压挡“V～”，选择合适量程进行测量。在测量电压时，如果误用交流电压挡去测量直流电压，或者误用直流电压挡去测量交流电压，显示屏将显示“000”，或低位上的数字出现跳动。

无论测量交流还是直流电压，都要注意人身安全，不要随便用手触摸表笔的金属部分。

（2）测量电流

①测量直流电流量

首先进行表笔连接，把黑表笔插入“COM”插孔。如果被测电流值小于 200 mA，那么将红表笔插入“mA”插孔，转换开关调到直流 200mA 以内的合适量程。如果被测电流值大于 200 mA，那么将红色表笔插入“20 A”插孔，转换开关调到直流“20 A”挡。测量时，数字万用表串联到被测电路中。当显示屏的显示数值稳定后，从显示屏上读取电流值。

②测量交流电流

测量交流电流与测量直流电流方法相同，转换开关需调到交流挡位。在进行电流测量后，必须把红表笔从电流插孔中拔出或插到“VΩHz”插孔，否则会损坏数字万用表。

（3）测量电阻

把表笔插进“COM”和“VΩ”插孔中，把转换开关调到电阻挡“Ω”中合适的量程，红、黑表笔跨接在电阻两端引脚。测量中不能让手同时接触电阻两个引脚，否则会影响测量精确度。

数字万用表测量电阻无需欧姆挡调零，每个量程也没有倍率，每个挡位的数字就是量程最大值，在“200”挡时单位是“Ω”，在“2k”到“200k”挡时单位为“kΩ ”，“2M”挡以上的单位是“MΩ”。

3.2.2 兆欧表

电力线路、用电设备在运行过程中，由于时间和外界工况的原因，绝缘材料会发生老化而导致绝缘性能降低，有可能造成电器设备漏电甚至人员伤亡等安全事故发生。因此，需要经常或定期对电力线路和用电设备进行绝缘性能测试，防止发生事故。

兆欧表是常用的测量高电阻的仪表，主要用于检测电力线路、电机绕组、电缆、电气设备等绝缘电阻是否符合规范要求，确保它们的绝缘电阻正常。绝缘电阻常用兆欧（MΩ）做计量单位，因此这种仪表称为兆欧表。

常用的兆欧表有机械式和数字式两种，如图 3-37 所示。其中，机械式兆欧表带有手摇发电机，因此机械式兆欧表也称摇表。

本小节主要介绍机械式兆欧表的应用。

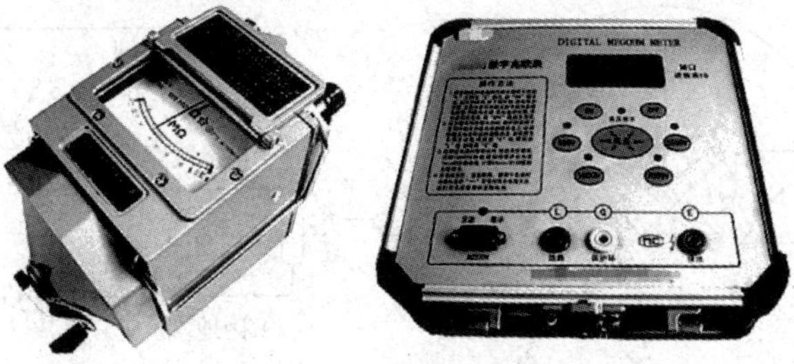

（a）　　　　　　　　　　　　（b）

图 3-37　兆欧表的实物图

（a）机械式；（b）数字式

1. 兆欧表结构和工作原理

兆欧表由手摇直流发电机、磁电系比率计和接线柱（L 接线路端、E 接地端和 G 屏蔽端）组成。手摇发电机的额定电压有 500 V、1 000 V、2 500 V 等，相应有各种电压规格的兆欧表，图 3-38 为兆欧表内部电路原理图。

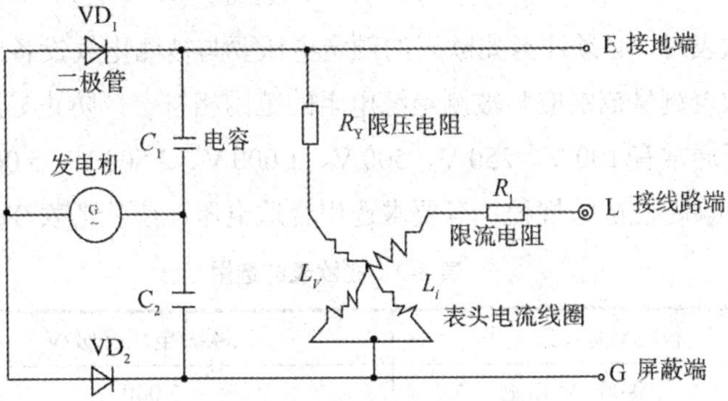

图 3-38　兆欧表内部电路原理图

兆欧表工作原理图如图 3-39 所示。兆欧表内的测量机构是磁电系比率计，它由固定在同一转轴上且空间位置彼此相差一定角度的可动线圈 1、2 组成，两个线圈成一定角度固定在轴上。电路中的电流由不产生反作用力矩的金属导丝引入两个线圈，线圈 1、2 同时通电，线圈 1 产生转动力矩 M_1，线圈 2 产生反作用力矩 M_2（兆欧表的结构和内部接线应保证两个可动线圈所受电磁力矩方向相反）。磁电系比率计的固定部分由永久磁铁及其极掌、带缺口的圆柱形铁芯组成。由于磁场不均匀，M_1 和 M_2 的大小与电流 I_1、I_2 有关，还与磁电系比率计可动部分如指针等偏转角 α 有关。平衡时，M_1 和 M_2 两力矩相等。由图 3-39（a）可知，被测电阻 R_x 与测量机构中的线圈 1 串联，流过线圈 1 的电流 I_1 为 $I_1=U/(R_x+R_c)$、线圈 2 的电流 $I_2=U/R_v$，其中 R_c、R_v 为附加电阻。

$$\alpha=K\left(\frac{I_1}{I_2}\right)=K\left[\frac{U/(R_x+R_c)}{U/R_v}\right]=K\left(\frac{R_v}{R_x+R_c}\right)=K_1R_x$$

因此，兆欧表指针偏转与两电流的比值成正比，即 $\alpha=K(I_1/I_2)$。

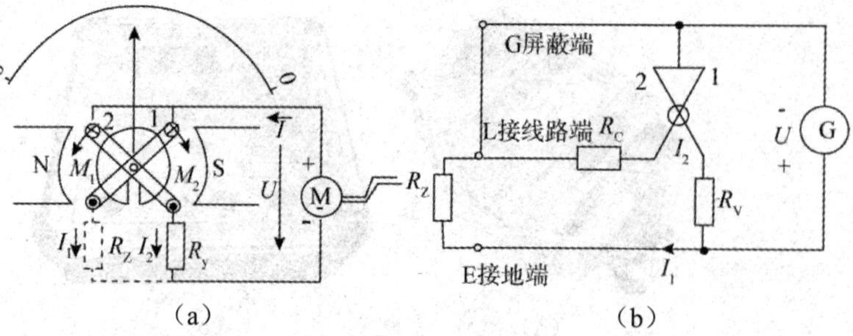

（a）（b）

图 3-39 兆欧表工作原理图

当被测绝缘电阻 $R_x=\infty$时，$I_1=0$，$M_1=0$，指针在 M_2 作用下逆时针偏转直至线圈 2 转到圆柱形铁芯缺口处，指针停在标尺左端“∞”处；当被测绝缘电阻 $R_x=0$ 时，I_1 最大，指针偏转角 α 也最大，指针指在标尺右端“0”处。兆欧表没有机械游丝，因此在不通电时磁电系，比率计指针可停留在任意位置。

2. 兆欧表的选用

在选用兆欧表时，必须注意兆欧表的额定电压要与被测电气设备或线路的工作电压相适应，而且兆欧表测量范围应与被测绝缘电阻的范围相符合，防止导致较大测量误差。

兆欧表电压通常有 100 V、250 V、500 V、1 000 V、2 500 V、5 000、10 000 V 等，应按照《电气设备预防性试验规程》等要求选用合适电压，或参考表 3-2 进行选择。

表 3-2 兆欧表的选用

被测对象工作电压	兆欧表电压等级/V
10 000 V 以上	5 000
10 000 V 以下，3 000 V 以上	2 500
3 000 V 以下，500 V 以上	1 000
500 V 以下，100 V 以上	500
100 V 以下	250

3. 兆欧表的使用方法

使用前应检查兆欧表是否能正常工作。将兆欧表水平放置，空摇兆欧表手柄，指针应该指在“∞”处，再慢慢摇动手柄，使 L 和 E 两接线柱输出线瞬时短接，指针应迅速指零。注意在摇动手柄时不得让 L 和 E 短接时间过长，否则将损坏兆欧表。还需要检查被测电气设备和电路，看是否已全部切断电源。绝对不允许设备和线路带电时用兆欧表去测量。测量前，应对设备和线路先行放电，防止设备或线路电容放电造成人身安全事故和损坏兆欧表，还要把被测试点擦拭干净。

使用兆欧表测量的方法如下。

（1）兆欧表应水平放置在平稳牢固的地方，防止摇动时因抖动和倾斜产生测量误差。

（2）注意正确接线。兆欧表有三个接线柱（L 接线路端、E 接地端和 G 屏蔽端），其中，保护环（即屏蔽段）的作用是消除表壳表面 L 与 E 接线柱间的漏电和被测绝缘物表面漏电的影响。在测量电气设备对地绝缘电阻时，L 表笔连接设备的待测位置，E 表笔连接设备外壳。如图 3-40 所示，测量电动机绕组的绝缘电阻时，将 L 表笔接绕组的接线端，E 表笔连接电动机接地端；当测量电缆的绝缘电阻时，L 表笔接线芯，E 表笔接外壳，G 表笔接线芯与外壳之间的绝缘层。注意，L、E、G 接线柱与被测点的连接线必须用绝缘良好的单根线制成的表笔，测量导线之间不得绞合，表面不得与被测物体接触。

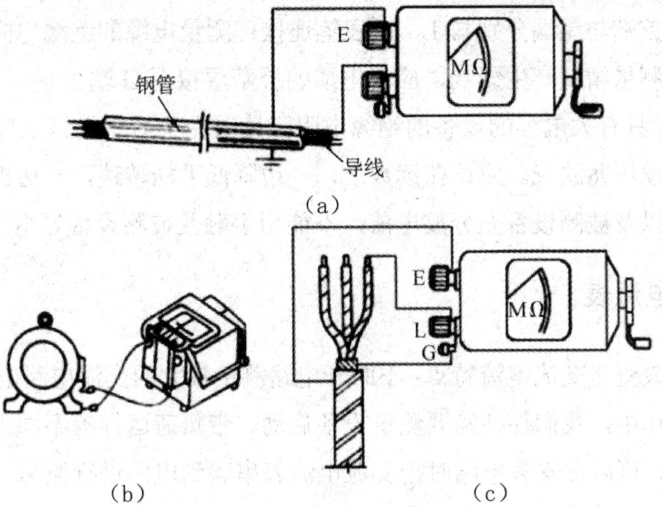

图 3-40　使用兆欧表测量

（3）摇动手柄转速要均匀，额定转速为 120 r/min，允许有±20%的变化，但不应超过±25%。测量时，摇动 1 min 后等指针稳定下来再读数。当被测电路中有电容时，先持续摇动一段时间，让兆欧表对电容充电，指针稳定后再读数。测量中发现指针指零时应立即停止摇动手柄。

（4）测量完毕，应使用 E 表笔对设备充分放电，否则容易引起触电事故。

（5）禁止在雷电时或附近有高压导体的设备上测量绝缘电阻。只有在设备不带电又不可能受其他电源感应而带电的情况下才可测量。

（6）兆欧表未停止转动以前，切勿用手去触及设备的测量部分或兆欧表接线柱。拆线时也不可直接去触及引线的裸露部分。

（7）兆欧表应定期校验。校验方法是直接测量有确定值的标准电阻，检查其测量误差是否在允许范围内。

4. 兆欧表使用注意事项

使用兆欧表应注意以下几点。

（1）测量绝缘电阻必须在被测设备和线路停电的状态下进行，对含有大电容的设备，在测量前必须进行放电，测量后也应该及时放电，确保操作人员的人身安全。

（2）兆欧表接线柱引出的测量软线绝缘应良好，导线之间和导线与地之间应保持适当距离，以免影响测量精度。

（3）摇动兆欧表时，应该由慢逐渐加快到到额定转速 120 r/min。如果发现指针指零，则说明表内发生短路故障，应立即停止摇动手柄以免损坏表内线圈。同时在这个过程中不能用手接触兆欧表的接线柱和被测回路，以防触电。

（4）测量时必须正确接线。兆欧表有 3 个接线端子（L、E 和 G）。测量回路对地电阻时，L 表笔与回路的裸露导体连接，E 表笔连接接地线或金属外壳；测量回路的绝缘电阻时，回路的首端与尾端分别与 L、E 表笔连接；测量电缆的绝缘电阻时，为防止电缆表面泄漏电流对测量精度产生影响，应将电缆的屏蔽层接至 G 端。

（5）测量具有大电容的设备的绝缘电阻，读数完毕后不能马上停止摇动，防止已充电的电容放电损坏兆欧表。应该在读数后，一边降低手柄转速，一边拆去摇表接地线。在摇表停止转动以及被测设备充分放电前，不能用手触及被测设备导电部分。

3.2.3 钳形电流表

钳形电流表测量交流电流特点：不断开电路测量较大的交流电路电流，但精度不够高。

在实际工作中，我们往往需要测量设备启动、带负荷运行等不同工况的电流。对于固定的大型设备，可以在安装电路时把交流电流表串联到电路进行测量。但是在巡检过程中需要测量某台设备的电流时，如果需要把交流电流表串联到电路中，那么需要停电、断开电路和安装电流表，然后复电测量，这样就十分不方便。

钳形电流表简称钳表，是用来测量运行中交流电路电流大小的仪表，能在不用断电的情况下测量出交流电流。钳形电流表有指针式和数字式两种，如图 3-41 所示。

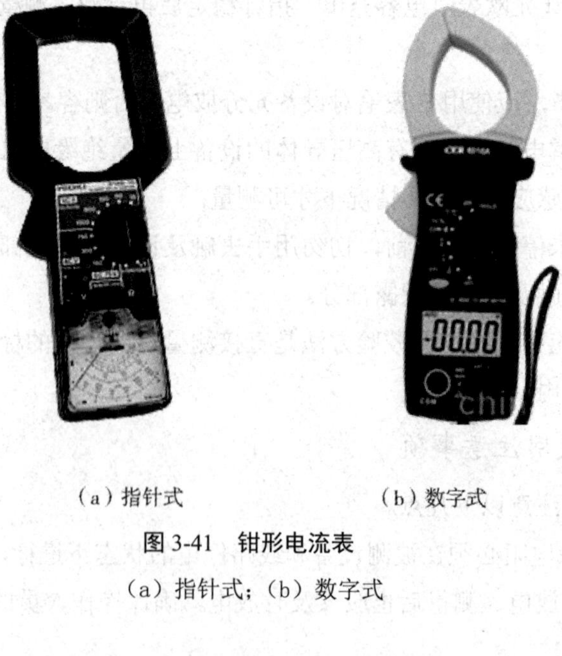

（a）指针式　　（b）数字式

图 3-41　钳形电流表

（a）指针式；（b）数字式

1. 钳形电流表的分类

钳形电流表根据其结构及用途分为互感器式和电磁系两种。最为常用的是互感器式钳形电流表，由电流互感器和整流系仪表组成，但只能测量交流电流。而电磁系钳形电流表因可动部分的偏转与电流的极性无关，可以交直流两用。

按测量结果显示方式不同，钳形电流表还可分为指针式和数字式。

本小节主要介绍指针式互感器式钳形电流表。

2. 钳形电流表的结构及工作原理

钳形电流表由电流互感器、量程转换开关、扳手和电流表等组成，电流互感器的铁芯制作成钳形的活动开口，如图 3-42 所示。

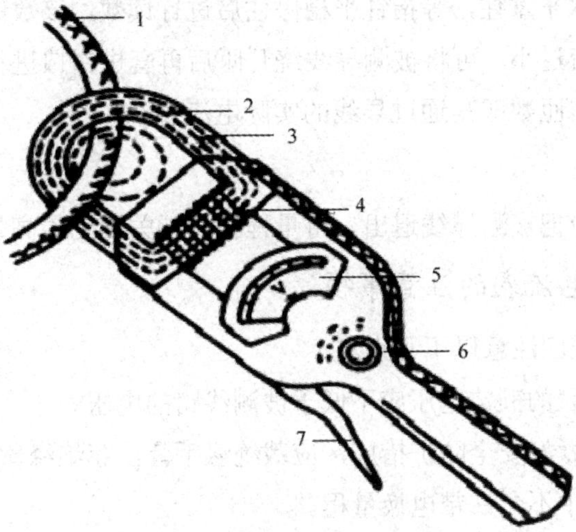

图 3-42　钳形电流表结构示意图

1—被测导线；2—电流互感器铁芯；3—磁通；4—互感器线圈；5—电流表；6—量程转换开关；7—扳手

电流互感器的二次绕组（副边绕组）绕在铁芯上，与电流表相连，一次绕组（原边绕组）是穿过互感器中心的被测导线。钳形电流表的扳手用来开合互感器铁芯可动部分以便放入被测导线。进行测量时，扳开扳手使钳口打开，将被测导线置于电流互感器铁芯的中间位置。当被测导线中通交流电流时，由电磁感应原理可知，交流电流的磁通在互感器二次绕组中产生感应电流，该感应电流通过电流表的线圈使指针发生偏转，在表盘刻度上显示出被测导线的电流值。

3. 钳形电流表使用操作流程

（1）检查钳形电流表

使用前，应检查钳形电流表是否有损坏现象，指针是否在零位。如指针没有在零位，用小螺丝刀轻轻转动旋钮进行机械调零，使指针回到零位上。扳动钳口测试其开合是否正常，检查钳口面上有无污物。如钳口面上有污物或锈斑，应使用溶剂洗净并擦干，或把锈斑擦除。

（2）选择合适的量程

将量程转换开关调到合适位置，使测量时指针偏转后平稳地停在刻度盘可读数的刻度上，从而减小测量的误差。注意：转换量程应在把钳形电流表中被测导线退出后进行。

（3）测量

紧握钳形电流表把手和扳手，扳动扳手使钳口打开，将被测导线置于钳口内中心位置，然后松开扳手，使钳口两个表面合紧。

（4）记录

把钳形电流表水平拿住，等指针平稳停住后进行读数，该数值就是通过被测导线的电流值。如果被测电流过小，可将被测导线绕几匝后再套进钳口进行测量。测量时记录的读数除以钳口内的导线匝数即是通过导线的实际电流值。

（5）测量完毕

测量完毕后，应把被测导线退出，将量程转换开关调到最高量程。

4. 使用钳形电流表的注意事项

使用钳形电流表应注意以下几点。

（1）钳形电流表的额定电压应不低于被测线路的电压。

（2）测量时须做好安全防护措施，应戴绝缘手套，穿绝缘靴，站在绝缘垫上。

（3）测量过程中不允许带电换量程。

本章小结

1. 验电器、螺丝刀、各种钳子等是电工常用工具，应养成正确使用这些工具的习惯。使用各种工具时，必须注意工具是否允许在带电条件下使用。如果允许带电使用，必须做好各种安全防护措施。当工具绝缘损坏时，不允许继续使用并将其报废。

2. 万用表是常用的电工和电子仪表，可用于测量直流电流、直流电压、交流电压和电阻等，有的万用表还能测量交流电流、电容、电感、晶体管共射极直流放大系数等。使用万用表前应熟悉表盘上各符号的意义和转换开关的主要功能和作用，检查万用表是否完好，正确安装电池和接线，指针式万用表须进行机械调零。使用过程中应注意将万用表水平放置防止产生误差，不得用手去接触表笔的金属部分，严禁在测量的过程中换挡。使用完毕后应注意应将转换开关调到空挡“OFF”或最高交流电压挡。如果万用表长期不用，应将表内电池取出防止损坏万用表。

3．兆欧表（摇表）是一种常用的测量高电阻的仪表，主要用于检测电力线路、电机绕组、电缆、电气设备等绝缘电阻是否符合规范要求。在选用兆欧表时，必须注意兆欧表的额定电压要与被测电气设备或线路的工作电压相适应，而且兆欧表测量范围应与被测绝缘电阻的范围相符合，防止导致较大测量误差。

4．钳型电流表（钳表）是用来测量运行中交流电路电流大小的仪表，能在不用断电的情况下测量出交流电流，但测量的精度不高。

思考与练习

一、判断题

1．验电笔可以测量所有导体和电气设备是否带电。（　　）

2．绝缘手套上出现了破损，只要不是很严重，还可以继续用。（　　）

3．电工在维修时，通常使用电工刀带电操作。（　　）

4．钳型电流表能在不用断电情况下的测量出交流电流，测量精度高。（　　）

5．在选用兆欧表时，必须注意兆欧表的额定电压要与被测电气设备或线路的工作电压相适应，而且兆欧表测量范围应与被测绝缘电阻的范围相符合，防止导致较大测量误差。

6．在使用指针式万用表测量电阻时，每次换挡后都要进行欧姆挡调零。（　　）

7．在使用指针式万用表测量电阻时，为防止电阻滑落，两手应紧捏电阻的两端。（　　）

8．使用万用表的过程中，只要不是测量高电压，就可以用手去接触表笔金属部分。（　　）

9．使用万用表的过程中，严禁在测量的过程中换挡。（　　）

10．万用表使用完毕后应注意应将转换开关调到空挡“OFF”或最高交流电压挡。（　　）

二、选择题

1．（　　）不可以带电操作。

A．断线钳　　B．电工刀　　C．尖嘴钳　　D．验电笔

2．万用表使用时，必须（　　）放置，防止造成误差。

A．水平　　B．垂直　　C．45°角　　D．30°角

3．使用完毕后，万用表的转换开关应转到（　　）。

A．交流电流最大挡　　B．“OFF”或交流电压最大挡

C．直流电压最大挡　　D．直流电流最大挡

4．（　　）带电测量电阻。

A．通直流电时可以　　B．通交流电时可以

C．什么时候都可以　　D．不可以

5．使用万用表测量直流电流时，如果不能确定被测量的电流，应该选择（　　）去测量。

A．直流电流最大量程　　B．直流电流最小量程

C．直流电流任意量程　　D．交流电流最大量程

6．钳形电流表的额定电压应（　　）被测线路的电压。

A．不低于　　B．不高于　　C．略低于　　D．以上都不对

7．兆欧表摇动手柄转速要均匀，转速规定为（　　）。

A．60 r/min　　B．90 r/min　　C．120 r/min　　D．150 r/min

8．选用直线型的靠梯工作时，梯子放置角度应在（　　）之间。

A．30°至45°　　B．45°至60°

C．60°至75°　　D．以上都不对

三、填空题

1．使用万用表时，严禁在测量的过程中换挡，如需换挡，应先断开，________再测量。

2．使用万用表测量时，如果无法确定被测值范围，应先将转换开关转至__________________________。

3．使用万用表测量电流或电压时，最好使指针处在标尺__________以上位置；测量电阻时，最好使指针在标尺的__________。

4．欧姆挡调零的方法是将______短接，观察指针是否指在电阻刻度线的_______位置。如果不在欧姆刻度线的_______位置，调节__________旋钮，使其指在_______位置。

5．使用数字式万用表测量电压时，如果误用交流电压挡去测量直流电压，或者误用直流电压挡去测量交流电压，显示屏将显示__________，或__________出现跳动。

四、简答题

1．怎样使用指针式万用表测量电阻、交流电压、直流电压和直流电流？

2．兆欧表主要用于测量什么对象？怎样使用兆欧表？

3．钳型电流表主要用于测量什么对象？怎样使用钳型电流表？钳型电流表精度高吗？

4．哪些电工工具可以带电操作？

5．绝缘手套发生破损时还能使用吗？应该怎样处理？

第4章 变 压 器

【本章导读】

变压器是一种常见的电气设备，在电力系统中广泛应用于交流电压等级变换。电力系统往往需要从发电厂把电能输送到城市等负荷中心。假设输送功率一定，输电电压越高，输电线路电流越小，从而可以降低线路上的损耗和减小导线线径（减少导线金属用量）。因此，电力系统通常使用变压器将发电厂发电机发出的电压升高。而到了用户端，为了保证用电安全和符合用电设备的电压要求，一般使用变压器把电压降低。变压器的种类很多，结构也有差异，但工作原理相同，都是通过磁路来工作。

【学习目标】

- 理解变压器工作原理、结构；
- 了解变压器损耗种类；
- 能够根据用电负载情况选用电力变压器；
- 了解电流互感器和电压互感器的原理及使用方法。

4.1 磁路基本知识

4.1.1 磁路基本物理量

在电磁学中，常常把磁力线经过的路径称为磁路，如图4-1所示。

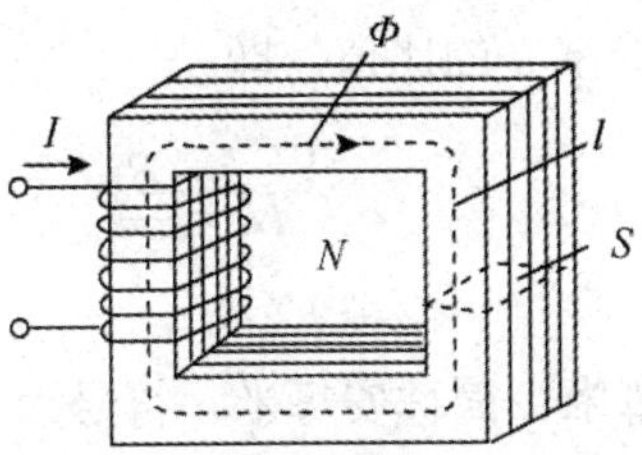

图4-1 铁芯磁路示意图

1. 磁感应强度 B

磁感应强度是描述磁场中某一点磁场强弱和方向的物理量，用字母 B 表示。磁感应强度 B 的大小等于垂直于磁场方向单位面积的磁力线数目。 磁感应强度公式为

$$B=\frac{\Phi}{S}$$

其中，Φ 为磁通量（单位 Wb），S 为垂直于磁场的面积（单位 m^2），B 为磁感应强度（单位 T）。

2. 磁通 Φ

磁通是指垂直穿过单位面积的磁力线的总量，用字母 Φ 表示。磁通公式为

$$\Phi=B\square S$$

磁通单位是 Wb，1 Wb＝1 V・S。

3. 磁导率 μ

磁导率是反映磁场中介质导磁能力的物理量，用字母 μ 表示。磁导率单位是亨利每米，简称亨每米，符号为 H/m。

由于各种物质的导磁性能不同，因此把物质根据其导磁性能划分为铁磁物质（如铁、镍等）和非铁磁物质（如铜、铝、空气等）。为便于比较各种物质的导磁能力，实际应用中以各种物质的磁导率与真空磁导率的比值——相对磁导率衡量该物质的导磁性能。

真空磁导率 μ_0 是真空的磁导率，实验测定真空磁导率 $\mu_0=4\pi\times10^{-7}$ H/m，是一个常量。

任一介质的相对磁导率是该介质的磁导率 μ 与真空磁导率 μ_0 的比值，用 μ_r 表示，即，

$$\mu_r=\frac{\mu}{\mu_0}$$

4. 磁场强度 H

磁场强度 H 是反映磁场强弱的物理量，磁场强度 H 的方向和磁感应强度方向相一致，其大小为磁感应强度 B 与磁导率 μ 的比值，即

$$H=\frac{B}{\mu}$$

磁场强度的单位是安培每米，简称安每米，符号为 A/m。

4.1.2　铁磁物质与磁路欧姆定律

1. 铁磁物质

铁磁物质（如铁、镍等）导磁性能良好，可被强烈磁化。现实中往往应用铁磁物质的这种特性制造变压器、电动机等各种电工设备。

铁磁物质在磁场作用下，会呈现特殊的磁性能，主要有高导磁性、磁饱和性及磁滞性。

（1）高导磁性

磁性材料的分子间本身具有种特殊的作用力，使得分子在一定内区域整齐排列形成磁畴。当没有外部磁场作用时，磁畴形成的磁场的方向无序，相互之间作用抵消，因此对外表现出无磁性，如图 4-2（a）所示。当施加外部磁场时，磁畴会按外部磁场方向基本排列一致，此时物质会表现出磁性，如图 4-2（b）所示。上述的原来没有磁性的物质具有磁性的过程称为磁化。

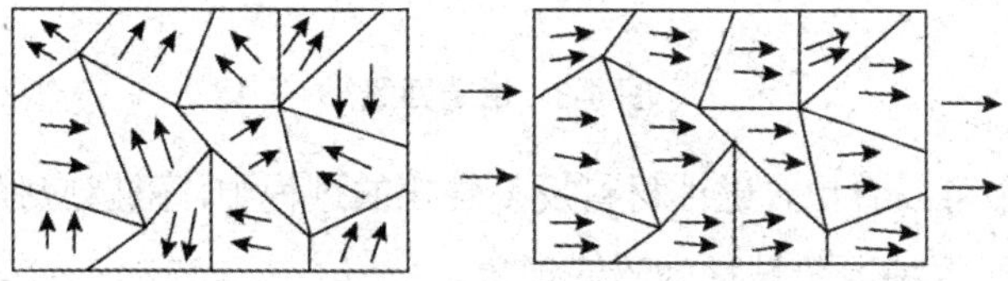

(a)　　　　(b)

图 4-2　铁磁物质磁化作用原理图

（a）未施加外部磁场；（b）施加外部磁场后

随着外部磁场不断增强，磁畴方向逐渐转到与外磁场相一致，材料内部磁感应强度逐渐增加，最终磁性材料被强烈磁化。上述磁性材料能够强烈磁化的特性被称为高导磁性。

（2）磁饱和性

在材料磁化的过程中，当磁畴方向与外部磁场方向达到一致时，即使再增强外部磁场，磁畴基本上不会再变化，这时磁化达到饱和状态，这是材料的磁饱和性。

（3）磁滞性

磁化曲线用来反映磁性材料在磁场强度由零逐渐增加时的磁化特性。实际应用中，磁性材料多处于交变的磁场中，通过实验测出的磁性材料在 H 大小和方向作周期变化时的 B-H 曲线，通常称为磁滞回线。

从图 4-3 中可以看到，当 H 从零增大，B 沿 01 曲线增大，在 1 点处达到饱和状态，饱和状态时的磁感应强度称为饱和磁感应强度，用 B_m 表示。当 H 减小至零时，B 沿着曲线 12 逐渐减小。当 $H=0$ 时，$B=0\sim2$，这说明了即使外部磁场消失，材料还有一定的磁感应强度，这种现象被称为磁性材料的剩磁现象，剩磁用 B_r 表示。实际应用中，为了消除剩磁的影响，往往加入反向磁场，图中 $H=03$ 时，$B=0$，这时剩磁就会消失。

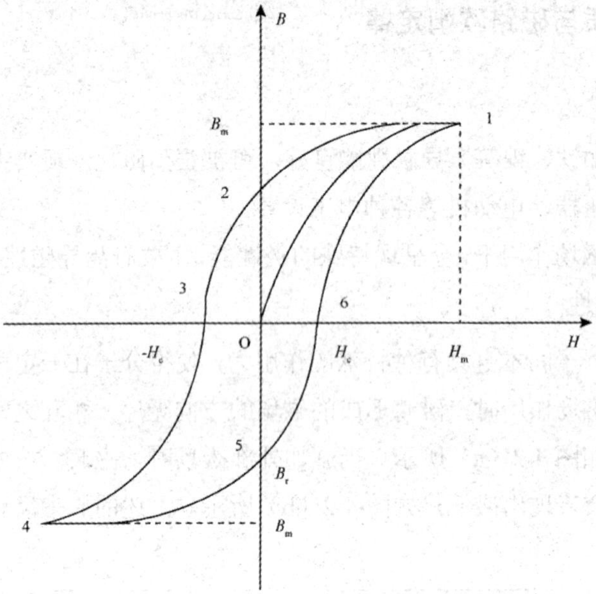

图 4-3　磁滞回线

从上面的分析中可以看出，磁性材料反复磁化的过程中，磁感应强度 B 的变化落后于磁场强度 H 的变化，这种现象被称为磁滞现象。

（4）铁磁材料的分类和用途

铁磁材料根据工程上用途的不同可以分为软磁材料、硬磁材料和矩磁材料三大类。这三种铁磁材料的磁滞曲线示意图如图 4-4 所示。

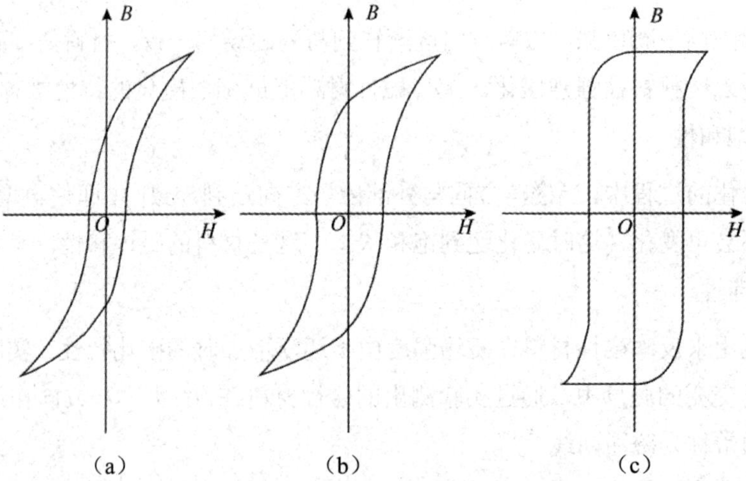

图 4-4　三种铁磁材料的磁滞曲线示意图

（a）软磁材料；（b）硬磁材料；（c）矩磁材料

软磁材料的特点是磁导率高、易磁化、易去磁。常用的软磁材料有纯铁、硅钢、铁镍合金、铁铝合金和铁氧体等，实际应用中用于制作各种电机、电器的铁芯。

硬磁材料的特点是磁导率不太高但一经磁化能保留很大剩磁且不易去磁。常用的硬磁材料有碳钢、铁镍铝钴合金等，实际应用中用来制作各种永久磁体，如永磁发电机中的永久磁铁、扬声器中的等永磁铁。

矩磁材料的特点是磁导率极高，磁化过程中只有正、负两个饱和点，磁滞回线几乎成矩形。常用的矩磁材料有镁猛铁氧化体等，一般用于制作各类存储器中记忆元件的磁芯。

2. 磁路欧姆定律

变压器的铁芯通常由软磁材料硅钢片叠压制成，导磁率高。铁芯上的线圈通电后，铁芯迅速被磁化，形成一个强磁场。磁通集中经过的路径称为磁路，很少一部分磁通经过空气或其他材料闭合，形成漏磁通。铁芯内的磁感应强度为

$$B = \mu H = \mu \frac{NI}{l}$$

磁阻 R_m 用来描述磁性材料对磁通的阻碍作用。磁阻大小与磁路长度 l 成正比，与磁路截面积和磁导率 μ 成反比

$$R_m = \frac{l}{\mu S}$$

磁路欧姆定律可表示为

$$\Phi = \frac{NI}{\frac{l}{\mu S}} = \frac{F}{R_m}$$

磁路欧姆定律表明磁路中的磁通与磁动势成正比，与磁阻成反比。其中，N 为线圈匝数，F 为磁动势，l 是磁路的长度，S 为磁路的截面积。

实际应用中，磁路欧姆定律的定量计算很复杂，一般只用来定性分析磁路的情况。

4.1.3 电磁感应定律

1. 法拉第电磁感应定律

根据法拉第电磁感应定律，线圈在变化磁通中会产生感应电动势，产生的感应电动势的大小与穿过该线圈的磁通变化率成正比：

$$e = -N\frac{\mathrm{d}\Phi}{\mathrm{d}t}$$

其中，N 为线圈的匝数，$\mathrm{d}\Phi$ 为单匝线圈中磁通的变化量，$\mathrm{d}t$ 为磁通变化 $\mathrm{d}\Phi$ 所用时间，e 为产生的感应电动势。

线圈中感应电动势的大小与磁通变化速度有关，与磁通大小无关。

2. 自感

自感现象是指线圈由于自身电流的变化而在它本身产生的电磁感应现象。产生的感应电动势称为自感电动势。

如图 4-5 所示，当向线圈 N_1 中施加电流的 i_1 变化时，磁路中的磁通 Φ 也发生变化，在线圈 N_1 中产生自感电动势 u_{11}。这个自感电动势会阻碍导体中原来的电流变化。

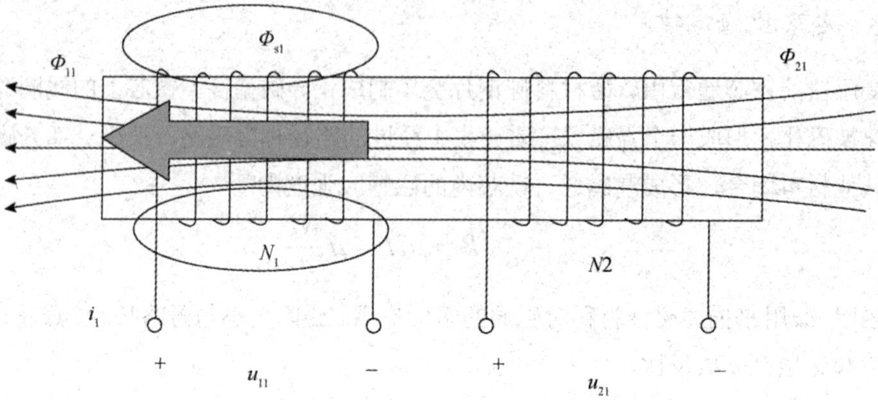

图 4-5　自感和互感原理图

3. 互感

互感现象是指磁路中有两个或以上线圈，当一个线圈中的电流变化时，它所产生的变化的磁场会在另一个线圈中产生电磁感应。互感中产生的感应电动势叫互感电动势。

在图 4-5 中，当向线圈 N_1 中施加电流的 i_1 变化时，磁路中的磁通 Φ 也发生变化，在线圈 N_2 中产生互感电动势 u_{21}。

实际应用中，可以利用互感现象把能量从一个线圈传递到另一个线圈，变压器就是利用互感现象制成的。

4.1.4　主磁通原理

交流铁芯线圈（如交流电机、变压器及各种交流电器的线圈）中通过交流励磁电流，其主磁通 Φ 是交变的。根据电磁感应定律，交变磁通会在线圈内产生感应电动势 e。

当施加正弦交流电压给线圈时，铁芯中的主磁通 Φ 将按正弦规律变化。假设主磁通按正弦规律变化：

$$\Phi = \Phi_{\mathrm{m}} \sin \omega t$$

那么，产生的感应电动势为：

$$e = -N\frac{\mathrm{d}\Phi}{\mathrm{d}t} = -N\omega\Phi_{\mathrm{m}}\cos\ \omega t = 2\pi f N\Phi_{\mathrm{m}}\sin(\omega t - 90^0)$$
$$= E_{\mathrm{m}}\sin(\omega t - 90^0)$$

其中，f 为电源电压的频率；N 为线圈匝数；Φ_m 为主磁通的幅值；E_m 为主磁通感应电动势幅值，其有效值为

$$E = \frac{E_m}{\sqrt{2}} = \frac{2\pi f N \Phi_m}{\sqrt{2}} \approx 4.44 f N \Phi_m$$

事实上，主磁通和漏磁通都会在线圈中产生感应电动势。实际应用中，忽略漏磁电动势和线圈电阻 R 电压降等影响，只考虑主磁通产生的感应电动势，线圈中产生的感应电压有效值为

$$U \approx E = 4.44 f N \Phi_m$$

由上述分析可知，如果施加给交流铁芯线圈的电压有效值、频率不变，铁芯中主磁通最大值 Φ_m 将维持不变。

4.1.5 铁芯损耗

在交流铁芯线圈电路中，功率损耗可分为铜损和铁损两种。由于在线圈中存在导线阻抗，通过电流时会造成功率损耗，通常把这种损耗称为铜损。另外一种损耗是发生在变压器铁芯中的涡流损耗和磁滞损耗，被称为铁损。

1. 涡流损耗

铁芯是由铁磁材料制成的，当铁芯中有交变磁通穿过时，线圈中产生感应电动势，同时铁芯中与磁通方向垂直的平面上产生感应电动势，并产生被称为涡流的感应电流。涡流通过铁芯时将使铁芯发热，会造成功率损耗，导致铁芯发热和温升，严重时会造成设备的烧损。此外，涡流也会增加设备绝缘设计难度。铁芯中的涡流如图 4-6 所示。

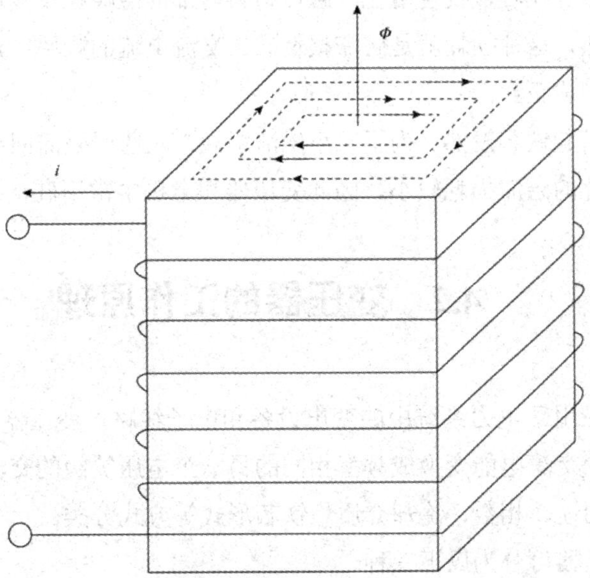

图 4-6 铁芯中的涡流

为了减小涡流造成的损耗和影响，交流磁路的铁芯应采用硅钢片沿磁力线方向叠压制成。硅钢的特点是具有良好的导磁性能，电阻率较高，工艺性好。实际应用中，硅钢片被加工成 0.35 mm 厚的薄板，表面涂有绝缘漆使得片间绝缘，多层硅钢片叠压成铁芯。这样使得涡流只在每片硅钢片内很小的截面内流动，大大减小了涡流和涡流损耗。多层硅钢片叠压铁芯涡流示意图如图 4-7 所示。

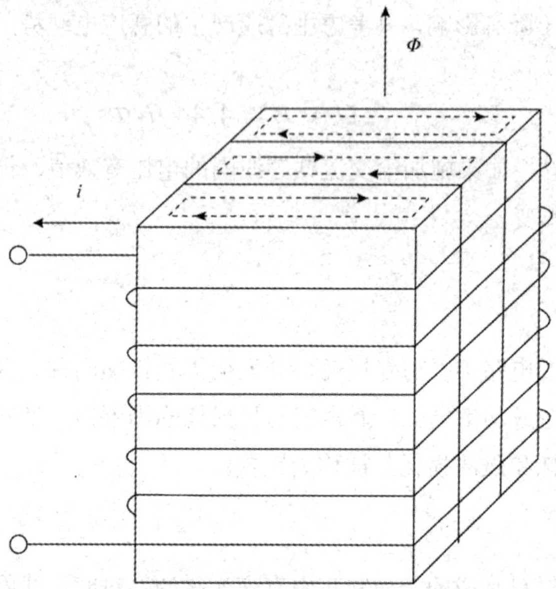

图 4-7 多层硅钢片叠压铁芯涡流示意图

2. 磁滞损耗

在交变磁场中，铁芯被反复磁化，磁性材料内部的磁畴在反复取向排列，产生功率损耗，并使铁芯发热，这种损耗就是磁滞损耗。在交流电流的频率一定时，磁滞损耗与磁滞回线所包围的面积成正比。

磁滞损耗要引起铁芯发热。为了减小磁滞损耗，应选用磁滞回线狭小的磁性材料制造铁芯。由于硅钢片的磁滞损耗较小，因此变压器和电机中常用硅钢片作为铁芯材料。

4.2 变压器的工作原理

变压器广泛应用于电力系统中的变电设备和电子线路，变压器通过电磁感应的作用，把一个电压等级的交流电能变换成频率相同的另一个电压等级的交流电能。

变压器可按用途、相数、冷却介质、铁芯形式等方式分类。

按用途，变压器可分为以下三种。

（1）电力变压器，用来进行电压等级变换。

（2）仪用变压器或互感器，用来进行测量。

（3）整流变压器，主要用在整流电路中。

按相数，变压器可分为单相变压器和三相变压器，如图 4-8 所示。

（a）　　（b）

图 4-8　单相变压器和三相变压器

（a）单相变压器；（b）三相变压器

按冷却介质，变压器可分为油浸变压器和干式变压器，如图 4-9 所示。

（a）　　（b）

图 4-9　油浸式和干式变压器

（a）油浸式变压器；（b）干式变压器

按铁芯形式分为芯式变压器和壳式变压器，如图 4-10 所示。

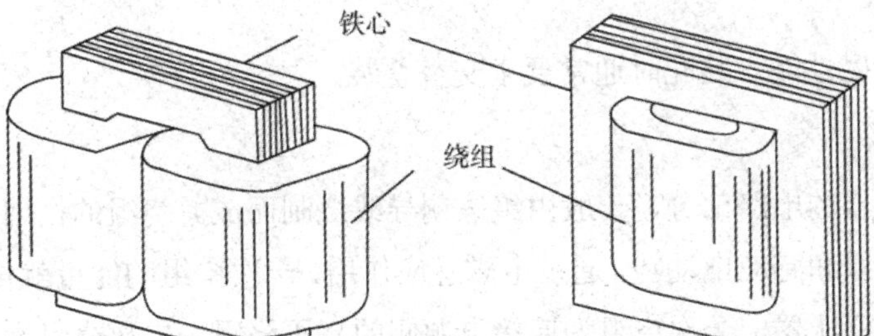

（a）　　（b）

图 4-10　芯式变压器和壳式变压器

（a）芯式变压器；（b）壳式变压器

4.2.1　变压器的结构及工作原理

1．变压器的结构

变压器是根据电磁感应原理进行设计的，电力系统中常用的变压器有单相和三相两种。单相变压器由一次和二次两个绕组构成，而三相变压器由三相绕组构成，每相绕组原理与单相变压器相同。图 4-11 为变压器结构原理和符号示意图。

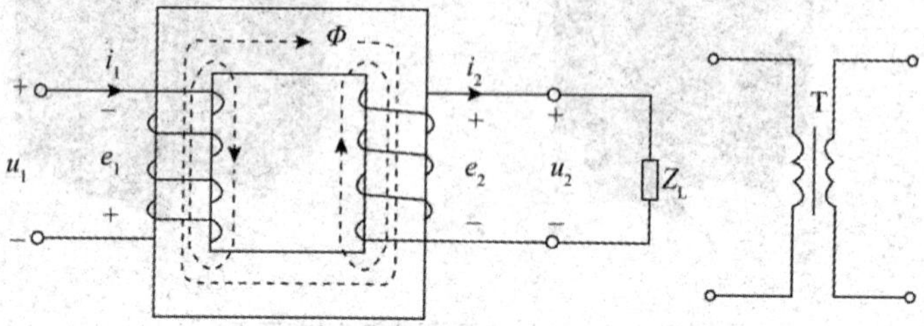

图 4-11　变压器结构原理及符号示意图

变压器主要由铁芯、绕组和附件组成。

（1）铁芯

铁芯是变压器的主体，分为铁芯柱和磁轭两部分，图 4-12 为变压器铁芯形状示意图。其中，铁芯柱构成主磁路，磁轭使磁路形成闭合回路。为了减少铁芯损耗，铁芯多采用硅钢片叠压而成。常用变压器的铁芯形状有口形、EI 形、F 形、C 形等，如图 4-12 所示。

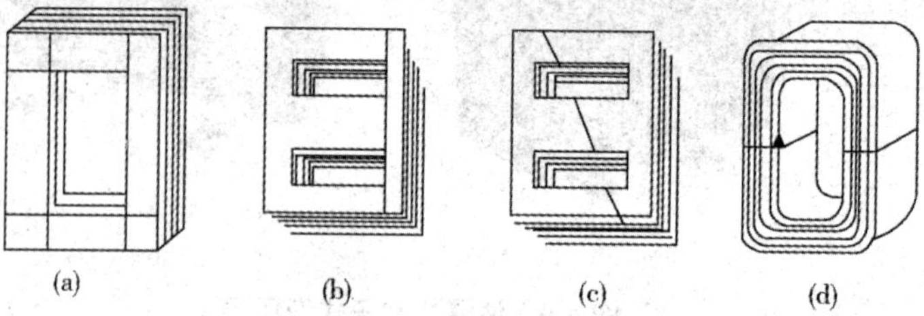

图 4-12　常用的变压器铁芯形状示意图

（a）口型；（b）EI 型；（c）F 型；（d）C 型

为了提高导磁性能，装配时通常要求交替叠装。

（2）绕组

绕组是变压器的电路部分，一般由绝缘铜导线绕制而成。绕组的作用是在通过交变电流时产生交变磁通和感应电动势。通过电磁感应作用，一次绕组的能量就传递到二次绕组。对于常用的降压变压器，一次绕组为连接电源侧的高压绕组，二次绕组为连接负载侧的低压绕组。

绕组常用绕法有两种：同芯式和交叠式。同芯式绕组也称桶型绕组，将接电源端的绕组绕在内层，加上绝缘材料后，再将接负载端的绕组绕在外层。交叠式绕组也称盘型绕组，把一次绕组和二次绕组分成若干组，沿着铁芯柱高度方向交替排列。图 4-13 为变压器绕组示意图。

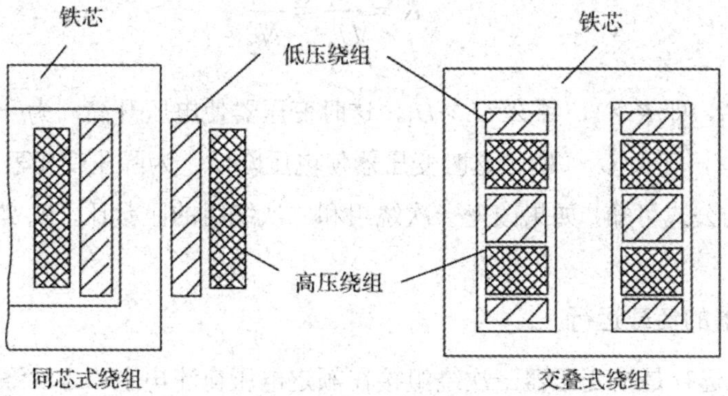

图 4-13　变压器绕组绕法示意图

（3）附件

变压器附件有外壳、绝缘材料、绕组骨架等。

变压器外壳用于承载绕组和变压器油。绝缘材料是保证变压器的电气绝缘性能的重要附件。绝缘材料主要用于铁芯和绕组间、绕组之间、绕组层间、引出线和其他绕组间的绝缘。变压器绝缘材料主要有青壳纸、聚酯薄膜青壳纸、聚酯薄膜、黄蜡绸（纸）等，引出线的绝缘常常选用玻璃丝漆管或黄蜡管。绕组骨架用于支撑和固定绕组，便于装配铁芯。

2. 变压器的工作原理

根据电磁感应原理，变压器一次绕组施加交流电 u_1，产生交变磁场 Φ_m。如果忽略一次绕组损耗，主磁通在一次绕组产生的自感电动势 e_1 与施加的交流电源电压 u_1 相等。主磁通绝大部分经过闭合铁芯，在二次绕组产生感应电动势 e_2。以下分变压器空载和负载两种运行状态分析其工作原理。

（1）变压器的空载运行

变压器空载运行是指变压器一次绕组接在额定电压交流电上，二次绕组处于开路的运行状态。当变压器空载运行时，二次绕组侧空载，对应图 4-11 中负载 Z_L 为开路，这时 $i_2=0$，$U_2=e_2$，一次绕组侧电流为空载电流（或称励磁电流），空载电流值很小。

根据主磁通原理，变压器一次绕组中 $e_1=4.44fN_1\Phi_m$，二次绕组中 $e_2=4.44fN_2\Phi_m$，忽略损耗，得

$$\frac{e_1}{e_2}=\frac{4.44fN_1\Phi_m}{4.44fN_2\Phi_m}=\frac{N_1}{N_2}=K$$

其中，K 为变压器一次绕组和二次绕组的匝数比，被称为变压比或变比。实际应用中，变比 K 一般为一、二次绕组输出电压比。

$$K=\frac{U_1}{U_2}=\frac{N_1}{N_2}$$

如果 $N_2>N_1$，即 $K>1$，那么 $U_2>U_1$，这时变压器使电压升高，为升压变压器；如果 $N_2<N_1$，即 $K<1$，那么 $U_2<U_1$，这时变压器使电压降低，为降压变压器。

由变比 K 的公式可知，如果改变一次绕组和二次绕组的匝数比，就实现改变输出电压的目的。

（2）变压器的负载运行

变压器负载运行是指变压器一次绕组接在额定电压交流电上，二次绕组接上负载的运行状态，对应图 4- 11 中，连接上负载 Z_L。

如果忽略漏磁通产生的电动势和绕组电阻，变压器一次绕组输入功率等于二次绕组输出功率，而且一、二次绕组的感应电动势等于一、二次绕组的端电压。

$$U_1 \cdot I_1 = U_2 \cdot I_2$$

或

$$K=\frac{N_1}{N_2}=\frac{U_1}{U_2}=\frac{I_2}{I_1}$$

因此，变压器具有变电流作用，一、二次绕组的电流比等于变压器变比 K 的倒数。变压器不仅能变换电压和电流，还可实现负载阻抗变换。由

$$Z_1=\frac{U_1}{U_2}$$

$$Z_2=\frac{U_2}{U_1}$$

得

$$\frac{Z_1}{Z_2}=\frac{U_1}{U_2}/\frac{U_2}{U_1}=\frac{U_1}{U_2}\cdot\frac{I_2}{I_1}=(\frac{N_1}{N_2})^2=K^2$$

K^2 是二次侧负载阻抗折算到一次侧的变换系数，这个变换系数等于变比 K 的平方。从上述分析可知，如果改变变压器一、二次绕组匝数比，就能改变一、二次绕组的阻抗比，实现所需的阻抗匹配。

【例 4-1】已知某设备输出变压器的一次绕组匝数 N_1 为 400，二次绕组匝数 N_2 为 20，原设计连接阻抗为 8 Ω 的负载。现需要变更为连接阻抗 32 Ω 的负载，因此需要更换输出变压器，如果新的输出变压器一次绕组匝数是 1 200，那么其二次绕组匝数是多少？

【解】连接 8 Ω 的负载时阻抗变换系数为

$$K^2=(\frac{N_1}{N_2})^2=(\frac{400}{20})^2=400$$

一次侧反射阻抗为

$$Z_1=K^2 Z_2=400\times8=3\ 200\ \ \Omega$$

连接 32Ω 时阻抗变换系数 K_2 为

$$K_2^2=\frac{Z_1}{Z_2}=\frac{3\ 200}{32}=100$$

$$K_2=10$$

新的输出变压器二次绕组匝数为：

$$N_2'=\frac{N_1'}{K_2}=\frac{1\ 200}{10}=120$$

新的输出变压器二次绕组匝数为 120 匝。

（3）变压器特点

由变压器的工作原理可知变压器有以下几个特点：一是变压器只能对交流电进行变压，不能对直流电进行变压；二是变压器能传递转换交流电能，但不能产生电能；三是变压器能改变交流电压或电流的大小，但转换前后的频率不变。

实际应用中，往往忽略变压器损耗，这时变压器一次侧的能量几乎全部传递到二次侧。

4.2.2　变压器的损耗与效率

实际应用中变压器的铁芯、绕组会产生损耗。变压器的损耗由铁损和铜损两部分构成，即 $\Delta P=\Delta P_{Fe}+\Delta P_{Cu}$。在电压和频率不变的情况下，变压器的主磁通保持不变，因此变压器的铁损 ΔP_{Fe} 不随负载情况而变，属于不变损耗。而变压器的铜损 ΔP_{Cu} 则与绕组所通过的电流有关，$\Delta P_{Cu}=\Sigma I^2R$，因此铜损随负载的变化而变化，属于可变损耗。

实际应用中，变压器损耗计算公式如下

$$\Delta P=P_0+K_T\beta^2P_K$$

其中，P_0 为空载损耗（单位 kW）；K_T 为负载波动损耗系数；β 为平均负载系数，一般取变压器负荷率；P_K 为额定负载损耗（单位 kW）。

变压器的效率是变压器的输出功率 P_2 与输入功率 P_1 之比。

$$\eta=\frac{P_2}{P_1}\times100\%=\frac{P_2}{P_2+\Delta P_{Fe}+\Delta P_{Cu}}\times100\%$$

电力系统中使用的变压器效率一般较高，可达 95%以上。运行得到的数据显示，变压器负载率为 70%～80%时，变压器的效率最高。

4.2.3 变压器额的定值

变压器的额定值是变压器制造厂家对变压器在指定工作范围和条件下运行时规定的相关物理量的值，通常标示在铭牌上。变压器额定值主要有以下几种。

1. 额定电压 U_{1N}/U_{2N}

指一次绕组、二次绕组在空载、指定开关位置下的端电压。一次绕组的额定电压 U_{1N} 是指变压器长时间安全可靠工作的正常电源电压值。二次绕组的额定电压 U_{2N} 是指一次绕组加入额定电压 U_{1N} 后，二次绕组开路时的电压值。 对于电力三相变压器，额定电压指线电压。

一、二次绕组的额定电压在铭牌上表示为 U_{1N}/U_{2N}。

2. 额定容量 S_N

额定容量指变压器的额定视在功率，单位为伏安（V·A） 或千伏安（ kV·A）。通常忽略变压器损耗，认为一次侧和二次侧的额定容量相等。

3. 额定电流 I_{1N}/I_{2N}

额定电流 I_{1N}/I_{2N} 指变压器满载运行时一次绕组和二次绕组的允许最大电流值。

$$I_{1N} = S_N / U_{1N}$$
$$I_{2N} = S_N / U_{2N}$$

4. 额定频率 f_N

额定频率 f_N 指变压器正常工作所加交流电源的频率。我国电力系统交流电频率为 50 Hz。

5. 变压比 K

变压比 K 指一次绕组、二次侧绕组的额定电压比，$K=U_{1N}/U_{2N}$。变压比也等于一次绕组和二次绕组匝数比。

6. 温升

变压器温升指变压器在额定运行条件下允许超出周围环境温度的数值。

4.3　三相电力变压器

三相电力变压器被广泛应用于低压配电中，向低压用电负载供电。

4.3.1　电力变压器的型号和主要参数

电力变压器铭牌一般标注其型号和主要参数。

1. 电力变压器型号

电力变压器的型号组成如图 4-14 所示。

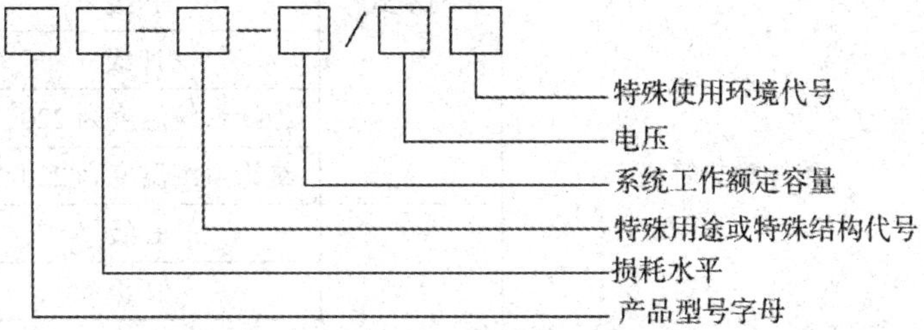

图 4-14　电力变压器的型号组成

电力变压器型号的第一部分为产品型号字母，由大写拼音字母代号组成，见表 4-1。

表 4-1　电力变压器产品型号字母

序号	分类	含义		字母
1	绕组耦合方式	独立		—
		自耦降压（或升压）		O
2	相数	单相		D
		三相		S
3	绕组外绝缘介质	变压器油		—
		空气（干）式		G
		气体		Q
		成型固体	浇注式	C
			包绕式	CR
		高燃点油		R
		植物油		W
4	冷却装置种类	自然循环冷却装置		—
		风冷却器		F
		水冷却器		S

表 4-1 续

序号	分类	含义		字母
5	油循环方式	自然循环		—
		强迫油循环		P
6	绕组数	双绕组		—
		三绕组		S
		分裂绕组		F
7	绝缘耐热等级	油浸式	A 级	—
			E 级	E
			B 级	B
			F 级	F
			H 级	H
			绝缘系统温度为 220 ℃	D
			绝缘系统温度为 220 ℃	C
		干式	E 级	E
			B 级	B
			F 级	—
			H 级	H
			绝缘系统温度为 220 ℃	D
			绝缘系统温度为 220 ℃	C
8	调压方式	无励磁调压器		—
		有载调压		Z
9	线圈导线材质	铜线		—
		铜箔		B
		铝线		L
		铝箔		LB
		铜铝复合		TL
		电缆		DL
10	铁芯材质	电工钢片		—
		非晶合金		H

第二部分为损耗水平，用数字代号表示。电力变压器损耗水平具体根据国家标准确定，如三相油浸式变压器损耗水平有 9、10、11、12、13、15 等。

第三部分为特殊用途或特殊结构代号，用大写拼音字母代号表示。表 4-2 为电力变压器特殊用途或特殊结构代号。

表 4-2 电力变压器特殊用途或特殊结构代号

特殊用途或特殊结构		代号
密封式		M
启动用		Q
防雷保护用		B
调容用		T
电缆引出		L
隔离用		G
电容补偿用		RB
油田动力照明用		Y
发电厂和变电所用		CY
全绝缘用		J
同步电机励磁用		LC
地下用		D
风力发电用		F
三相组合式		H
解体运输		JT
卷绕铁芯	一般结构	R
	立体结构	RL

第四部分为额定容量，用数字表示，单位为千伏安（kVA）。

第五部分为标称系统工作电压，用数字表示，单位为千伏（kV）。

第六部分为特殊使用环境代号。

高原地区使用代表符号“GY”。

污秽地区使用代表符号见表 4-3。

表 4-3 污秽地区使用代表符号

污秽地区使用代表符号	污秽等级
–	0
–	Ⅰ
W1	Ⅱ
W2	Ⅲ
W3	Ⅳ

腐蚀地区使用代表符号见表 4-4。

表 4-4　腐蚀地区使用代表符号

防护类别	户外型			户内型	
	防轻腐蚀	防中腐蚀	防强腐蚀	防中腐蚀	防强腐蚀
代表符号	W	WF1	WF2	F1	F2

热带地区使用代表符号如下：干热带地区使用“TA”，湿热带地区使用“TH”，干、湿热带地区通用为“T”。

当特殊使用环境代号占两项及以上时，字母排列按以上顺序，在两项字母中间应空格。例如，在高原III级污秽地区使用时，代号为GY W2。

2. 电力变压器主要参数

电力变压器主要参数如下。

（1）额定容量（kV•A）：变压器在额定电压、电流下连续运行时的容量。

（2）额定电压（kV）：变压器长时间运行时所能承受的工作电压。

（3）额定电流（A）：变压器在额定容量下允许长期通过的电流。

（4）空载损耗（kW）：当以额定电压施加在变压器绕组端子上而其余绕组开路时所吸取的有功功率。

（5）空载电流：在额定电压下二次侧空载时一次绕组中通过的电流，一般以额定电流的百分数表示。

（6）负载损耗（kW）：二次绕组短路,在一次绕组额定分接位置上通入额定电流时变压器消耗的功率。

（7）阻抗电压（%）：二次绕组短路,在一次绕组慢慢升高电压,二次绕组的短路电流等于额定值时一次侧所施加的电压，一般以额定电压的百分数表示。

（8）相数和频率：国产变压器 S 表示三相，D 表示单相；我国电网工频 f 为 50 Hz。

此外，还有温升与冷却、绝缘水平、联结组标号等参数。

4.3.2　三相电力变压器的选用

三相电力变压器是企业配电系统的关键设备，合理选择变压器类型和容量对于企业正常用电和降低损耗有着重要意义。

1. 变压器的选型

企业在进行变压器选型时，尽可能选取损耗水平低的变压器。变压器选型见表 4-5。

表 4-5　变压器选型

容量 /kV•A	S9			S11			S13		
	空载损耗/W	负载损耗/W	空载电流	空载损耗/W	负载损耗/W	空载电流	空载损耗（W）	负载损耗/W	空载电流
315	670	3 650	1.10%	480	3 650	1.10%	335	3 650	0.38%
400	800	4 300	1.00%	570	4 300	1.00%	400	4 300	0.30%
500	960	5 100	1.00%	680	5 100	1.00%	480	5 100	0.30%
630	1 200	6 200	0.90%	810	6 200	0.90%	600	6 200	0.27%

2. 容量选择

在进行变压器容量选择时，应该根据由变压器供电的设备清单，计算相应的负荷容量、类型。目前常用需要系数法计算设备的负荷容量。需要系数法计算方法如下。

有功计算负荷（单位 kW）：

$$P_{js} = K_d P_e \cos\Phi$$

无功计算负荷（kVar）

$$Q_{js} = K_d P_e \sin\Phi = P_{js} \tan\Phi$$

视在计算负荷（单位 kV•A）：

$$S_{js} = \sqrt{P_{js}^2 + Q_{js}^2}$$

计算出设备的计算负荷后，根据设备同期系数，调整有功功率、无功功率和实在功率，然后进行变压器容量选型。选型时应注意，变压器的负荷率一般取 70%～85%。选择负荷率过低，变压器会长期低负荷运行导致损耗大；选择负荷率过高，可能会没有余量。

【例 4-2】某企业动力车间有三种主要生产设备，其中空压机额定功率 200 kW、风机额定功率 55kW、水泵灯功率 110 kW。三种设备需要系数均为 0.8，功率因数均为 0.8，选取有功功率同期系数 0.95，无功功率同期系数为 0.97。请为该车间这三种设备配备一台三相变压器供电，要求该变压器负荷率取 80%。由于电力部门对功率因数要求最低值为 0.9，请为该车间选配无功补偿电容。各参数见表 4-6。

【解】变压器负荷率取 80%计算，变压器容量为 352.8/0.8＝441 kVA。

查手册，车间可以选取 500 kV•A 的变压器。

注意，这是在没有投入电容补偿之前的功率因数条件下的变压器选型。

从上述计算可知，根据同期系数调整后，车间功率因数为 0.786，不符合电力部门要求的 0.9 或以上。如果要使功率因数提高到 0.9，无功补偿容量△Q 应为：

$$\begin{aligned}\Delta Q &= Q_{js} - Q_{js}' = P_{js}(\tan(\arccos\ \Phi) - \tan(\arccos\ \Phi')) \\ &= 277.4(\tan(\arccos 0.786) - \tan(\arccos 0.9)) \\ &= 126.45\ \text{kVar}\end{aligned}$$

投入电容器进行无功补偿后，该车间的用电设备计算负荷见表 4-7.

表 4-6　例 4-2 表 1

设备	额定功率 P_e /kW	需要系数 K_d	功率因数 cos Φ	功率因数正切 tan Φ	有功功率 P_{js} /kW	无功功率 Q_{js} /kvar	视在功率 S_{js} /kV•A	有功功率同期系数 K_p	无功功率同期系数 K_q
空压机	200	0.8	0.8	0.75	160	120	200		
风机	55	0.8	0.8	0.75	44	33	55		
水泵	110	0.8	0.8	0.75	88	66	110		
合计	365				292	219	365		
根据同期系数调整			0.786	0.786	277.4	218.0	352.8	0.95	0.97

表 4-7　例 4-2 表 2

设备	额定功率 P_e/kW	需要系数 K_d	功率因数 cos Φ	功率因数正切 tan Φ	有功功率 P_{js}/kW	无功功率 Q_{js}/kVar	视在功率 S_{js}/kV•A	有功功率同期系数 K_p	无功功率同期系数 K_q
空压机	200	0.8	0.8	0.75	160	120	200		
风机	55	0.8	0.8	0.75	44	33	55		
水泵	110	0.8	0.8	0.75	88	66	110		
合计	365				292	219	365		
根据同期系数调整			0.786	0.786	277.4	218.0	352.8	0.95	0.97
电容补偿							126.45		
补偿后			0.9	0.33	277.4	91.54	308.2		

变压器负荷率 80%，这时变压器容量为

$$308.2/0.8 = 385.25\ \text{kV•A}$$

查手册，车间可以选取 400 kV•A 的变压器，如果考虑车间日后发展需要，也可以选取 500 kV•A 的变压器。

从例 4-2 计算可见，电力变压器的选型与计算负荷、负荷特性、功率因数及功率补偿装置有关。

4.4　电力互感器

实际电路中线路通过的电流很大或者电压很高，难以直接测量。为了测量线路的电流或电压，一般使用互感器把大电流转换为小电流，把高电压转换为低电压，配合相应的测量仪表来测量电流或电压。

互感器本质上是一种仪用变压器，包括电流互感器和电压互感器两种。互感器的功能是将高电压或大电流按比例变换成标准低电压（额定值为 100 V）或标准小电流（额定值为 5 A），互感器可实现电力线路测量仪表标准化。图 4-15 为电流互感器和电压互感器的实物图。

（a）　　　　　　　　　　　　　（b）

图 4-15　电流互感器和电压互感器的实物图

（a）电流互感器；（b）电压互感器

4.4.1　电流互感器

在实际中，电流往往比较大，有的甚至达到几千安培，常用的测量电流的仪表无法直接测量线路电流值。而且输电线路电压比较高，一般在 10 kV 以上，从安全角度看，根本无法直接测量线路的电流。

为了测量线路电流和进行继电保护，常采用电流互感器把大电流转换为可测量范围内的电流。电流互感器的图形符号是 TA。图 4-16 为电流互感器原理图。

在使用时，电流互感器的一次绕组 N_1（原边绕组）应与被测线路串联，二次绕组 N_2（副边绕组）与电流表串联连接成闭合回路。电流互感器一次绕组用粗导线绕成，匝数很少，一般只有一匝或几匝。一次绕组串联连接在被测线路中。二次绕组匝数比较多。因此，电流互感器的二次侧相当于短路。

电流互感器的变比是指它在额定电流下工作时的一次绕组和二次绕组的电流比，也称倍率。测量时，通过被测线路（即一次绕组侧）的电流等于二次绕组所测得的电流值与变比的乘积。实际应用中，把电流表和特定变比的电流互感器配套，被测线路的电流可由电流表显示刻度直接读出。

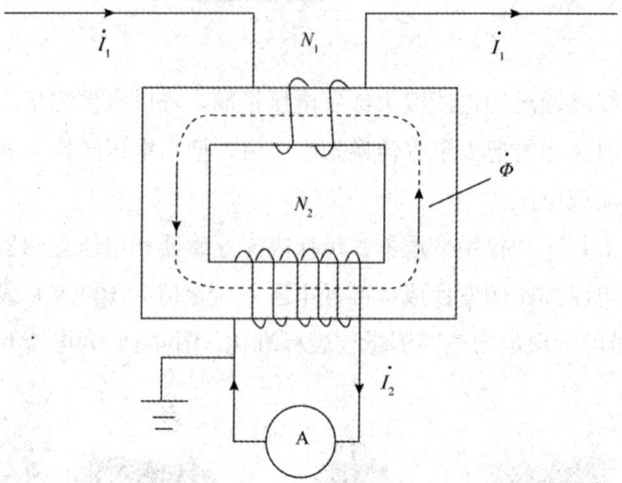

图 4-16　电流互感器原理图

我国电流互感器二次侧电流标准值通常为 5 A，常用的电流互感器变比有 10/5、30/5、100/5 等。

电流互感器型号由字母和数字组合组成：第一位为字母，L——电流互感器；第二位或第三位为字母，其中 A——穿墙式、Z——支柱式、M——母线式、D——单匝贯穿式、V——结构倒置式、J——零序接地检测用、W——抗污秽、R——绕组裸露式、Z——环氧树脂浇注式、C—瓷绝缘、Q—气体绝缘介质、W—与微机保护专用；第四位或第五位为字母，其中 B——带保护级、C——差动保护、D——D 级、Q——加强型、J——加强型 ZG；数字为产品序号；“-”后数字表示电压。

例如，某型号为 LAZBJ2-10 的互感器，第一位 L——电流互感器，第二位 Z——支柱式，第三位 Z——环氧树脂浇注式，第四位 B——带保护级，第五位 J——加强型，数字 2——产品序号，“-”后数字 10——电压 10 kV。

使用电流互感器时，必须注意以下几点。

（1）正确接线。一次绕组和被测电路串联，二次绕组应和连接的测量电流表或继电保护装置串联。接线时必须注意极性，不能接反。

（2）在任何情况下，二次绕组绝对不允许开路。当二次绕组开路时，在二次绕组上产生过电压，危及人身和设备安全。为了防止电流互感器二次绕组开路，二次侧回路不准装熔断器、开关等。如果在运行中需要拆除测量用电流表等仪表或继电器时，必须首先将二次绕组短路。

（3）二次侧回路必须可靠接地，这是为了防止一次绕组、二次绕组之间绝缘损坏或击穿时，一次高电压窜入二次回路而危及人身和设备安全。

4.2.2　电压互感器

输电线路电压往往很高，一般在 10 kV 以上，因而无法直接测量线路的电压。为了测量线路电压，常使用电压互感器把高电压转换为电压表能够测量的较低的电压。电压互感器的图形符号是 TV。

图 4-17 为电压互感器原理图。电压互感器由一次绕组和二次绕组两个绕组组成，一般来说，一次绕组 N_1 的匝数远大于二次绕组 N_2 的匝数，电压互感器本质上是降压变压器。N_1 和 N_2 两个绕组都安装在铁芯上。绕组之间、绕组与铁芯之间都有绝缘确保电气隔离。运行时，电压互感器一次绕组 N_1 并联连接在被测线路上，二次绕组 N_2 并联连接在电压表等仪表或继电器上。在测量高压线路上的电压时，尽管一次电压很高，但二次电压却是低的，可以确保操作人员和仪表的安全。电压互感器与被测的高压电网并联；二次绕组匝数少，与电压表或功率表的电压线圈连接。由于电压表等测量仪表阻抗很大，因此电压互感器二次侧电流很小，近似于变压器空载运行。

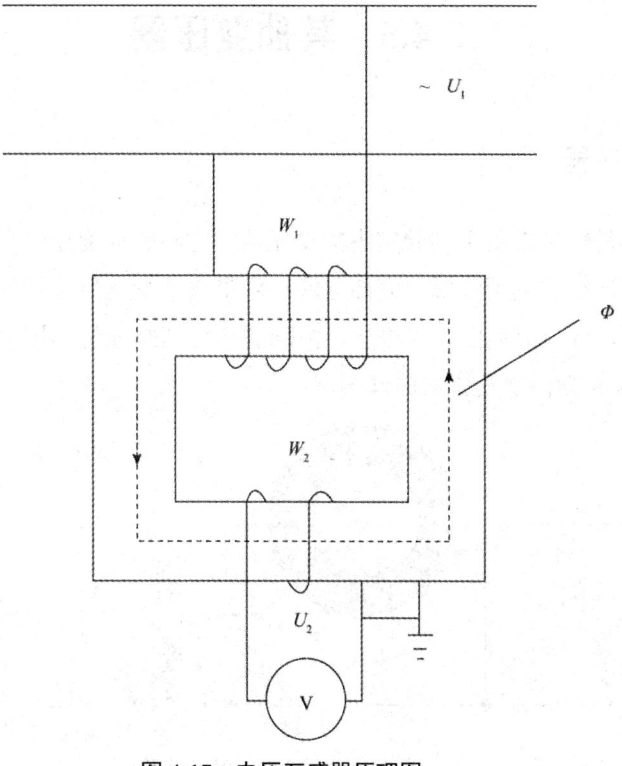

图 4-17　电压互感器原理图

电压互感器变压比指电压互感器的额定一次电压与二次电压的比值。由变压器变比原理可知，当一次绕组匝数 N_1 远大于二次绕组匝数 N_2 时，电压互感器把被测线路较高的电压转换为较低的电压，从而可用低量程电压表去测量高电压。如果电压表和特定电压互感器配套，那么电压表的刻度可按被测线路的电压值标出。在我国，电压互感器二次侧额定电压为 100 V，在不同电压等级的电路中使用的电压互感器有 10 000/100 等。

电压互感器型号由字母和数字组合组成：第一位为字母，J——电压互感器；第二位为字母，其中 D——单相、S——三相；第三位为字母，其中 J——油浸、Z——浇注；第四位为数字，表示电压等级（kV）。某型号为 JDJ-10 的电压互感器，第一位字母 J——电压互感器，第二位字母 D——单相，第三位字母 J—油浸，“-”后数字表示电压 10 kV。

使用电压互感器时，必须注意以下几点。

（1）应根据被测线路额定电压来选择电压互感器变压比，确保额定电压高于被测电路额定电压。

（2）二次绕组必须串联熔断器用于电路保护，以确保电压互感器运行时二次绕组不会短路烧毁。

（3）铁芯和二次绕组的一端必须可靠接地，防止一次绕组绝缘损坏时铁芯、二次绕组带高电压而造成事故。

4.5 其他变压器

4.5.1 自耦变压器

自耦变压器是一种常用于实验室中的变压器，它与普通变压器在结构上有所不同，它的二次绕组与一次绕组共用线圈。大部分的小容量自耦变压器设计为圆环形铁芯，绕组均匀绕在铁芯上面，绕组上端面无绝缘层，由碳刷和转柄组成的调压组件在线圈上旋转实现连续调压。图 4-18 为自耦变压器原理图。

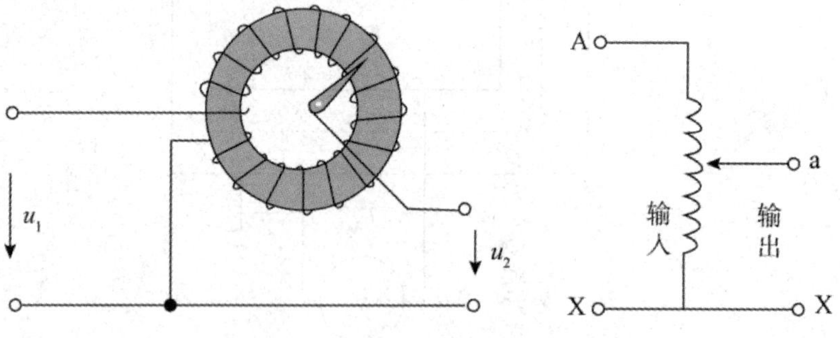

图 4-18 自耦变压器原理图

自耦变压器的优点是结构简单、调节方便。图 4-19 为实验室中常用的单相自耦变压器，通过调节手柄，可获得 0 V～250 V 的电压。

图 4-19　单相自耦变压器

自耦变压器的缺点是它的一次绕组和二次绕组间有直接的电连接，因此它不允许当作隔离变压器和安全变压器用。操作时，不许接触一次绕组、二次绕组和与之相连的裸露端子，不许带电接线和拆线。

4.5.2　电焊变压器

交流电弧焊是一种常见的电焊设备，从原理上说是一种特殊的降压变压器。交流电弧焊通过电弧放电产生热量熔化焊条与被焊接金属从而达到焊接的目的。

电焊变压器是专供电焊机使用的特殊变压器。工厂和施工工地广泛使用的交流电焊机就是由一个电焊变压器和一个可变电抗器构成的，电焊变压器实际上是降压变压器。

对电焊变压器有以下要求：空载时要有约为 60 V～70 V 足够大的引弧电压；焊接时要求电压陡降，额定负载下电压约 25 V～30 V；在焊条与工件相碰不起弧，即副边短路时，短路电流不能过大。此外，还要能够调节焊接电流的大小。

本 章 小 结

1．变压器属于静止电机，其原理是通过电磁感应的作用把一个电压等级的交流电能变换成频率相同的另一个电压等级的交流电能。变压器有三个特点：

（1）变交不变直，只能对交流电进行变压，不能对直流电进行变压；

（2）能传递转换交流电能，但不能产生电能；

（3）变压转换前后的频率不变。

2．变压器的铁芯、绕组会产生损耗。变压器损耗由铁损和铜损两部分构成，其中，铁损属于不变损耗，不随负载情况改变；变压器铜损与变压器负载有关，属于可变损耗。

3．变压器主要由铁芯、绕组和附件组成。铁芯是变压器的主体，分为铁芯柱和磁轭两部分，供磁路通过。绕组是变压器的电路部分，作用是在通过交变电流时产生交变磁通和感应电动势，通过电磁感应作用把一次绕组的能量传递到二次绕组。

4．电力变压器是企业配电系统关键设备，选用电力变压器时，应选取损耗水平低的变压器。变压器容量选择应根据设备清单，计算相应的负荷容量和日后负荷增加的余量。

5．电流互感器和电压互感器本质上是仪用变压器，电流互感器把大电流按比例变换成标准小电流（额定值为 5 A），电压互感器将高电压按比例变换成标准低电压（额定值为 100 V），互感器可实现电力线路测量仪表标准化。

思考与练习

一、判断题

1．变压器是既能变换交流电，也能变换直流电。（ ）

2．变压器的损耗越大，效率就越低。（ ）

3．变压器从空载到满载，铁芯中的工作主磁通和铁损基本不变。（ ）

4．自耦变压器的一次侧和二次侧虽然有电的联系，但是可以安全使用。（ ）

5．电流互感器运行中二次侧不允许开路，否则会感应出高电压而造成事故。（ ）

6．变压器的铜损与负载情况无关。

二、选择题

1．变压器从空载到满载，铁芯中主磁通将（ ）。

A．增大　B．减小　C．基本不变　D．无法判断

2．电压互感器实际上是降压变压器，一、二次绕组匝数及导线截面情况是（ ）。

A．一次侧匝数多，导线截面小　B．二次侧匝数多，导线截面小

C．一次侧匝数多，导线截面大　B．二次侧匝数多，导线截面大

3．自耦变压器不能作为安全电源变压器的原因是（ ）。

A．公共部分电流太小　B．一次侧和二次侧有电的联系

C．一次侧和二次侧有磁的联系　D．没有可靠接地

4．决定电流互感器原边电流大小的因素是（ ）。

A．二次侧电流　B．二次侧所接负载　C．变流比　D．被测电路

5．如果电源电压高于额定电压，则变压器空载电流和铁耗比原来的数值将（ ）。

A．减少　　B．增大　　C．不变　　D．无法判断

三、填空题

1．变压器属于静止电机，能变换_________、_________和__________。

2．变压器运行中，绕组中电流的热效应引起的损耗称为_____损耗；交变磁场在铁芯中所引起的__________损耗和__________损耗合称为_________损耗。其中，__________损耗又称不变损耗，__________损耗又称可变损耗。

3．三相变压器一次绕组额定电压指_______值，二次绕组额定电压指________值。

4．变压器空载运行时____________很小，______________耗也很小，空载总损耗近似等于____________损耗。

5．______经过的路径称为磁路，其单位有___________和___________。

6．电流互感器实际上是__________变压器，运行时二次绕组不允许__________。电压互感器实际上__________变压器，运行时二次绕组不允许__________。为确保安全，这两种互感器在运行中二次绕组都应__________。

7．发电厂通过_____________变压器将发电机电压____________后输送，供电部分向终端用户送电时，通过____________变压器将输送的电能_____________后供应给用户。

四、简答题

1．简述变压器工作原理。

2．如果把变压器绕组接在直流电上，会有什么情况发生？

3．简述变压器损耗种类。

4．简述电压互感器和电流互感器工作原理及使用注意事项。

5．简述为企业选择变压器的步骤。

第 5 章　常用低压电器和电工常用材料

【本章导读】

低压电器种类繁多，功能各样，构造各异，用途广泛，工作原理各不相同。常用低压电器的分类方法很多。电工常用材料也很多。在选用低压电器和材料时，应根据需要来进行选用。

【学习目标】

- 了解电工常用低压电器原理，能够根据给定条件进行选用；
- 了解电工常用材料的特性，能够根据实际情况选用电力导线。

5.1　常用低压电器

5.1.1　接触器

在实际工作中，经常使用接触器实现远距离频繁地接通和断开用电设备。图 5-1 为常见的接触器的实物图。本小节主要介绍交流接触器及其应用。

图 5-1　常见的接触器的实物图

1. 接触器结构和原理

接触器由电磁机构、触点系统、灭弧装置及其他部件等组成。

图 5-2 所示为某交流接触器的结构示意图，其结构由四部分组成。

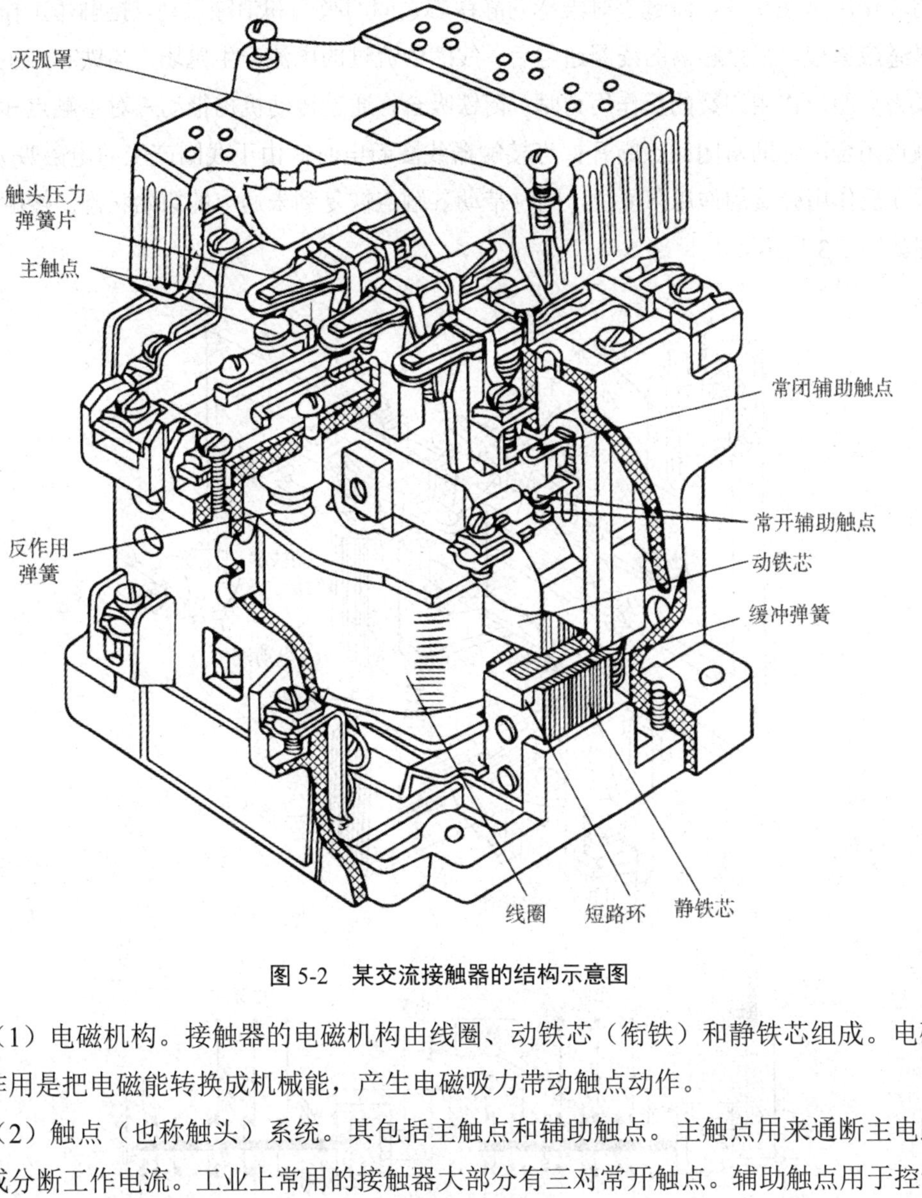

图 5-2　某交流接触器的结构示意图

（1）电磁机构。接触器的电磁机构由线圈、动铁芯（衔铁）和静铁芯组成。电磁机构的作用是把电磁能转换成机械能，产生电磁吸力带动触点动作。

（2）触点（也称触头）系统。其包括主触点和辅助触点。主触点用来通断主电路，接通或分断工作电流。工业上常用的接触器大部分有三对常开触点。辅助触点用于控制电路，接通或分断控制电路，一般用于电气联锁作用。不同型号接触器的辅助触点组数不同，如 CJX2 接触器只有一对常开辅助触点，而 CJT1 接触器有常开辅助触点和常闭辅助触点各两对。

（3）灭弧装置。额定电流在 10 A 以上的接触器都有灭弧装置。对于小容量的接触器，常采用双断口触点灭弧、电动力灭弧、相间弧板隔弧及陶土灭弧罩灭弧；对于大容量的接触器，采用纵缝灭弧罩及栅片灭弧。

（4）其他部件。其包括反作用弹簧、缓冲弹簧、触点压力弹簧、短路环、传动机构及外壳等。其中，反作用弹簧的作用是当线圈断电时使衔铁和触点复位，也称为释放弹簧；触点压力弹簧的作用是增大触点闭合时的压力，从而增大触电接触面积减少接触电阻；短路的环作用是在交变电流过零时维持动静铁芯之间的吸力和消除振动。接触器工作原理是电磁感应原理，当接触器的线圈通电后，线圈中流过的电流产生磁场，当铁芯产生足够大的吸力克服反作用弹簧的反作用力时，衔铁吸合，通过传动机构带动三对主触点和辅助常开触点闭合，辅助常闭触点断开；当接触器线圈断电时，由于线圈产生的电磁吸力消失，衔铁在反作用弹簧的作用下复位，同时带动各触点恢复到未通电的原始状态。接触器工作原理如图 5-3 所示。

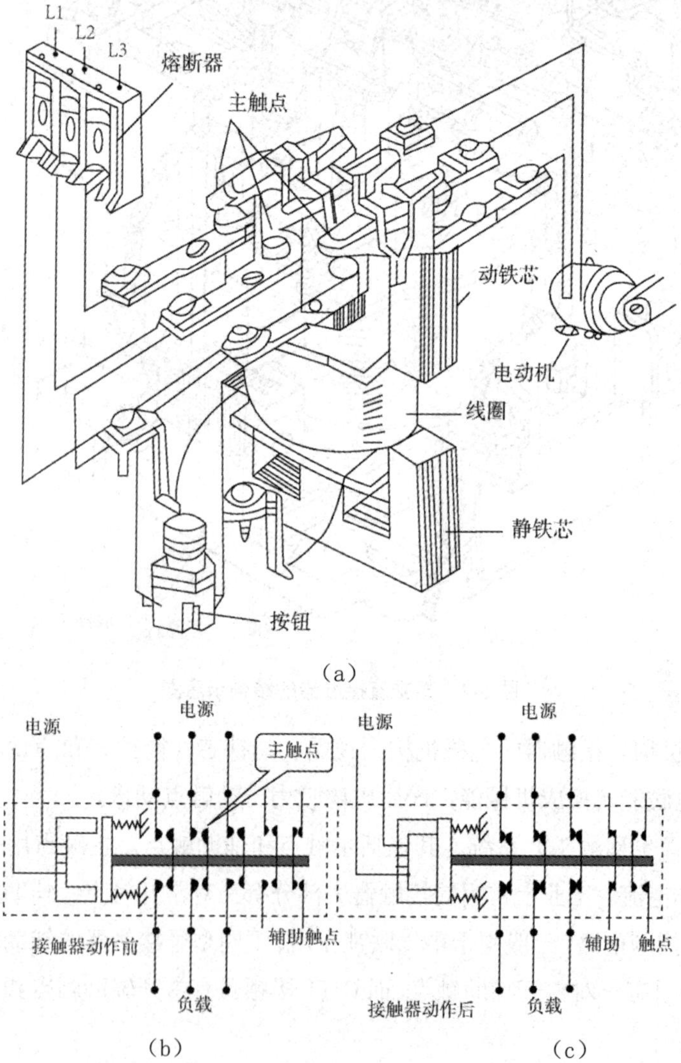

图 5-3　接触器工作原理

2. 接触器符号及型号

（1）接触器的符号

接触器用字母 KM 表示，图 5-4 为接触器的线圈、主触点、辅助常开触点、辅助常闭触点的图形符号。

常开触点是指当线圈不带电时，动、静触点分开，也称动合触点、触头。接触器的主触点是常开触点；常闭触点是指当线圈不带电时，动、静触点闭合，也称动断触点、触头。

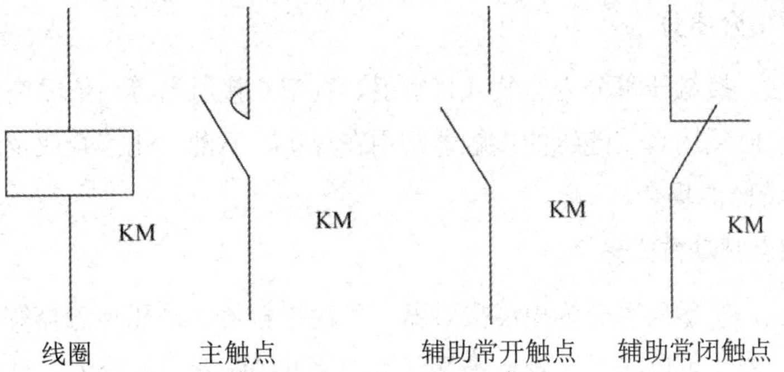

图 5-4 接触器的图形符号

（2）接触器的型号说明

常用的国产交流接触器有 CJl0、CJl2、CJX1、CJ20 系列及其派生产品等，它们的型号说明可参考图 5-5。

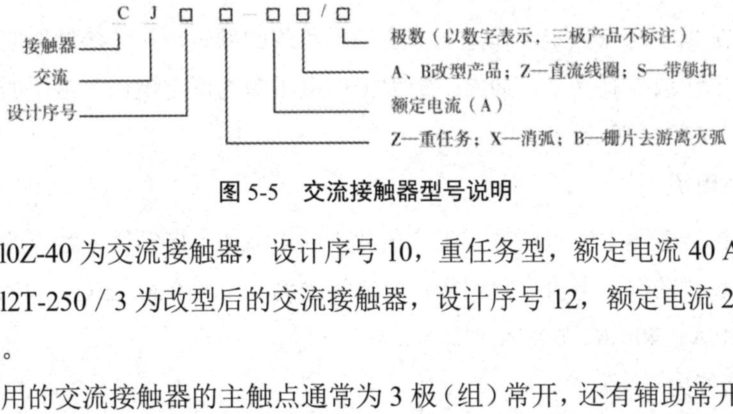

图 5-5 交流接触器型号说明

例如：CJl0Z-40 为交流接触器，设计序号 10，重任务型，额定电流 40 A，主触点为 3 极（组）；CJl2T-250 / 3 为改型后的交流接触器，设计序号 12，额定电流 250 A，主触点为 3 极（组）。

工业上常用的交流接触器的主触点通常为 3 极（组）常开，还有辅助常开、常闭触点。除交流接触器外，还有直流接触器，常用的有 CZ0 系列等。近年来引进的交流接触器有西门子公司的 3TB 系列、BBC 公司的 B 系列交流接触器等。

3. 接触器的分类

接触器可以按以下几种方法进行分类。

（1）按主触点控制电流分

按这种分法，接触器可以分为交流接触器和直流接触器。交流接触器按交流电频率还可细分为工频（50 Hz 或 60 Hz）和中频。

（2）按主触点极数分

按这种分法，接触器可分为单极、双极、三极、四极和五极接触器。单极接触器主要用于单相负荷，如照明负荷、焊机等；双极接触器用于绕线式异步电机的转子回路中，启动时用于短接启动绕组；三极接触器广泛用于三相电路中，例如电动机的控制等；四极接触器主要用于三相四线制的照明线路和双回路电动机负载控制电路中；五极交流接触器用于组成自耦补偿启动器或控制双笼型电动机，以变换绕组接法。

（3）按灭弧介质分

按这种分法，接触器可分为空气式接触器、真空式接触器等。依靠空气绝缘的接触器用于一般负载，而采用真空绝缘的接触器常用在煤矿、石油、化工企业及电压为 660 V 和 1140 V 等一些特殊的场合。

（4）按触点驱动方式分

按这种分法，接触器可分为电磁接触器、气动接触器、液压接触器等。

此外，接触器还可以按有无触点进行分类。常见接触器大部分为有触点接触器，而无触点接触器一般采用晶闸管作为回路的通断元件，用于高操作频率的设备和易燃、易爆、无噪声的工作场所。

4. 交流接触器的基本参数

（1）额定电压

额定电压是指主触点额定工作电压，应等于负载的额定电压。接触器应标注额定电压和相应的额定电流或控制功率。通常，最大工作电压即为额定电压。常用的额定电压值为 220 V、380 V、660 V 等。

（2）额定电流

额定电流指接触器主触点在额定工作条件下的电流值，接触器主触点的额定工作电流应大于或等于负载的额定电流。常用额定电流等级为 5 A、10 A、20 A、40 A、60 A、100 A、150 A、250 A、400 A、600 A。

（3）通断能力

接触器的通断能力可分为最大接通电流和最大分断电流。最大接通电流指触点闭合时不会造成触点熔焊时的最大电流值。最大分断电流指触点断开时能可靠灭弧的最大电流。一般通断能力是额定电流的 5～10 倍。电压越高，通断能力越小。

（4）动作值

接触器的动作值可分为吸合电压和释放电压。吸合电压指接触器吸合前，缓慢增加吸合线圈两端的电压，接触器可以吸合时的最小电压。释放电压指接触器吸合后，缓慢降低吸合线圈两端的电压，接触器释放时的最大电压。一般规定吸合电压不低于线圈额定电压的 85%，释放电压不高于线圈额定电压的 70%。

（5）吸引线圈额定电压

吸引线圈额定电压指接触器正常工作时，吸引线圈上施加的电压。吸引线圈额定电压及线圈的匝数、线径等数据应标注在线圈包上，使用时应注意。

5. 交流接触器的选用

在选用交流接触器时，应根据负载的类型、工作参数和使用场所等条件进行选用。接触器的选用应满足负载设备的要求，除额定工作电压与被控设备的额定工作电压相同外，还应该考虑被控设备的负载功率、使用类别、控制方式、操作频率、工作寿命、安装方式、安装尺寸以及经济性等。在选用交流接触器时，可以参考以下步骤。

（1）选择接触器的类别

在选择接触器类别时，应根据接触器控制的负载工作任务繁重程度进行选择。交流接触器的使用类别有四类，适应范围如下.

①AC-1 类：交流接触器用于微电感性或电阻性负载，接通和分断额定电压和额定电流。如电阻炉、加热器等设备。

②AC-2 类：交流接触器用于绕线式异步电动机的启动和停止，如提升机、起重机、压缩机等设备。

③AC-3 类：交流接触器用于笼型感应电动机的启动、分断，如风机、泵等设备。

④AC-4 类：交流接触器用于笼型感应电动机的启动、反接制动或频繁接通分断断电动机，如风机、泵、机床等设备。

（2）选择接触器的额定参数

根据负载设备的工作参数，如电压、电流、功率、频率及工作制等确定接触器的参数。

①额定电压。接触器主触点额定电压应大于或等于负载设备的额定电压。

②线圈电压。线圈电压应与线圈所在的控制电路电压相适应，一般取电源电压。

③额定电流。接触器额定电流指接触器主触点长期工作条件下的最大允许电流，额定电流值应大于或等于负载设备的额定电流。如果接触器作为电动机频繁启动或反接制动时通过电流较大，这时接触器的额定电流应降一级使用。

接触器额定电流 I_N 可根据负载设备功率 P_N 确定，应满足

$$I_N \geq P_N \times 10^3 / KU_N$$

其中，P_N 为负载设备功率，单位为 kW；K 为经验系数，其值为 1～1.4；U_N 为负载设备额定电压，单位为 V。

④触点数。接触器的主触点和辅助触点数应分别满足负载和控制电路的要求。大部分设备采用主触点为三组的接触器，当接触器本身的辅助触点不足时，可连接专用的辅助触点或利用中间继电器满足要求。

5.1.2 热继电器

热继电器是常用于对电动机等负载进行过载保护的一种电器。

在实际工作中，如果电动机拖动的机械装置出现异常情况或电路异常导致电动机过载，这时电动机转速下降、绕组中的电流将增大使电动机的绕组温度升高。如果过载电流不大且过载的时间较短，那么电动机绕组不超过允许温升；如果过载时间长且过载电流大，那么电动机绕组温升就会异常，超过允许值，导致电动机绕组老化并缩短电动机的使用寿命，严重时会烧毁绕组。热继电器利用电流的热效应原理，在电动机出现异常过载时切断电动机电路，从而为电动机提供保护。

1. 热继电器的原理与结构

图 5-6 为热继电器的结构原理图。

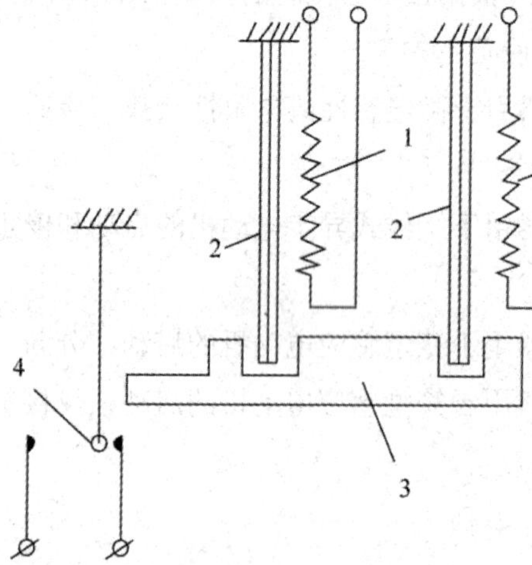

图 5-6 热继电器的原理图

1—热元件；2—双金属片；3—导板；4—触点

热元件串联连接在电动机定子绕组中，流过热元件的电流等于流过电动机绕组的电流。当电动机正常运行时，热元件产生的热量使双金属片轻微弯曲而不能使热继电器动作；当电动机发生过载时，热元件产生的热量增大使双金属片弯曲位移增大，过载电流达到某一电流值时和经过一定时间后，双金属片弯曲并推动导板，通过温度补偿双金属片推动推杆绕轴转动，推动触头系统动作，辅助常闭触头断开，这样接触器就会失电复位，接触器的主触点断开电动机的电源以保护电动机。图 5-7 为热继电器的结构示意图。

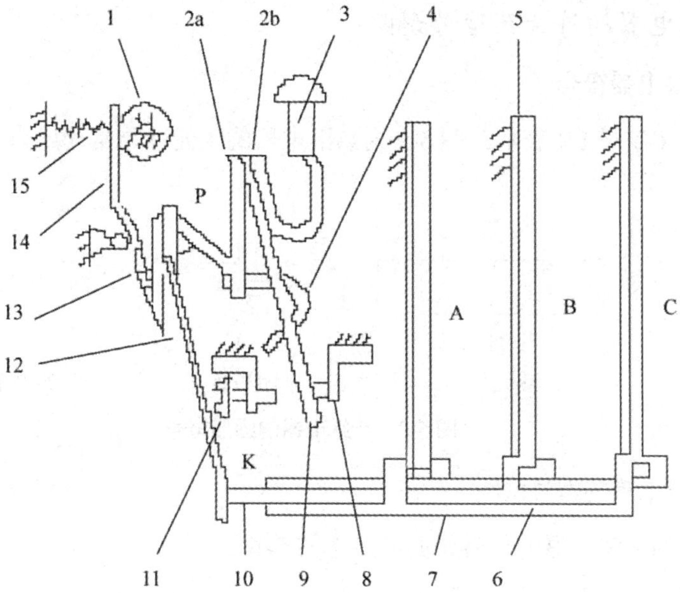

图 5-7　热继电器的结构示意图

1—电流调节凸轮；2—片簧（2a，2b）；3—手动复位按钮；4—弓簧片；5—主金属片；
6—外导板；7—内导板；8—常闭静触点；9—动触点；10—杠杆；11—常开静触点（复位调节螺钉）；
12—补偿双金属片；13—推杆；14—连杆；15—压簧

电流调节凸轮是一个偏心轮，与支撑件构成杠杆。通过改其半径就能够改变补偿双金属片与导板的接触距离，从而达到调节整定动作电流的目的。通过调节复位螺钉就能改变常开触点的位置，使热继电器可以设定在手动复位和自动复位两种工作状态。在过载故障排除后，按复位按钮才能使动、静触头恢复到接触位置。

从图 5-8 中可以看出热继电器的内部结构以及热继电器过载前后的情况。图 5-8（a）是过载前，常闭触点处于闭合状态而常开触点处于断开的状态；图 5-8（b）是过载后，传动机构动作，常闭触点断开。

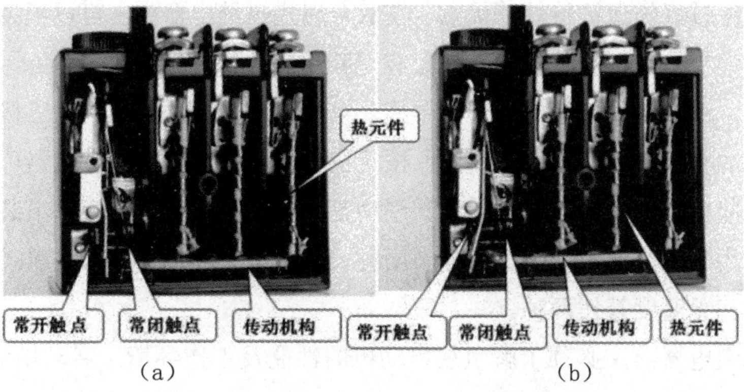

图 5-8　热继电器内部结构及动作前后对比图

（a）过载前；（b）过载后

2. 热继电器的符号及型号说明

（1）热继电器符号

热继电器用字母 FR 表示。图 5-9 为热继电器的热元件、常闭触点和常开触点的图形符号。

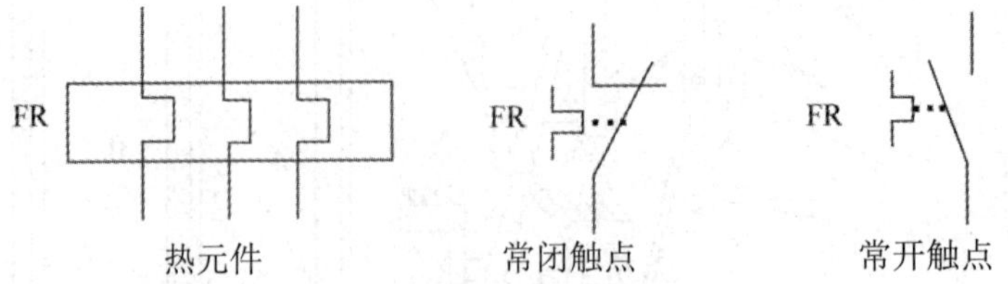

图 5-9 热继电器的图形符号

（2）热继电器的型号说明

国产常用的热继电器的型号说明可参考图 5-10。

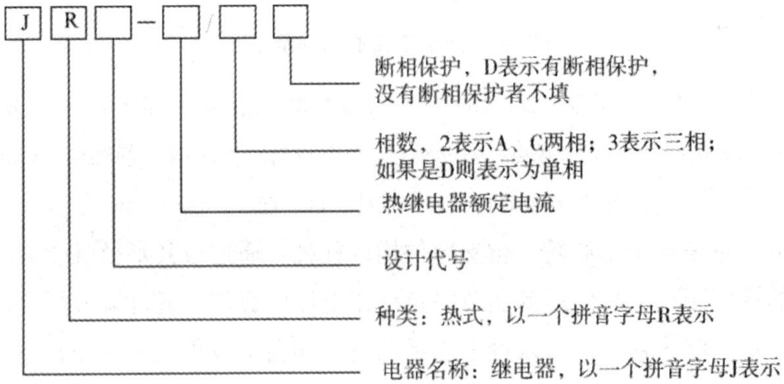

图 5-10 热继电器的型号说明

（3）热继电器类型及选用

热继电器种类很多，应用最广的是双金属式热继电器，具有结构简单、体积小、成本较低，能够获得较好的保护特性等优点。在双金属式热继电器中，可以根据极数、复位方式、有无电流调节装置、有无温度补偿、有无断相保护等进行分类。

按极数分，双金属式热继电器分为单极、双极和三极三种。其中，三极的又包括带有断相保护装置的和不带断相保护装置的。按复位方式，双金属式热继电器可分为自动复位（触点断开后能自动返回到原来位置）和手动复位两种。按有无电流调节装置，双金属式热继电器可分为有电流调节和无电流调节两种。按有无温度补偿，双金属式热继电器可分为有温度补偿和无温度补偿两种。

在选用热继电器前，必须了解负载电动机的性能及工作环境、启动电流、负载性质、工作制、允许的过载能力等，才能选配合适的热继电器。选用热继电器时，应考虑以下几个因素。

（1）电动机的绝缘等级及结构。绝缘等级不同的电动机的容许温升和承受过载的能力不同。在同样的条件下，绝缘等级越高的电动机的过载能力就越强。结构不同的电动机应选用不同的热继电器。

（2）对于长期稳定工作的电动机，可以按电动机的额定电流选用热继电器。通常可以取热继电器整定电流的 0.95～1.05 倍或中间值等于电动机额定电流，使用时要将热继电器的整定电流调至电动机的额定电流值。

（3）电动机的启动电流和启动时间。电动机的启动电流一般为额定电流的 5 到 7 倍，应使热继电器在电动机短时过载和启动的瞬间，应不受影响（不动作）。对于非频繁启动且连续运行的电动机，在启动时间不超过 6 s 的情况下，可以按电动机的额定电流来选用热继电器。

（4）热继电器用于电动机缺相保护，应考虑电动机的接法。电动机采用 Y 形接法时，如果某一相断线，那么另外未断相绕组的电流与流过热继电器电流的增加比例相同。一般的三相式热继电器，只要整定电流调节合理，能够对 Y 形接法的电动机实现断相保护。电动机采用 Δ 形接法时，如果某一相断线，那么流过其他未断相绕组的电流与流过热继电器的电流增加比例不同。这时流过热继电器的电流不能反映断相后绕组的过载电流。因此，包括三相式在内的一般热继电器，不能为 Δ 形接法的三相异步电动机的断相运行提供充分保护。因此，当电动机采用 Δ 形接法时，应选用 JR20 型或 T 系列这类带有差动断相保护机构的热继电器。

（5）负载电动机的工作情况。如果负载电动机的工作情况不允许随便停机，以免遭受经济损失，这种情况下选取热继电器的整定电流应比电动机额定电流大。对于重载、频繁启动的电动机，不适宜使用热继电器进行短路保护，可以选用电流继电器（延时动作型）进行过载和短路保护。

（6）温度。对于热继电器安装处温度与被保护设备安装处环境温度的差别较大的场所，选用热继电器时应考虑带温度补偿装置的型号。

5.1.3　时间继电器

时间继电器是利用电磁原理或机械动作原理实现触点延时接通或断开的自动控制电器，即为从得到输入信号开始，经过一定的延时后才输出信号的继电器。时间继电器种类很多，常用的有空气阻尼式和晶体管式。

时间继电器用字母 KT 表示。图 5-11 为时间继电器的线圈、通电延时触点（通电延时常开、通电延时常闭）、瞬时触点和断电延时触点（断电延时常开、断电延时常闭）的图形符号。

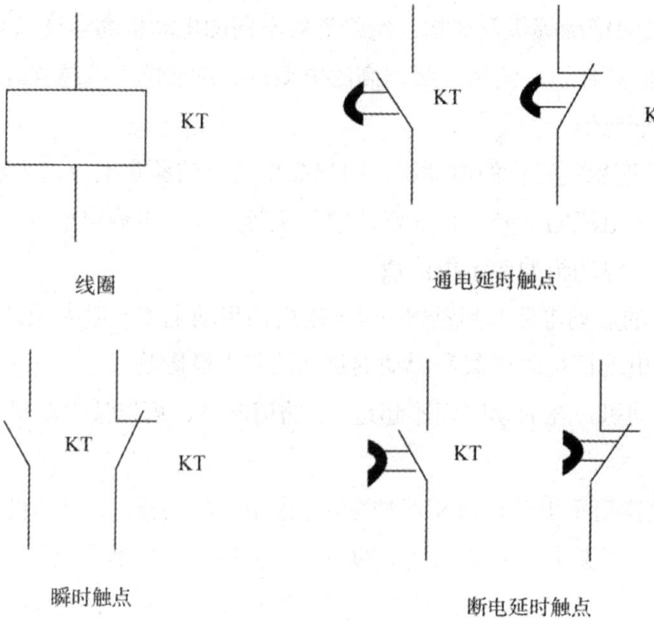

图 5-11　时间继电器的图形符号

1. 空气阻尼式时间继电器

空气阻尼式时间继电器也称气囊式时间继电器，利用空气阻尼作用获得延时。

空气阻尼式时间继电器的优点是延时范围大，结构简单，受电磁干扰小，寿命长，价格低。其缺点是延时误差大（±10%～±20%），无调节刻度指示，难以精确整定延时值，延时值易受周围环境和安装等因素影响。实际应用中，空气阻尼式时间继电器常用于对延时精度要求不高的场合。

国产空气阻尼式时间继电器产品型号有 JS7 系列、JS23 系列等，下面以 JS7-A 系列时间继电器为例，介绍空气阻尼式时间继电器的结构和工作原理。

（1）结构

空气阻尼式时间继电器结构由电磁系统、延时机构、触点系统等组成，如图 5-12 所示。

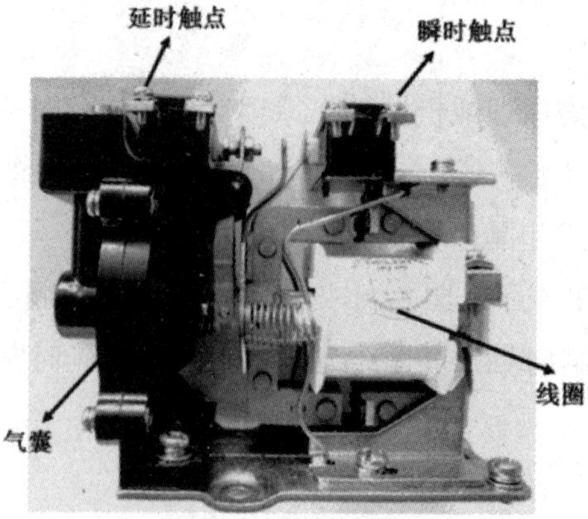

图 5-12　空气阻尼式时间继电器

（2）工作原理

空气阻尼式时间继电器有通电延时和断电延时两种类型。图 5-13 为空气阻尼式时间继电器工作原理图。

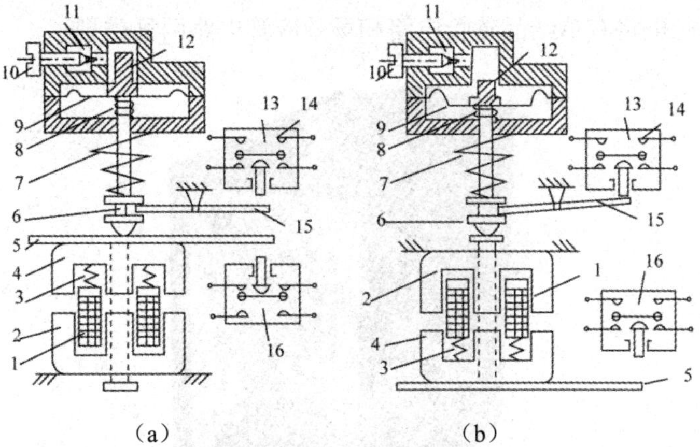

图 5-13　空气阻尼式时间继电器工作原理图

（a）通电延时型；（b）断电延时型

1—线圈；2—静铁芯；3、7、8—弹簧；4—衔铁（动铁芯）；5—推板；6—活塞杆；9—橡皮膜；10—螺钉；11—气囊进气孔；12—活塞；13、16—微动开关；14—延时触点；15—杠杆

下面介绍通电延时型空气阻尼式继电器工作原理。

当线圈 1 通电后，衔铁 4 吸合，微动开关 16 触点动作无延时，活塞杆 6 在弹簧 8 作用下带动活塞 12 及橡皮膜 9 向上移动。因为橡皮膜 9 下方气室形成负压导致活塞杆 6 缓慢上移（移动的速度由气囊进气孔 11 的大小决定，可通过调节螺钉 10 进行调整）。经过一定的延时后，活塞杆 6 移动到最上端，杠杆 15 动作，压动微动开关 13 使常闭触点断开（常开触点闭合）。通电延时功能实现。

当线圈 1 断电时，电磁吸力消失，衔铁 4 在弹簧 3 作用下释放，活塞杆 6 将活塞 12 推向下端，微动开关 13、16 迅速复位，复位过程无延时。

从上面的分析中可以看出，微动开关 16 在线圈 1 通电和断电时都是瞬时动作的，这个开关的两组触点是时间继电器的瞬动触点。

微动开关 13 的触点通电时延时动作，断电时瞬时动作，因此这种时间继电器被称为通电延时型空气阻尼式继电器时间继电器。它的特点是当吸引线圈通电后，瞬动触点立即动作，延时触点经过一定延时后再动作；当吸引线圈断电后，所有触点立即复位。与之对应的是断电延时型空气阻尼式继电器时间继电器，特点是当吸引线圈通电后，所有触点立即动作；当吸引线圈断电后，瞬时触点立即复位，延时触点经过一定延时后才复位。

2. 晶体管式时间继电器

晶体管式时间继电器以 RC 电路电容充电时电容器上的电压逐步上升的原理为基础。它具有延时范围宽、精度高、体积小、工作可靠等优点，被广泛应用于各种自动控制系统和电力拖动中。

图 5-14 为常用的 JS20 系列晶体管式时间继电器，这种时间继电器采用插座式连接方式，继电器元器件安装在电路板上后用罩壳封装，罩壳顶部设有延时整定旋钮、铭牌等。继电器内部的延时电路有单结晶体管电路和场效应管电路两种类型。

图 5-14　JS20 系列晶体管式时间继电器

5.1.4　其他继电器

实际应用中，除了热继电器和时间继电器外，还有很多其他种类的继电器。

1. 电压继电器

电压继电器是一种常用的电磁式继电器，主要用于电压保护和控制。图 5-15 为电压继电器的实物图。

电压继电器由线圈、触点和衔铁组成，用字母 KV 表示。电压继电器线圈并联接入主电路，感测主电路的电压。电压继电器的触点是执行元件，接在控制电路中。

按吸合电压划分，电压继电器分为过电压继电器和欠电压继电器。过电压继电器用于线路过电压保护，线圈用符号 U>表示，线圈的吸合整定值为被保护线路额定电压的 1.05 至 1.2 倍。当被保护线路电压正常时，衔铁不动作；当被保护线路电压达到过电压继电器整定值时，衔铁吸合，触点机构动作使控制电路失电，控制电路中接触器线圈失电复位，主电路分断。欠电压继电器用于线路欠电压保护，线圈用符号 U<表示，线圈释放整定值为线路额定电压的 0.1 至 0.6 倍。当被保护线路电压正常时，衔铁吸合；当被保护线路电压降至欠电压继电器释放整定值时，衔铁释放，触点机构复位，控制电路中接触器线圈失电复位，主电路分断。

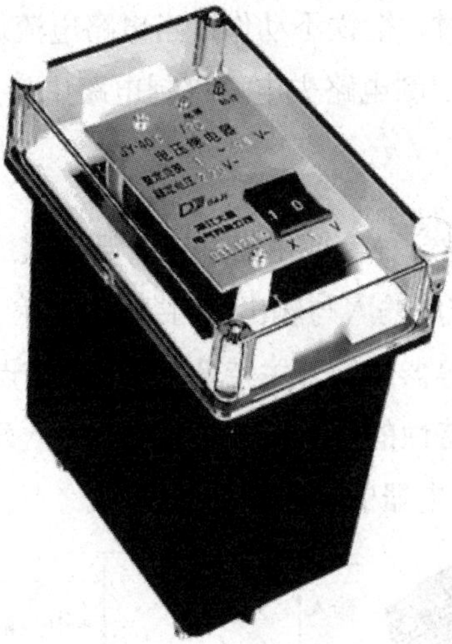

图 5-15　电压继电器的实物图

2. 电流继电器

电流继电器也是一种常用的电磁式继电器，主要用于电流保护和控制。图 5-16 为电流继电器的实物图。

电压继电器由线圈、触点和衔铁组成，用字母 KA 表示。继电器线圈串联接入主电路，感测主电路的电流。继电器的触点是执行元件，接在控制电路中。

图 5-16　电流继电器的实物图

常用的电流继电器有欠电流继电器和过电流继电器两种。欠电流继电器用于电路欠电流保护，线圈用符号 I<表示，吸引电流为线圈额定电流的 30%～65%，释放电流为额定电流的 10%～20%。当电路正常工作时，衔铁吸合不动作；当电路电流降低超过整定值时，衔铁释放，触点机构动作使控制电路失电，控制电路中接触器线圈失电复位，主电路分断。过电流继电器用于电路过电流保护，线圈用符号 I>表示，整定范围通常为额定电流的 1.1

至 4 倍。当电路正常工作时，衔铁不动作；当电路电流达到整定值时，衔铁吸合，触点机构动作，触点机构动作使控制电路失电，控制电路中接触器线圈失电复位，主电路分断。

3. 固态继电器

固态继电器（SSR）是一种全部由固态电子元件组成的无触点开关元件，利用电子元器件的电、磁和光特性来完成输入与输出的可靠隔离，利用大功率三极管、功率场效应管、单项可控硅和双向可控硅等器件的开关特性，实现无触点、无火花地接通和断开被控电路。固态继电器是具有继电器特性的无触点开关器件，输入端用微小的控制信号直接驱动大电流负载。图 5-17 为固态继电器的实物和图形符号。

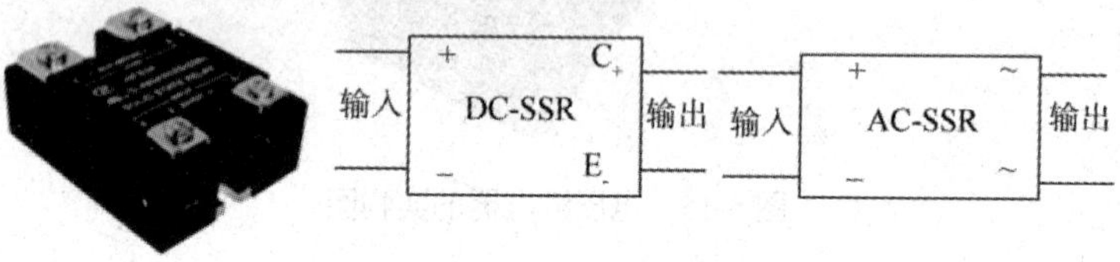

（a）直流 SSR　　（b）交流 SSR

图 5-17　固态继电器的实物和图形符号

固态继电器由输入电路、隔离耦合电路和输出电路三部分组成。

固态继电器按负载性质可分为直流型和交流型，按隔离方式可分为光电隔离和干簧管隔离两类，按过零方式和控制功能可分为非过零型交流固态继电器、电压过零开/电流过零关型固态继电器、电流过零关/随机导通型固态继电器。

5.1.5　配电开关

1. 低压断路器

低压断路器又称自动空气开关或自动空气断路器，广泛应用于低压配电系统线路、生产设备和其他电路中。低压断路器用字母 QF 表示，图 5-18 为低压断路器的实物与图形符号图。

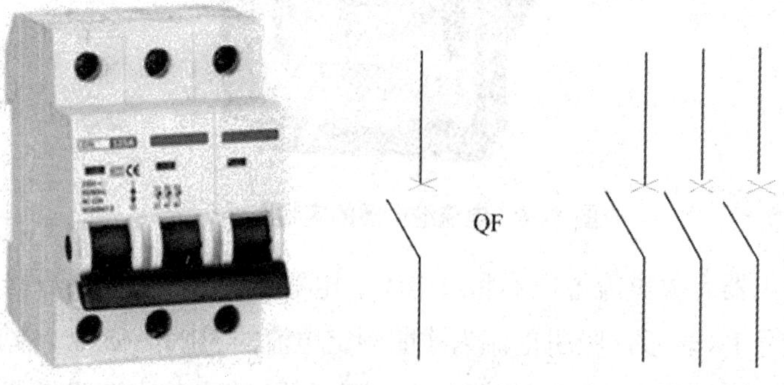

单极　　三极

图 5-18　低压断路器的实物图与图形符号

低压断路器的特点是能在正常情况下分断和接通工作电流，当电路发生过载、短路、欠（失）压等故障时自动切断故障电路，有效地保护串联连接于它后面的电器设备。因此，它常用于不频繁地接通、分断负荷的电路中。

当低压断路器所在线路发生短路或严重过载电流时，短路电流超过瞬时脱扣整定电流值，过载短路脱扣装置产生足够大的吸力把衔铁吸合，使杠杆动作，使锁钩绕转轴座向上转动与连杆锁扣脱开，连杆锁扣在弹簧的作用下将主触点分断，切断电源。低压断路器过载保护原理如图 5-19 所示。

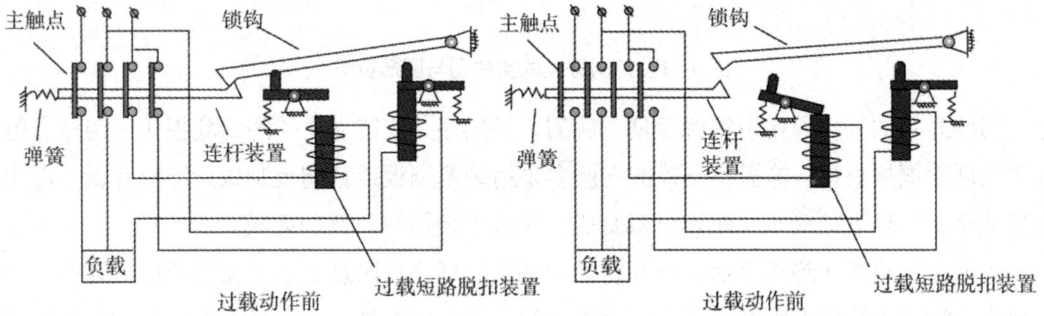

图 5-19　低压断路器过载保护原理

当低压断路器所在线路发生电压严重下降或断电时，衔铁就被释放而使主触点断开，实现欠压保护作用。低压断路器欠压保护原理如图 5-20 所示。

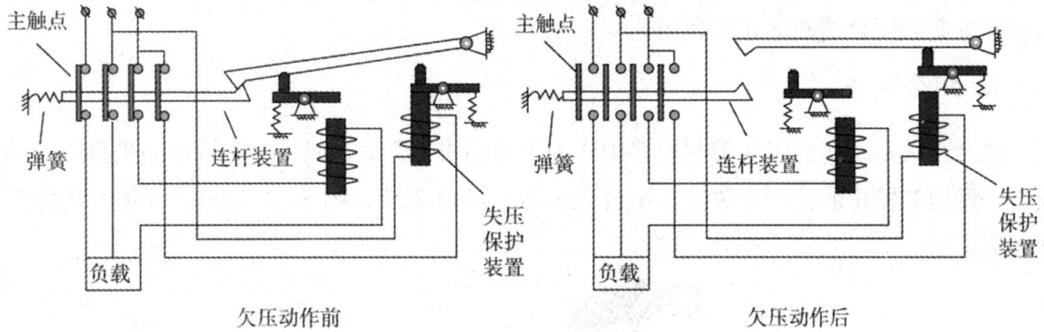

图 5-20　低压断路器欠压保护

低压断路器的结构上由触点系统、灭弧装置、脱扣器及脱扣机构和操作机构组成。触点系统用于接通和分断负载电路，当接通和分断电路时，主触点处会产生电弧，为了加强灭弧能力，在主触点处装有灭弧装置。脱扣器是低压断路器的感测元件，当电路出现过载、短路或欠压故障时，脱扣器收到信号后，经脱扣机构动作，使触点分断。操作机构是低压断路器的机械传动部件，可以接通或断开主触点。

2. 刀闸开关

刀闸开关用来接通和分断容量不大的电路及隔离电源，经常用于各种配电设备与供电线路中。刀闸开关用字母 QS 表示，图 5-21 为刀闸开关的实物图与图形符号。

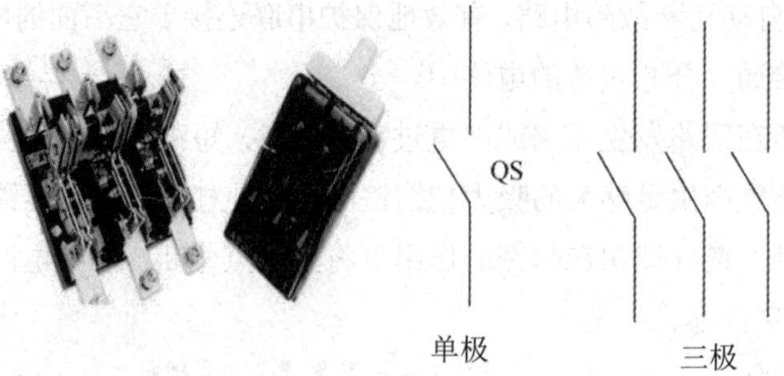

图 5-21　刀闸开关的实物图与图形符号

刀闸开关的结构通常由绝缘手柄、触刀、静插座、铰链支座和绝缘底板等所组成。触刀使用硬紫铜板材料，静插座及铰链支座多采用硬紫铜板或黄铜板制成，绝缘底板一般用酚醛玻璃布、环氧玻璃布或陶瓷材料制成，绝缘手柄用塑料压制而成。

当操作人员握住绝缘手柄转动并将触刀插到静插座内时就完成了接通操作。这时，由静插座、触刀和铰链支座形成了一个电流通路。当操作人员使触刀反方向转动，脱离静插座，电路就被切断。

使用刀闸开关时应注意，与具有完整的灭弧装置的低压断路器不同，刀闸开关一般没有灭弧装置，不允许用于大容量电路的接通和分断。即使用于小容量电路进行接通和分断，刀闸开关必须配合熔断器才能使用。

3. 组合开关

组合开关常用在机床的控制电路中作为电源的引入开关，或是小容量电动机直接启动、反转、调速和停止的控制开关等。组合开关用字母 Q 表示，图 5-22 为组合开关的实物图与图形符号。

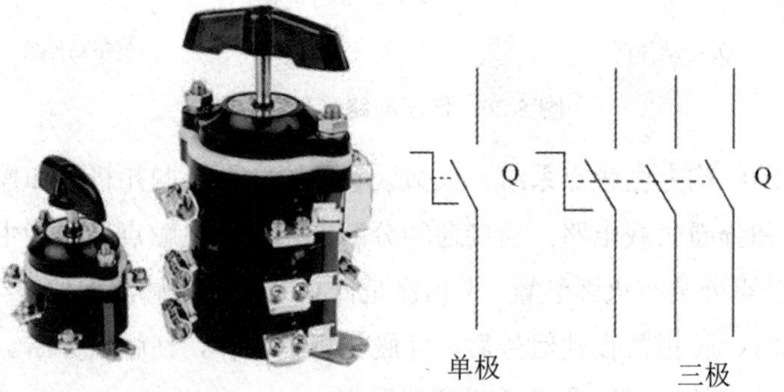

图 5-22　组合开关的实物图与图形符号

组合开关有单极、双极和多极等类型，其结构由动触片、静触片、转轴、手柄、凸轮、绝缘杆等部件组成。转动手柄时，每层的动触片随转轴一起转动，使动触片分别和静触片保持接通和分断。为了使组合开关在分断电流时迅速熄弧，在开关的转轴上装有弹簧，能使开关快速闭合和分断。

5.1.6　控制用主令电器

主令电器是用于接通或断开控制电路，以发出指令或用于程序控制的开关电器。主令电器通常用来控制接触器或其他元器件的接通和断开，常用主令电器有按钮开关、行程开关、指示灯和万能转换开关等，本小节主要对前两者进行介绍。

1. 按钮开关

（1）作用

按钮开关（简称按钮）是一种手动且可以自动复位的主令电器，其结构简单，控制方便，在低压控制电路中得到了广泛的应用。按钮在控制电路中发出启动或停止指令，可以远距离控制接触器、电磁启动器等电器线圈所在控制电路的接通或断开，进而控制主电路。

（2）结构原理

图 5-23 为复合按钮的实物图，按钮由按钮帽、复位弹簧、动触点、静触点、支柱连杆及外壳等部分组成。复合按钮的触点通常做成标准接触单元，每一接触单元由一组常闭（动断）触点和一组常开（动合）触点组成。静触点固定在带有接线柱的导电板处，导电板固定在绝缘支件上。

当按下按钮帽时，常闭触点先断开，按到最末端时常开触点才闭合；当松开按钮帽时，由于复位弹簧的作用，触点复位。

图 5-23　复合按钮的实物图

（3）按钮的种类及型号

按钮按用途和触点的结构划分，可分为常闭按钮（按钮只有一组常闭触点，通常用于停止按钮）、常开按钮（按钮只有一组常开触点，通常用于启动按钮）和复合按钮（常开常闭组合按钮）。

按结构划分，按钮可分为开启式、旋钮式、钥匙式和带指示灯式等。

按钮的型号说明可参考图 5-24。

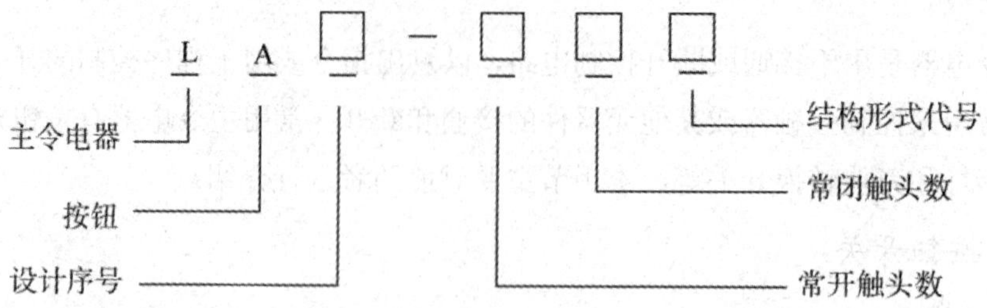

图 5-24　按钮的型号说明

（4）图形符号

按钮的图形符号见表 5-1。

表 5-1　按钮的图形符号

按钮种类	常开按钮	常闭按钮	复合按钮
结构示意	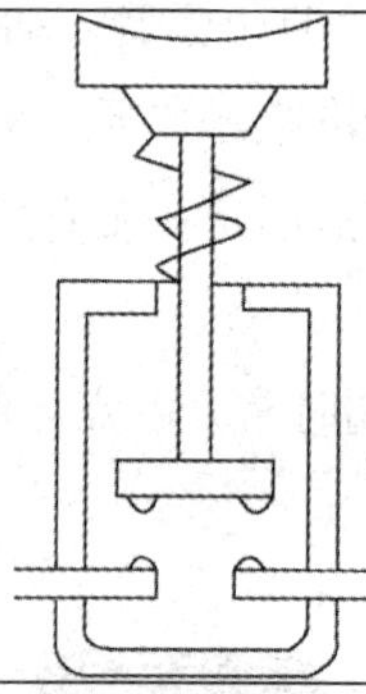	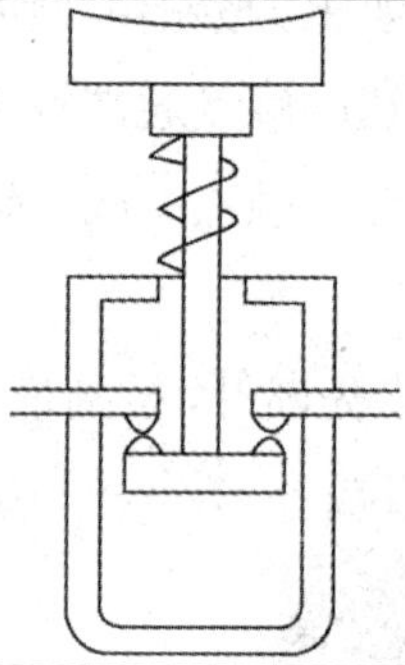	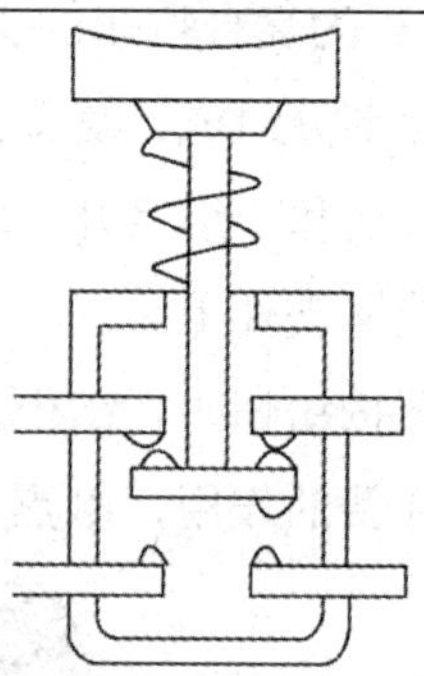
图形符号	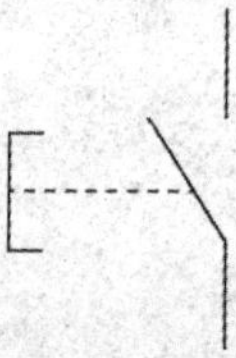 SB	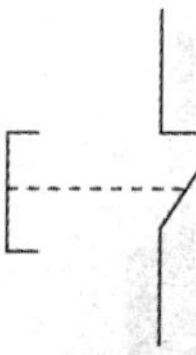 SB	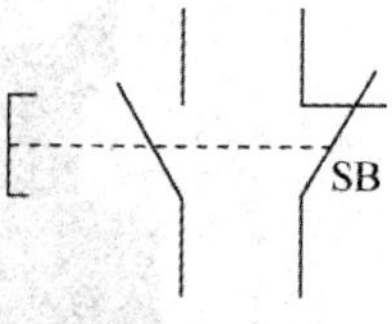 SB

（5）选用原则及使用注意事项

①根据使用场合和用途选择按钮种类，按钮必须有防护挡圈且挡圈高度应高于按钮帽，以防意外触动按钮帽导致误动作。按钮盒、按钮板为金属材质时必须良好接地。为了防止误操作，可选用钥匙式按钮。

②在选用按钮时，应根据控制回路的需要确定按钮及触点组数。

③在选择按钮颜色时，应该根据按钮的作用及工作情况选择按钮及指示灯颜色。如停止或急停按钮用红色，启动或接通按钮用绿色等。

④要经常清洁按钮触点上的油污或尘垢，防止触点间发生短路故障。接线时，要防止接线螺钉或线头相碰发生短路故障。

2. 行程开关

（1）行程开关的作用及原理

行程开关也称限位开关，是用来接通或断开行程控制电路的主令电器。

行程开关的原理与按钮相同，按钮的动作由人手实施，而行程开关则利用设备的机械运动部件的挡铁碰压使触点动作，把机械信号转换为电信号，对设备的运动机构的行程大小、运动方向或进行限位保护。因此，行程开关广泛应用在机床、起重机械设备中，用来控制行程、进行终端限位保护。如电梯利用行程开关控制轿门开关速度、自动开关门的限位和轿厢的上下限位保护。

（2）行程开关的结构与图形符号

行程开关由触点或微动开关、操作机构及外壳等部分组成，当设备的某些运动部件触动操作机构时，导致触点断开或闭合。实际应用中，常通过设计不同的滚轮和传动杆做成各种不同种类的行程开关，按结构可将其划分为直动式、滚轮式、微动式和组合式。行程开关的结构示意图如图 5-25 所示，行程开关的实物图如图 5-26 所示。

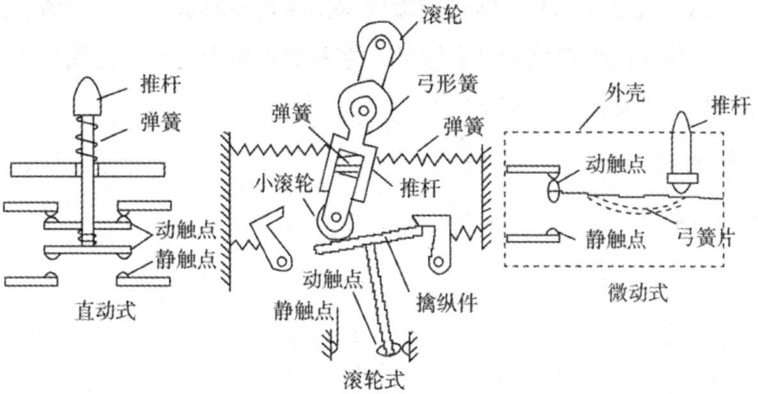

图 5-25 行程开关的结构示意图

图 5-26 行程开关的实物图

行程开关用字母 SQ 表示，图形符号如图 5-27 所示。

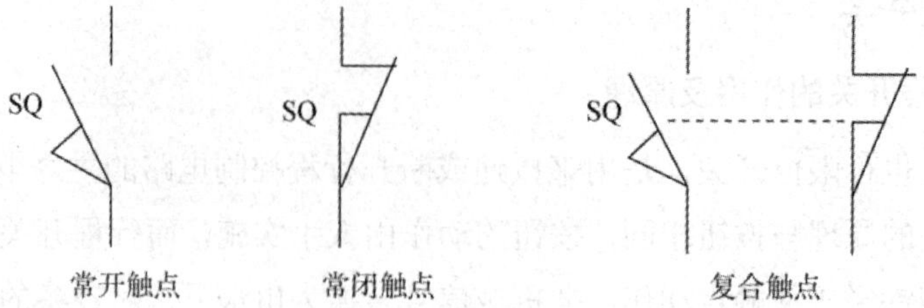

图 5-27　行程开关图形符号

5.1.7　熔断器

熔断器也称保险丝，被广泛应用于低压配电系统和控制系统中，起短路保护或过载保护作用。

1. 熔断器的原理

熔断器一般由熔体（或熔丝）和安装熔体的熔管（或熔座）组成。熔体用低熔点的铅锡合金制作成金属丝或金属薄片，熔管用陶瓷等绝缘材料制成。当熔体流过的电流大于其熔断电流值时，熔体熔断使电路断开。因此，熔断器本质上是一种短路保护器，对电路中设备进行短路保护或严重过载保护。

2. 熔断器的符号

熔断器用字母 FU 表示，其图形符号如图 5-28 所示 。

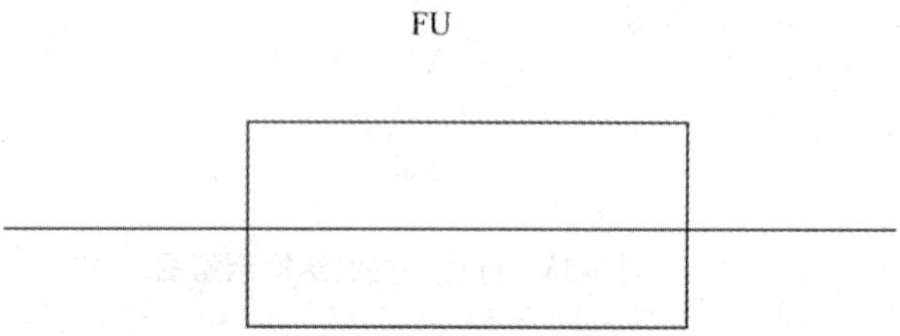

图 5-28　熔断器图形符号

3. 常用熔断器种类

（1）瓷插式熔断器

瓷插式熔断器常用于 380 V 以下小容量电路中。这种熔断器由瓷座、瓷盖、动触头、静触头及熔丝五部分组成，其实物图如图 5-29 所示。

瓷插式熔断器的优点是结构较简单、价格便宜、容易更换，使用时将瓷盖插入底座即可。其缺点是分断能力较差，结构封闭性差，严禁在易燃易爆场合使用。

图 5-29　瓷插式熔断器的实物图

（2）**螺旋式熔断器**

螺旋式熔断器由熔管、瓷帽、瓷套、装有上接线端子及下接线端子的瓷座等组成，其结构和实物图如图 5-30 所示。熔管内装有熔丝并填充着石英砂。当发生过载或短路时，熔体熔断，带色标的指示头弹出，巡查时易于察觉。

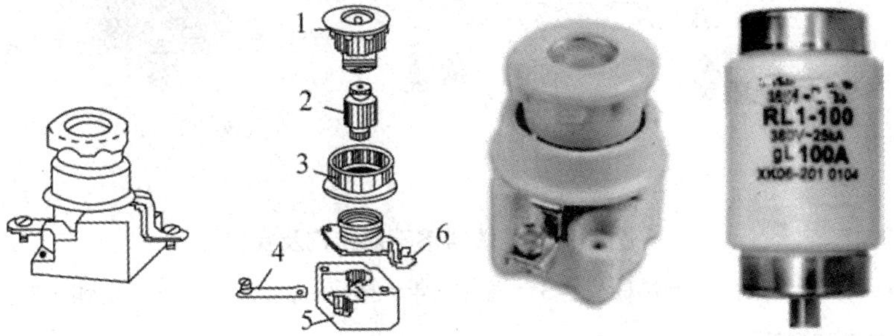

图 5-30　螺旋式熔断器结构及实物图

1—瓷帽；2—熔管；3—瓷套；4—下接线端子；5—瓷底座；6—上接线端子

螺旋式熔断器的特点是结构紧凑，体积小，更换熔体方便，分断能力较高，熔丝熔断后有明显指示。这种熔断器常用于控制箱、配电柜、机床设备中，也在低压交流的电路中用作短路保护器件，实际应用中常见型号有 RL1 系列等。

在安装螺旋式熔断器时，必须遵守低进高出原则，电源进线必须接到瓷底座的下部接线端子，连接到电气设备的导线必须接到金属螺旋壳的上部接线端子，确保安全。

（3）**封闭式熔断器**

封闭式熔断器可分为有填料熔断器和无填料熔断器两种。

有填料熔断器一般为方形瓷管，内装石英砂及熔体，分断能力强，常用于电压 500 V 以下等级及电流 1 kA 以下的电路中。有填料熔断器结构及实物图如图 5-31 所示。

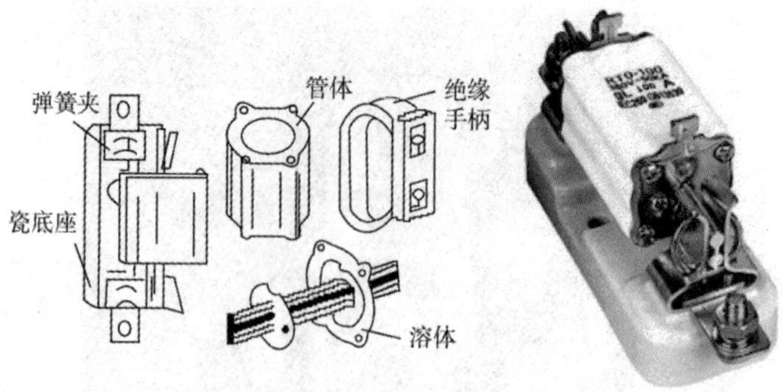

图 5-31　有填料熔断器结构及实物图

无填料熔断器把熔体装入密闭式圆筒中，分断能力稍低，常用于电压 500 V 以下及电流 600 A 以下电路中。无填料熔断器结构及实物图如图 5-32 所示。

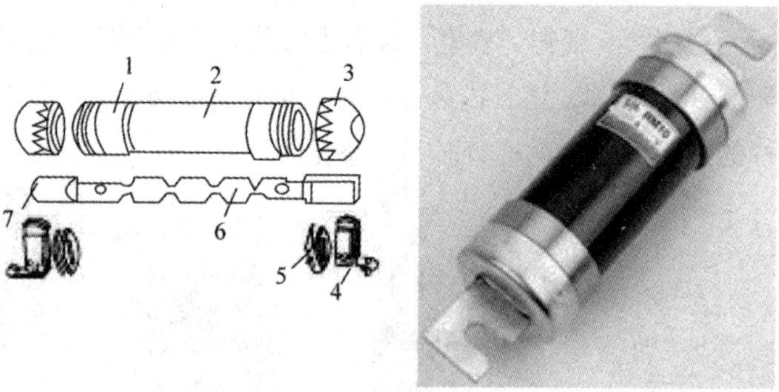

图 5-32　无填料熔断器结构及实物图

1—铜圈；2—熔断管；3—管帽；4—插座；5—垫圈；6—熔体；7—熔片

（4）玻管熔断器

玻管熔断器由包头、玻璃管、熔丝组成，常用于仪器仪表（如万用表）和家用电器中。图 5-33 所示为玻管熔断器的实物图。

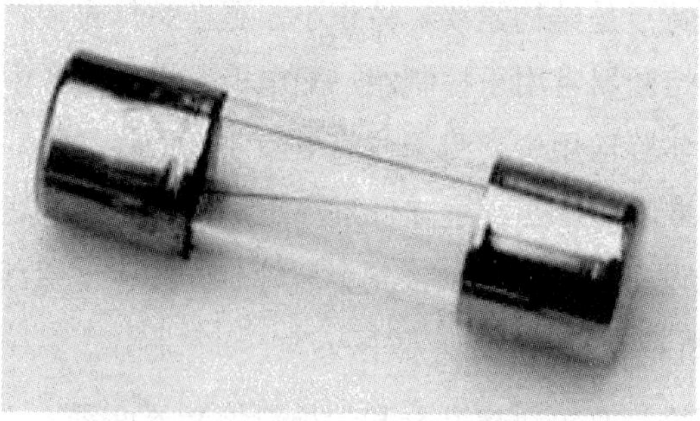

图 5-33　玻管熔断器的实物图

（5）快速熔断器

快速熔断器常用于半导体整流元件或整流装置的短路保护。快速熔断器短路保护具有快速熔断的能力，适合在极短时间内承受较大过载电流的半导体元件。

快速熔断器的结构和有填料熔断器基本相同，但是熔体材料不同。

4. 熔断器的选用

在选用熔断器时，可参考以下步骤。

第一步，选择熔断器种类。对于照明线路可选用瓷插式熔断器，对于电动机保护电路可选用螺旋式熔断器，保护晶闸管器件应用快速熔断器。

第二步，选择熔断器额定电压。熔断器的额定电压应大于或等于设备或电路的额定电压。

第三步，选择熔断器额定电流。熔断器的额定电流应大于或等于所安装的熔体的额定电流。熔体额定电流应考虑负载的情况。对于照明、电热等电流较平稳的负载设备，安装在线路上总熔断器熔体的额定电流等于线路额定电流的 0.9 到 1.0 倍；安装在支路上熔断器熔体的额定电流等于该支路总负载额定电流和的 1 到 1.1 倍。对于启动时间短的单台交流电动机线路熔断器熔体的额定电流等于该电动机额定电流的 1.5 到 2 倍。对于启动时间较长或频繁启动的单台交流电动机线路上熔断器熔体的额定电流等于该电动机的额定电流的 3 到 3.5 倍。对于多台并联交流电动机线路，线路上熔断器熔体的额定电流等于功率最大的电动机额定电流的 1.5～2.5 倍与其他电动机额定电流之和。

更换熔体（或熔丝）时必须先切断电源，更换相同规格的熔体，严禁以铜线等不符合要求材料充当熔体。

5.2　电工常用材料

5.2.1　电力导线

电力导线（简称导线）主要用于连接电路设备、元器件，并传导电流。

1. 电力导线分类

电力导线可按所用导体材料、绝缘材料等进行分类。

按导体材料划分，电力导线材料有铜、铝、钢等种类。铜的导电性能好，耐腐蚀，且具有很高的可锻性和延展性。硬铜机械强度较高，加工后可制成硬母线等；软铜常用作电线、电缆的线芯。铝的导电性能仅次于铜，纯铝加入其他元素后可克服在空气中易氧化的缺点。硬铝常用于制作硬母线和电缆芯等，软铝通常用于制作电线芯。钢具有高机械强度，但导电性能较差和容易腐蚀。钢常用于加工接地线。

按绝缘材料划分，电力导线可分为裸导线、带绝缘层带护套导线等。图 5-34 为裸导线与带绝缘层带护套导线的实物图。

图 5-34　裸导线与带绝缘层带护套导线的实物图

裸导线指不带绝缘层的导线，具有较好的耐氧化和耐腐蚀性能。裸导线可分为裸单线与裸绞线，主要用铜、铝或钢制成，如 LJ 铝绞线、LGJ 钢芯铝绞线和 TRJ 软铜绞线等。

带绝缘层带护套导线作为电力线缆广泛应用于企业设备和日常生活中，这种电力导线结构上通常由线芯、绝缘层和防护层组成，特殊种类还有屏蔽层、加强芯等。这种导线的线芯可以是实芯单线或多芯绞线，护套材料常采用橡胶、塑料或玻璃纤维等。

常用的布线类电线可参考表 5-2。

表 5-2　常用的布线类电线

型号	名称	使用场合	型号	名称	使用场合
BV	铜芯聚氯乙烯塑料绝缘线	户内明敷或穿管敷设	BVR	铜芯聚氯乙烯塑料绝缘软线	软线常用于要求柔软电线场所，可进行明敷或穿管敷设
BLV	铝芯聚氯乙烯塑料绝缘线		BVS	铜芯聚氯乙烯塑料绝缘双绞软线	
BX	铜芯橡胶绝缘线		RVB	铜芯聚氯乙烯塑料绝缘平行软线	
BLX	铝芯橡胶绝缘线		BBX	铜芯橡胶绝缘玻璃丝编织线	
BVV	铜芯聚氯乙烯塑料绝缘护套线		BBLX	铝芯橡胶绝缘玻璃丝编织线	
BLVV	铝芯聚氯乙烯塑料绝缘护套线				

常用的低压导线（电线）的命名方法如下：首先是电线的分类和用途，用于分布电流的属于布电线类，用字母 B 表示；其次是导体材料，布电线类中铜芯导体省略表示，用 L 表示铝芯导体；然后是绝缘材料，聚氯乙烯用字母 V 表示；还要反映导线的护套材料，护套材料为聚氯乙烯用字母 V 表示，橡胶用字母 X 表示，没有护套则省略。例如，BVV 表

示铜芯聚氯乙烯绝缘聚氯乙烯护套圆型电线。

2. 导线的选型

在为设备或电路选择导线时，首先需要根据使用场合选取合适的导线种类型号，然后计算导线中需要承载的电流（载流量），根据载流量选择导线的截面积，并进行机械强度和电压损失校验。导线额定载流量指导线能够承受的长期流过的负荷电流和瞬间短路电流。导线额定载流量应不小于所连接负载的计算负荷电流，即 $I_n \geqslant \sum I$（计算负荷电流）。

可参考表 5-3 计算导线载流量。

表 5-3　导线载流量计算

负荷性质	设备举例	电流计算公式
单相纯电阻负载	白炽灯、电热毯、电饭煲等	$I=\dfrac{P}{U}$
单相含电感负载	日光灯、电风扇、空调	$I=\dfrac{P}{U\cos\phi}$
三相纯电阻负载	三相加热器	$I=\dfrac{P}{\sqrt{3}U_L}$
三相含电感负载	三相电动机、三相变压器等	$I=\dfrac{P}{\sqrt{3}U_L\cos\phi}$

计算出导线载流量后，可查阅电工手册等资料选择导线的截面积。选择导线截面积时应考虑运行中出现的过载或日后扩容等因素，选取的截面积应比理论计算截面积大一些。表 5-4 为某企业生产的导线截面积与载流量关系，计算时可作为参考。

表 5-4　某企业生产的导线截面积与载流量关系

导线截面/mm^2	导线明敷		橡皮绝缘导线穿在同一塑料管内			塑料绝缘导线穿在同一塑料管内		
	橡皮	塑料	2 根	3 根	4 根	2 根	3 根	4 根
1.0	21	19	13	12	11	12	11	10
1.5	27	24	17	16	14	16	15	13
2.5	35	32	25	22	20	24	21	19
4	50	42	33	30	26	31	28	25
6	58	55	43	38	34	41	36	32

表 5-4（续）

导线截面/mm²	导线明敷		橡皮绝缘导线穿在同一塑料管内			塑料绝缘导线穿在同一塑料管内		
	橡皮	塑料	2 根	3 根	4 根	2 根	3 根	4 根
10	85	75	59	52	46	56	49	44
16	110	105	76	68	64	72	65	57
25	145	138	100	90	80	95	85	75
35	180	170	125	110	98	120	105	93
50	230	215	160	140	123	150	132	117
70	285	265	195	175	155	185	167	148
95	345	325	240	215	195	230	205	185
120	400	—	278	250	227	—	—	—
150	470	—	320	290	265	—	—	—

在根据导线载流量选定导线截面积后，还应对导线的机械强度和电压损失进行校验。导线线芯最小截面积应满足机械强度的要求，可参考表 5-5 进行校验。

表 5-5　满足机械强度要求的导线线芯最小截面积

用途		线芯的最小面积/mm²		
		铜芯软线	铜线	铝线
穿管敷设的绝缘导线		1.0	1.0	1.0
架设在绝缘支架上的绝缘导线，支点间距	1 m 以下，室内		1.0	1.5
	1 m 以下，室外		1.5	2.5
	2 m 以下，室内		1.0	2.5
	2 m 以下，室外		1.5	2.5
	6 m 以下		2.5	4.0
	12 m 以下		2.5	6.0
	12 m～25 m		4.0	10
照明灯具线	民用建筑室内	0.4	0.5	1.5
	工业建筑室内	0.5	0.8	2.5
	室外	1.0	1.0	2.5
移动式用电设备导线		1.0		
架空裸导线			10	16

如果线路电压损失超过允许值，会影响设备的正常运行。为了保证线路电压损失在允许值的范围内，应确保导线截面积足够。实际应用中，常用 ΔU 与额定电压 U_N 的百分比来表示相对电压损失，即

$$\Delta U\%=[(U_1-U_2)/U_N]\times 100\%$$

线路电压损失与导线材料、导线截面积、线路长度和电流有关，线路越长，负荷越大，线路电压损失也越大。实际应用中，相对电压损失计算公式为

$$\Delta U\%=PL/CS\%$$

如果某系统给定允许电压损失为 $\Delta U\%$，那么可以计算该系统的的导线最小截面积为

$$S=(PL/C\Delta U\%)\%$$

其中，PL 为负荷矩，单位 kW・m；P 为线路输送的电功率，单位 kW；L 为线路长度（指单程距离），单位 m；$\Delta U\%$为允许电压损失；S 为导线截面积，单位 mm^2；C 为电压损失计算常数。

电压损失计算常数 C 如表 5-6 所示。

表 5-6　电压损失计算常数 C

线路系数及电流种类	线路额定电压/V	系数 C 值	
		铜线	铝线
三相四线制	380/220	77	46.3
单相交流或直流	220	12.8	7.75
	110	3.2	1.9

【例 5-1】已知某车间有三相异步电动机（铭牌功率 5.5 kW，功率因数为 0.8）和三相电加热炉（铭牌功率为 20 kW）两种设备，这两台设备需要使用 BVV 导线进行连接，三条导线穿在同一根管内敷设，忽略线路电压损失。请给电动机和加热炉选择导线。

【解】三相异步电动机电流：

$$I_1=\frac{P}{\sqrt{3}U_L\cos\phi}=\frac{5\,500}{\sqrt{3}\times 380\times 0.8}=10.45\ \text{A}$$

三相电加热炉电流：

$$I_2=\frac{P}{\sqrt{3}U_L\cos\phi}=\frac{20\,000}{\sqrt{3}\times 380\times 1}=30.39\ \text{A}$$

查手册，三相异步电动机选取截面积为 2.5 mm^2的导线、三相电加热炉选取截面积为 6 mm^2的导线。进行机械强度校验，这两种导线均能满足要求。

3. 导线连接

在导线连接时应确保连接牢固、电阻小、机械强度高、耐腐蚀耐氧化、电气绝缘性能好。由于电路中需要连接的导线种类不同，因此连接方法可能不同。常用的连接方法有绞接、压接、焊接等。在进行导线连接前，剥削导线连接部绝缘层时应注意不可损伤芯线。

（1）绞接

绞合连接又称绞接，指把需连接导线的芯线直接紧密绞合在一起。实际应用中，铜导线连接常用绞接方式进行。

①单股导线连接

对于小截面单股导线连接，可以采用图 5-35 所示的绞接方法，首先将两导线的芯线线头做 X 形交叉后相互缠绕 2～3 圈，扳直线头，把每个线头在另一芯线上紧贴绕 5～6 圈后，剪去多余线头。

对于大截面单股导线连接，可以采用图 5-36 所示的绞接方法，在两导线的芯线重叠处填入一根相同直径的芯线后，再用一根截面积约 1.5 mm^2 的裸铜线在上面紧密缠绕，缠绕长度为导线直径的 10 倍左右，然后把被连接导线的芯线线头折回，再用裸铜线继续缠绕 5～6 圈，然后剪去多余线头。

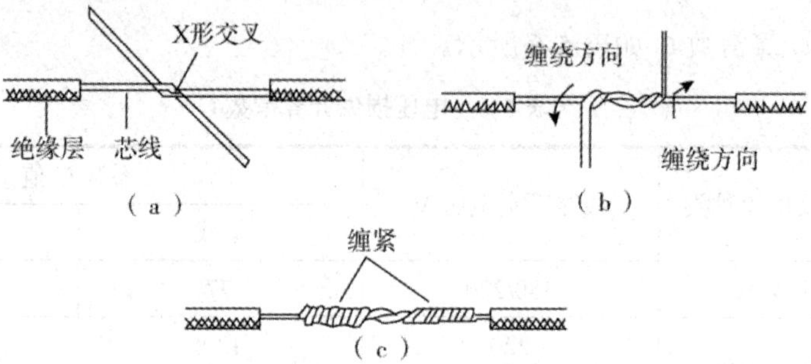

图 5-35　单股小截面导线绞接

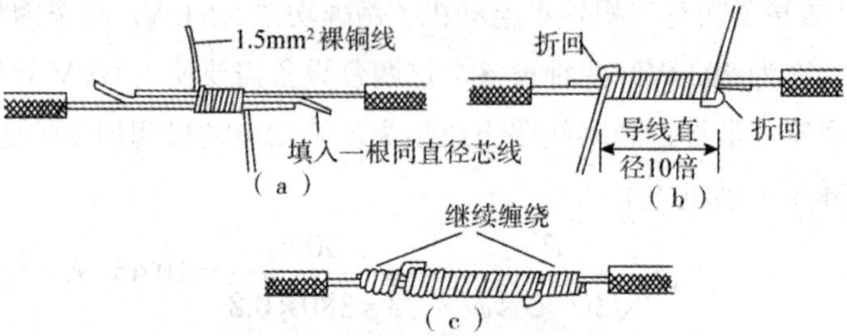

图 5-36　单股大截面导线绞接

对于不同截面单股导线，可以采用图 5-37 所示的绞接方法，先将细导线的芯线在粗导线的芯线上紧密缠绕 5～6 圈，然后将粗导线芯线的线头折回紧压在缠绕层上，再用细导线芯线在其上继续缠绕 3～4 圈，然后剪去多余线头即可。

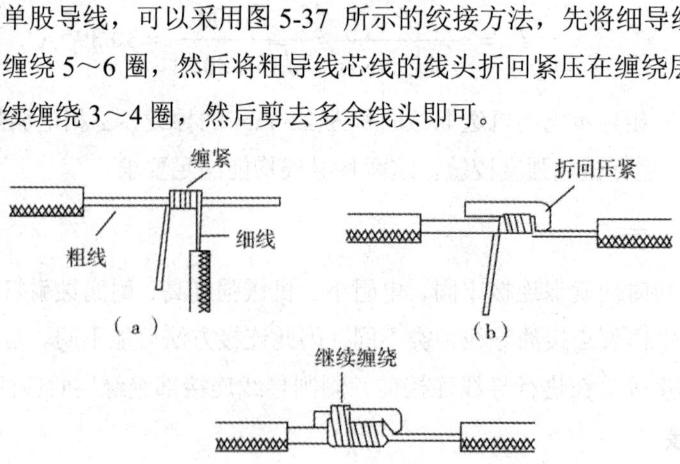

图 5-37　不同截面单股单股导线绞接

②单股导线的分支连接

对于单股导线的 T 字分支连接，可以采用图 5-38 所示的绞接方法，把支路芯线的线头紧密缠绕在干路芯线上 5～8 圈，然后剪去多余线头。对于较小截面的芯线，可先把支路导线芯线线头在干路芯线上打环绕结，然后紧密缠绕 5～8 圈，剪去多余线头。

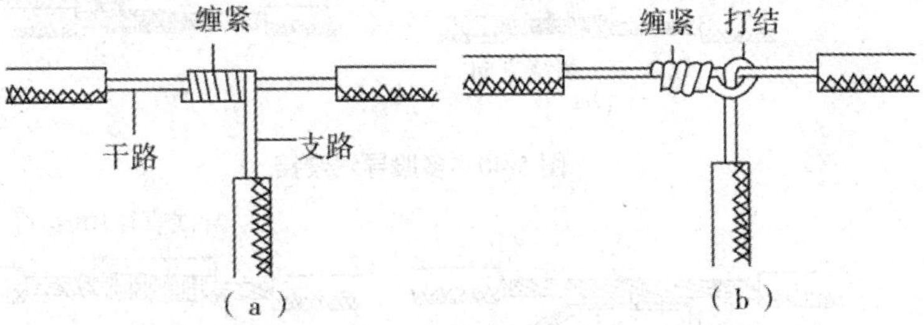

图 5-38　单股导线 T 字绞接

对于单股导线的十字分支连接，可以采用图 5-39 所示的绞接方法，把上、下支路芯线的线头紧密缠绕在干路芯线上 5～8 圈，然后剪去多余线头。连接时，可以将上下支路芯线的线头向一个方向缠绕，也可以向左右两个方向缠绕。

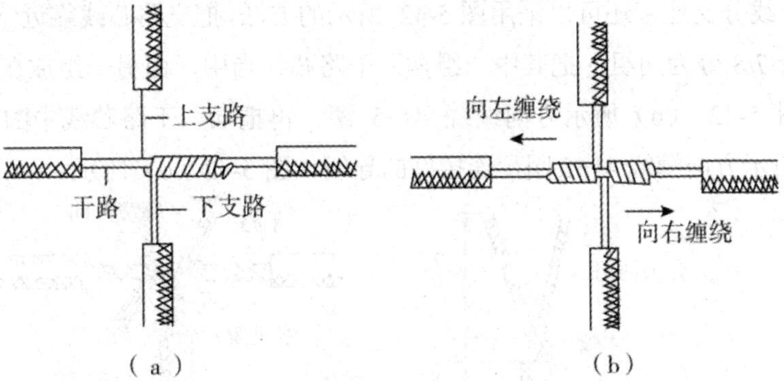

图 5-39　单股导线十字绞接

③多股导线直接连接

对于多股导线的直接连接时，可以采用图 5-40 所示的绞接方法，首先把剥去绝缘层的多股芯线拉直，将芯线靠近绝缘层约 1/3 绞合拧紧，把其余芯线 2/3 成伞状散开，接着将两伞状芯线相对互相插入后捏平芯线，然后将每边芯线线头分 3 组，先把某边的第 1 组线头翘起并紧密缠绕在芯线上，再把第 2 组线头翘起并紧密缠绕在芯线上，最后把第 3 组线头翘起并紧密缠绕在芯线上。完成一边后，用同样方法缠绕另一边。

④多股导线分支连接

对于多股导线的分支连接，可以采用图 5-41 所示的方法，把支路芯线折弯 90°后与干路芯线并行，然后把线头折回后紧密缠绕在芯线上。

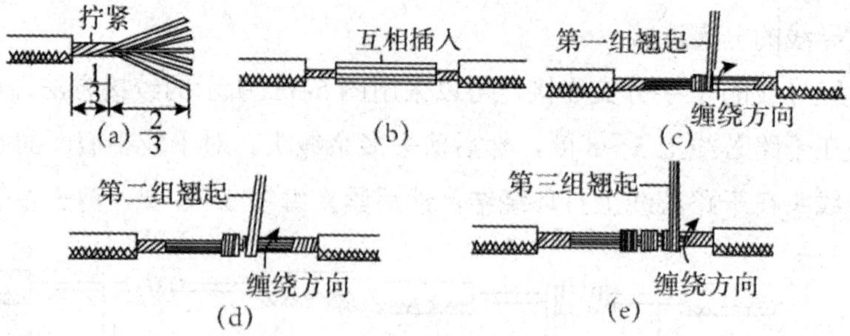

图 5-40　多股导线绞接

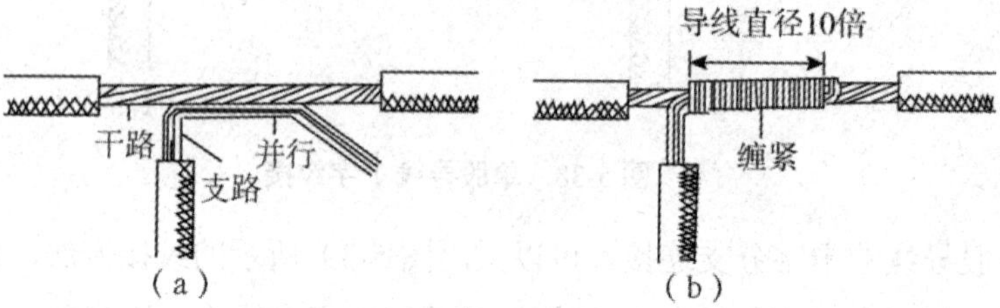

图 5-41　多股导线支连分接一

多股导线分支连接还可以采用图 5-42 所示的方法，把支路芯线靠近绝缘层约 1/8 绞合拧紧，其余 7/8 分为两组，把其中一组插入干路芯线当中，而另一组放在干路芯线前面并朝右边按图 5-42 （b）所示方向缠绕 4～5 圈，再把插入干路芯线中的一组朝左边按图 5-42（c）所示方向缠绕 4～5 圈，连接好的导线如图 5-42（d）所示。

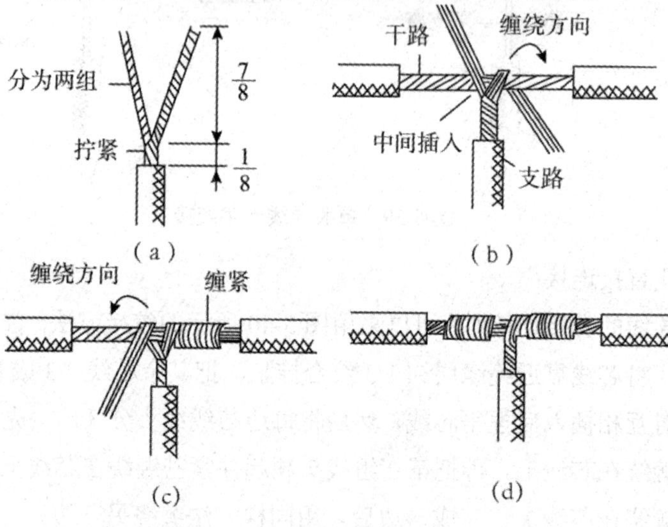

图 5-42　多股导线分支连接二

⑤单股导线与多股导线连接

对于单股导线与多股导线的连接，可以采用图 5-43 所示的方法，先将多股导线的芯线绞合拧紧成单股状，再将其紧密缠绕在单股导线的芯线上 5～8 圈，最后将单股导线的芯线线头折回并压紧在缠绕部位即可。

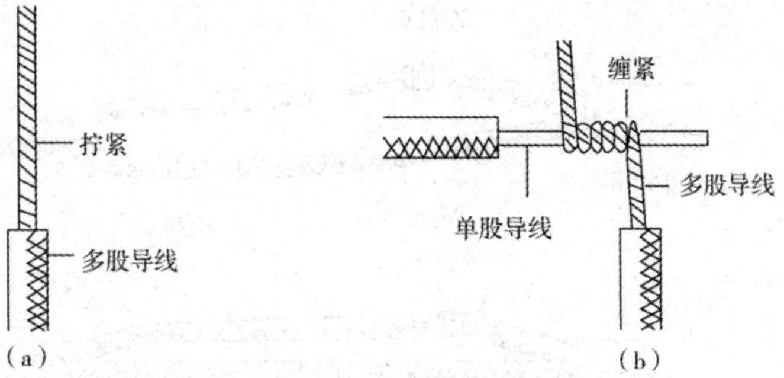

图 5-43 单股导线与多股导线连接

⑥同方向导线连接

对于同方向导线连接，可以采用图 5-44 所示的方法：对于同方向的全部都是单股导线的情况，把其中一根导线的芯线紧密缠绕在其他导线的芯线上，再把其余芯线的线头折回压紧；对于同方向的全部都是多股导线的情况，把导线的芯线互相交叉后绞合拧紧；对于同方向的单股导线与多股导线的连接，把多股导线的芯线紧密缠绕在单股导线的芯线上，再把单股导线的芯线的线头折回压紧。

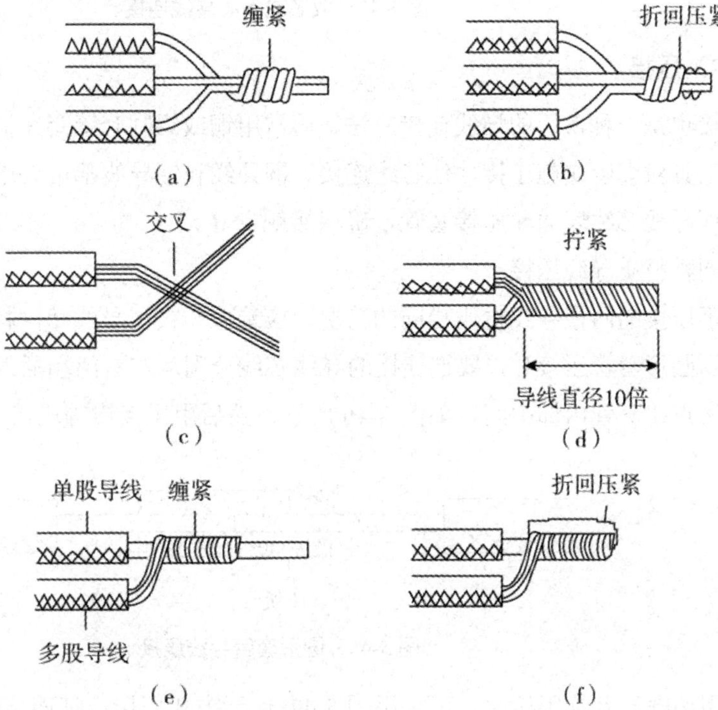

图 5-44 同方向导线连接

⑦双芯或多芯导线连接

对于双芯或多芯导线连接，可以采用图 5-45 所示的方法，连接时尽可能把各芯线的连接点位置错开，防止发生短路。图 5-45（a）所示为双芯护套导线连接，图 5-45（b）所示为三芯护套导线连接，图 5-45（c）所示为四芯导线连接。

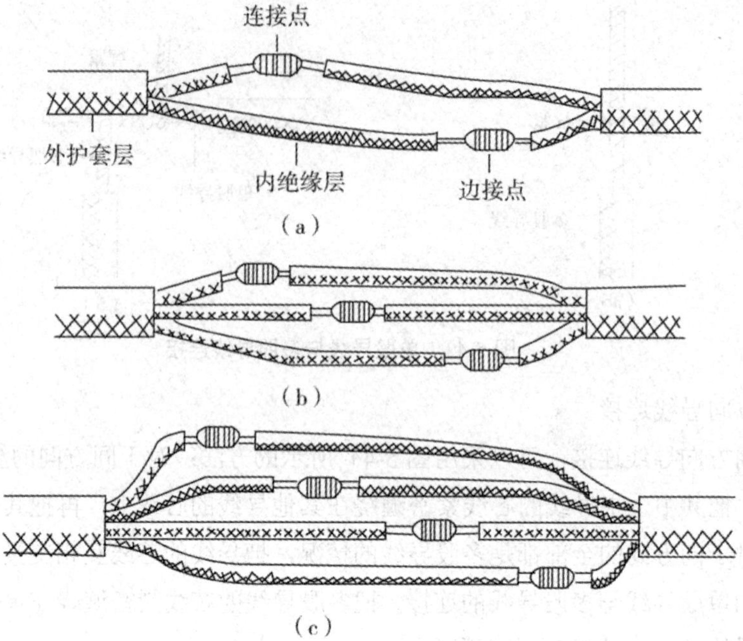

（a）

（b）

（c）

图 5-45　双芯或多芯导线连接

（2）压接

压接也是一种常用的导线连接方法，通常用铜或铝制套管套在被连接的芯线上，用压接钳等工具对套管实施压接，使芯线连接。铜导线和铝导线都可采用压接方式连接，压接前要清理导线芯线表面和压接套管，确保接触良好。

①同种材质导线压接

对于压接的两根导线材质相同的情况，应选取与被压导线相同材质的压接套管。

采用圆形套管压接时，要把连接的导线芯线分别从左右两端插入套管，使两根芯线的线头连接点在套管内部中间，如图 5-46 所示，然后用压接钳等压接工具压紧套管。

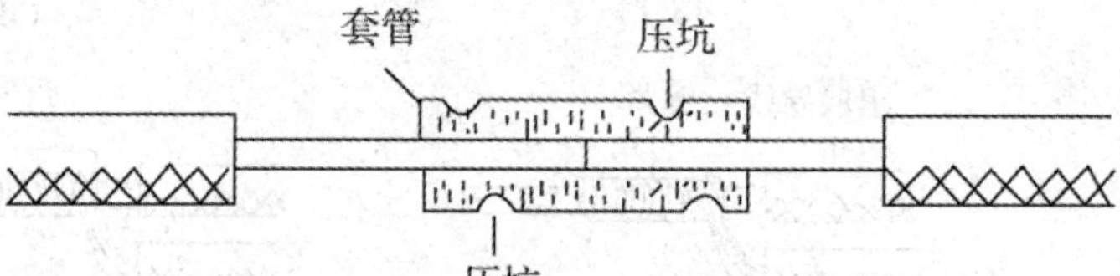

图 5-46　圆形套管导线压接

采用椭圆形套管压接时，可采用图 5-47 所示方式压接：把连接的导线芯线从套管两端插入并穿出，如图 5-47（a）所示，然后压紧套管，如图 5-47（b）所示。椭圆形套管还可用于同方向导线的压接，如图 5-47（c）所示。也可用于导线 T 字分支压接或十字分支压接，如图 5-47（d）、图 5-47（e）所示）。

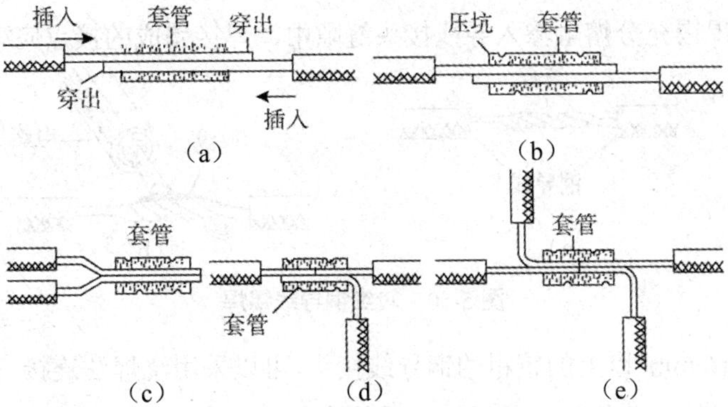

图 5-47　椭圆形套管导线压接

（2）不同材质导线压接

对于压接不同材质导线的情况，当需要压接铜导线与铝导线时，为了防止电腐蚀，可采取以下两种方式。

第一种方法是采用铜铝连接套管压接，如图 5-48 所示。铜铝连接套管由不同材质制成，一端是铜质而另一端是铝质，使用时将把铜导线的芯线插入套管的铜端、铝导线的芯线插入套管的铝端后，用压接钳等压接工具压紧套管。

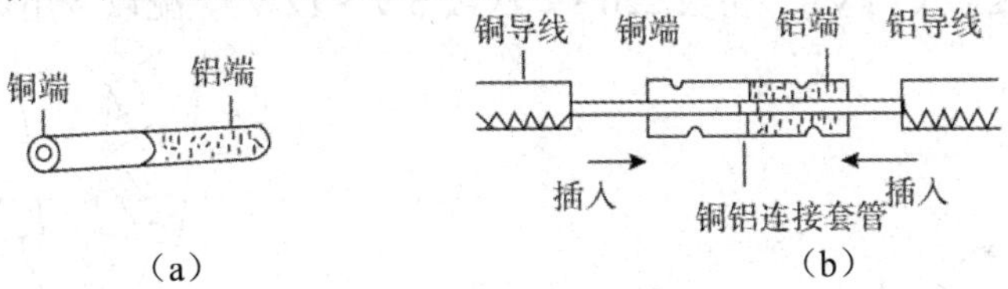

图 5-48　铜铝连接套管压接

另一种方法是把铜导线镀锡后采用铝套管连接，如图 5-49 所示，首先在铜导线的芯线上镀一层锡，把镀锡后的铜芯线插入铝套管一端，铝导线的芯线插入套管的另一端，然后用压接钳等压接工具压紧套管。

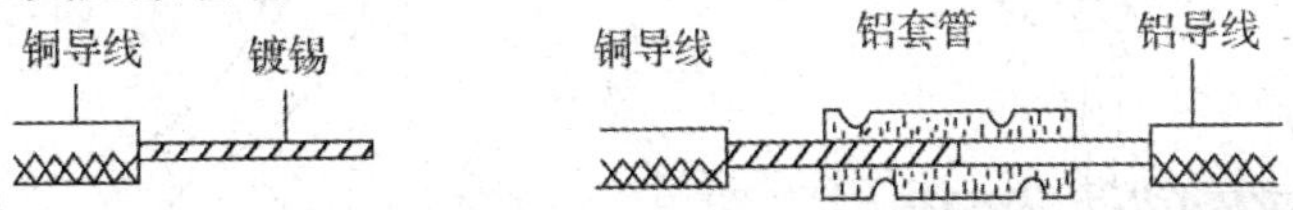

图 5-49　镀锡导线铝套管压接

（3）焊接

焊接也是常用的导线连接方法。焊接是把金属（焊锡等焊料或导线本身）熔化融合而使导线连接。电工实际应用中，导线连接的焊接方法有锡焊、电阻焊、电弧焊、气焊、钎焊等。

①铜导线焊接

对连接较细的铜导线接头实施焊接时，可以使用大功率的电烙铁（如 150 W 以上）进行焊接。焊接前应先清除铜芯线接头部位的氧化层等杂质。为提高连接可靠性和机械强度，焊接前把连接的两根芯线绞合并涂上无酸助焊剂，然后用电烙铁进行焊接，如图 5-50 所示。

焊接中注意应使焊锡充分熔融渗入导线接头缝隙中，焊接完成的接点应牢固光滑。

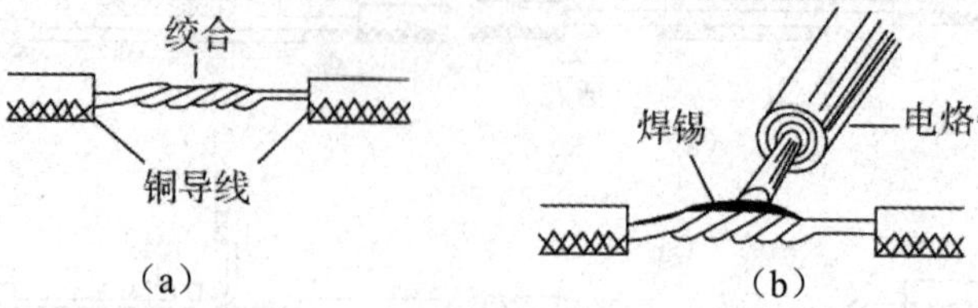

图 5-50　较细铜导线锡焊

对于截面积 16 mm^2 以上的较粗的铜导线接头，可以采用浇焊法连接，如图 5-51 所示。浇焊前清除铜芯线接头部位的氧化层等杂质并涂上无酸助焊剂，把连接的线头绞合；把焊锡放在化锡锅内加热熔化，当焊锡熔化后表面呈磷黄色时，锡液温度已符合要求，这时可进行浇焊；浇焊时将导线接头放置在化锡锅上方，用耐高温勺子盛上锡液从导线接头上面浇下，反复浇焊，直至完全焊牢为止。浇焊的接头表面也应光洁平滑。

②铝导线焊接

对于铝导线接头的焊接，通常采用电阻焊或气焊。电阻焊利用低电压大电流通过铝导线的连接处时接触电阻产生的高温高热将导线的铝芯线熔接，如图 5-52 所示。电阻焊应使用特殊的降压变压器（1 kVA、初级 220 V、次级 6 V～12 V），配以专用焊钳和碳棒电极。

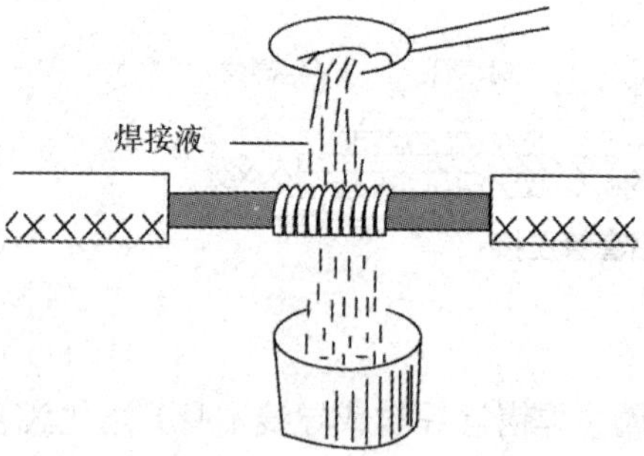

图 5-51　较粗铜导线浇焊

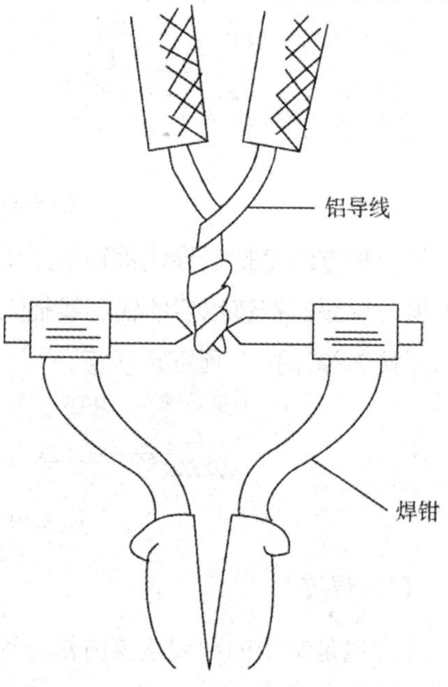

图 5-52　铝导线电阻焊

气焊利用气焊枪的高温火焰将铝芯线的连接点加热，使连接处铝芯线相互熔融连接。实施气焊前，要把待连接的铝芯线绞合或用铝丝（或铁丝）绑扎固定，如图 5-53 所示。

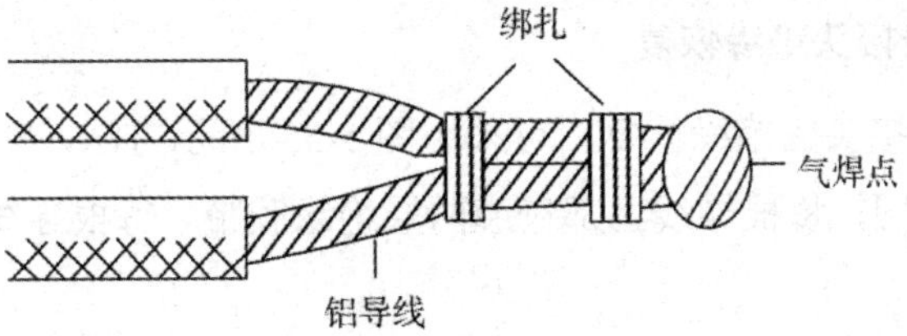

图 5-53　铝导线气焊

4. 导线绝缘恢复

导线连接处进行连接时，导线的绝缘层被去除。导线连接完成后，必须对所有绝缘层被去除的部位进行绝缘恢复。绝缘恢复的原则是恢复后的绝缘强度应不低于导线原有的绝缘强度。

导线连接处的绝缘恢复通常采用绝缘带进行缠裹包扎，电工常用的绝缘带有黄蜡带、涤纶薄膜带、黑胶布带、塑料胶带、橡胶胶带等。

（1）直线导线接头绝缘恢复

对于直线接头的导线绝缘恢复，可参考图 5-54 所示方法，首先包缠一层黄蜡带，然后包缠一层黑胶布带。黄蜡带从接头左边绝缘完好的绝缘层上开始包缠，包缠两圈后进入剥除了绝缘层的芯线部分。包缠时每圈压叠带宽的 1/2，直至包缠到距接头右边两圈距离的完好绝缘层处。然后，将黑胶布带接在黄蜡带的尾端，按另一斜叠方向从右向左包缠，保持每圈压叠带宽的 1/2，直至将黄蜡带完全包缠住。包缠过程中应拉紧胶带，不可稀疏和露出芯线，以确保绝缘恢复质量。对于 220 V 线路，可不用黄蜡带而只用黑胶布带或塑料胶带包缠两层。对于潮湿场所使用导线的绝缘恢复，应使用聚氯乙烯绝缘胶带或涤纶绝缘胶带。

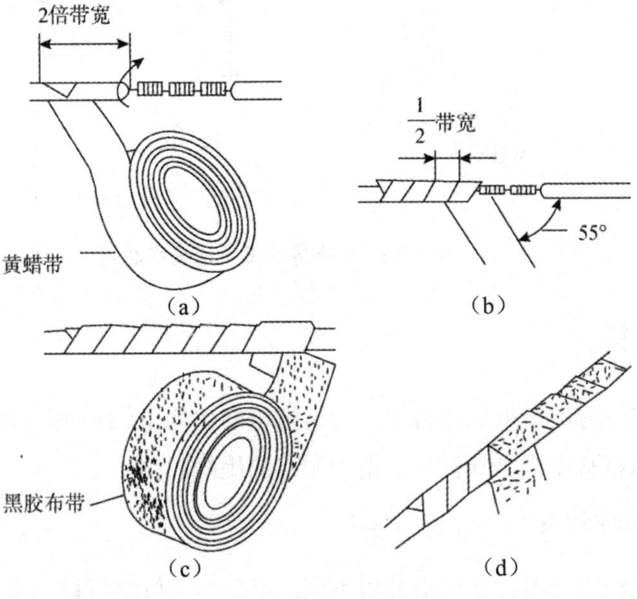

图 5-54　直线导线接头绝缘恢复

（2）T 字导线接头绝缘恢复

对于 T 字导线接头的绝缘恢复，可采用图 5-55 所示方法，T 字接头的包缠方向如图所示，走 T 字形来回，每根导线上都包缠两层绝缘胶带，每根导线都应包缠到绝缘层的两倍胶带宽度。

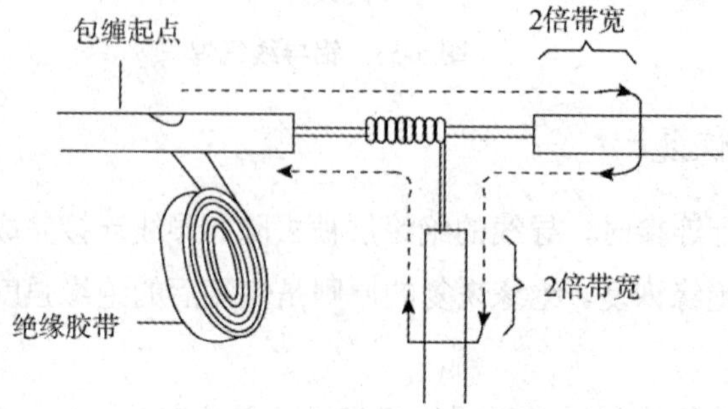

图 5-55　T 字导线接头绝缘恢复

（3）十字导线接头绝缘恢复

对于十字导线接头的绝缘恢复，可采用图 5-56 所示方法，十字接头的包缠方向如图所示，走十字形来回，每根导线上都包缠两层绝缘胶带，每根导线都应包缠到绝缘层的两倍胶带宽度处。

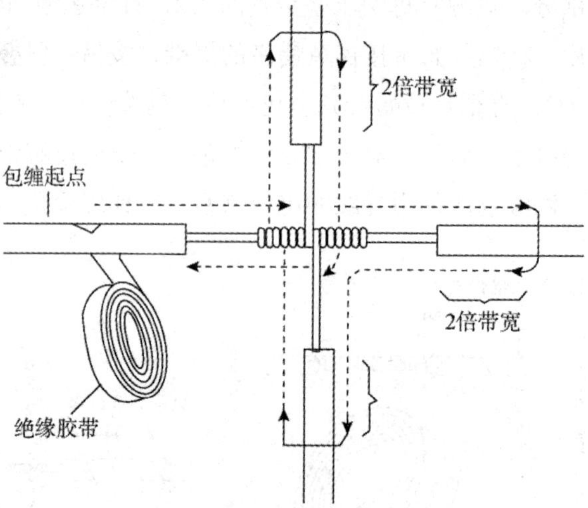

图 5-56　十字导线接头绝缘恢复

5.2.2　绝缘材料

绝缘材料广泛应用于电气设备中，通常把电阻率为 $10^9\ \Omega\cdot m \sim 10^{22}\ \Omega\cdot m$ 的材料称为绝缘材料。绝缘材料用于电气设备、电力导线的绝缘。

1．绝缘材料种类

电工常用的绝缘材料按其化学性质不同，可分为无机绝缘材料、有机绝缘材料和混合绝缘材料。电工操作中常见的绝缘材料主要有电工橡胶、电工塑料等。

（1）电工橡胶

天然橡胶和合成橡胶都可作为电工用橡胶。天然橡胶的优点是具有良好的电气性能、力学性能、回弹性和加工性能；缺点是易燃烧、老化，不耐油和不耐有机溶剂。因此，天然橡胶主要用作柔软性、弯曲性和弹性要求较高的电线电缆绝缘和护层材料。应用于电工中的合成橡胶有丁苯橡胶、乙丙橡胶、丁基橡胶、氯丁橡胶、丁腈橡胶、硅橡胶、氟橡胶等，主要用作电力导线的绝缘和护套材料。

（2）电工塑料

塑料具有质量轻、电气性能优良、耐热、耐腐蚀、容易加工成型等优点，因此广泛应用于电工中。电工用塑料按树脂的类型划分为热塑性塑料和热固性塑料两大类。热塑性塑料是指经过热挤压成型后，仍具有可熔融性和可溶性，可反复多次成型的塑料。热固性塑料只能经过一次加热固化成确定形状和尺寸，再次加热时不能变软流动或熔解。

（3）绝缘油

电工中常用的绝缘油有矿物绝缘油、合成绝缘油和植物绝缘油。

矿物绝缘油从石油原油中提炼出来，具有很好的化学稳定性和电气稳定性，主要用于变压器、断路器、高压电缆和油浸纸电容器等中。合成绝缘油是人工合成的液体绝缘材料，主要用于电缆、电容器和变压器中。植物绝缘油主要是蓖麻油，无毒、难燃、介电常数高、耐电弧、击穿时无碳粒，主要用作交直流脉冲电容器中的浸渍剂。

（4）绝缘漆

绝缘漆对电气设备起保护作用，种类有浸渍漆、漆包线漆、覆盖漆、硅钢片漆和防电晕漆等。浸渍漆用于浸渍电机、电器的线圈，漆包线漆用于电磁线芯的绝缘，覆盖漆用于涂覆经浸渍处理的线圈和绝缘零部件从而提高表面绝缘强度，硅钢片漆用于涂覆硅钢片的叠片间绝缘、降低涡流损耗和增强耐蚀能力，防电晕漆用于高压线圈。

（5）绝缘浸渍纤维制品

绝缘浸渍纤维制品主要有漆布、漆管和绑扎带等。

漆布主要用于电机衬垫绝缘和线圈绝缘，常用的醇酸玻璃漆布优点是电气性能和力学性能良好，耐潮、耐油性较好，缺点是弹性差。漆管主要用于电机等设备引出线和连接线的绝缘套管，常用的醇酸玻璃漆管的优点是具有良好的电气性能和机械性能以及较好的耐热、耐油性，缺点是弹性差。绑扎带用于电机转子端部线圈、直流电机电枢和变压器铁芯的绑扎，特点是良好的机械、绝缘性能，而且无磁滞和涡流损耗。

（6）云母

电工用云母具有良好的电气性能和机械性能，还具有较好的耐热性、化学稳定性和耐电晕性。白云母的电气性能比金云母好；金云母柔软，耐热性能比白云母好。

2. 绝缘材料的性能指标

绝缘材料的性能主要有以下几个指标。

（1）绝缘强度

绝缘材料所在的电场强度增大到某一值（临界值）时，绝缘材料局部破坏并丧失绝缘性能，这个临界电场强度称为绝缘强度。

（2）绝缘电阻

通常情况下绝缘材料电阻很大，把绝缘材料放置在电场中，内部会有极微弱的电流。实验证明，温度和表面状态不同会使绝缘电阻有很大差异。

（3）介质损耗

在电场中，电介质将部分电能转变成热能损失，损失的能量为绝缘材料的介质损耗。

（4）机械强度

绝缘材料的机械强度包括材料抗拉、抗压、抗弯、抗剪、耐磨性和渗透率等。

3. 绝缘材料的选用

在选用绝缘材料时，应考虑绝缘材料的作用。对用于介质（如电容器介质）的材料，应选取介电常数大、损耗小的绝缘材料。对用于装置和结构（如开关、接线柱、线圈骨架、印制电路板等）的材料，应选择具有高机械强度的绝缘材料。对用于浸渍、灌封的材料，应选择电气性能好、黏度小、稳定性高、阻燃、无毒的绝缘材料。对用于涂敷的材料，应选择具有良好的附着性的绝缘材料。

在选用绝缘材料时，应该考虑材料的耐热等级。绝缘材料按耐热等级划分为以下几种。

（1）Y 级绝缘材料，包括木材、棉花、纤维等天然的纺织品，以醋酸纤维和聚酰胺为基础的纺织品，易于分解和熔化熔点较低的塑料，极限工作温度为 90 ℃。

（2）A 级绝缘材料，包括工作于矿物油中的和用油或油树脂复合胶浸过的 Y 级材料，如漆包线、漆布、漆丝的绝缘、油性漆、沥青漆等，极限工作温度为 105 ℃。

（3）E 级绝缘材料，包括聚酯薄膜和 A 级材料复合、玻璃布、油性树脂漆、聚乙烯醇缩醛高强度漆包线、乙酸乙烯耐热漆包线，极限工作温度为 120 ℃。

（4）B 级绝缘材料，包括聚酯薄膜、经合适树脂粘合式浸渍的云母、玻璃纤维、石棉等，聚酯漆、聚酯漆包线，极限工作温度为 130 ℃。

（5）F 级绝缘材料，包括有机纤维材料补强的云母制品，玻璃丝和石棉，玻璃棉布，以玻璃丝布和石棉纤维为基础的层压制品，以无机材料作为补强和石带补强的云母粉制品，化学热稳定性较好的聚酯或醇酸类材料，复合硅有机聚酯漆，极限工作温度为 155 ℃。

（6）H 级绝缘材料，包括无补强或以无机材料为补强的云母制品、加厚 F 级材料、复合云母、有机硅云母制品、硅有机漆硅有机橡胶聚酰亚胺复合玻璃布、复合薄膜、聚酰亚胺漆等，极限工作温度为 180℃。

（7）C 级绝缘材料，包括不采用任何有机黏合剂级浸渍的无机物，如石英、石棉、云母、玻璃和电瓷材料等，极限工作温度为 180 ℃以上。

5.2.3　磁性材料

磁性材料是指铁、钴、镍、某些稀土元素及其合金等能够直接或间接产生磁性的物质。磁性材料按磁化后去磁的难易可分为软磁性材料和硬磁性材料。磁化后容易去掉磁性的物质被称为软磁性材料，软磁性材料的剩磁较小；磁化后不容易去磁的物质被称为硬磁性材料，硬磁性材料剩磁较大。

在电工中，软磁材料得到广泛应用，常用软磁材料按制品形态可分为粉芯类软磁体和带绕铁芯两种。

1. 粉芯类软磁体

粉芯类软磁体由铁磁性粉粒与绝缘介质混合压制而成，它的磁电性能取决于粉粒材料的导磁率、粉粒的大小和形状、填充系数、绝缘介质的含量、成型压力及热处理工艺等。常用的粉芯类软磁体分为磁粉芯（铁粉芯、坡莫合金粉芯及铁硅铝粉芯）和铁氧体磁芯两种。

铁粉芯由碳基铁磁粉及树脂碳基铁磁粉构成，在粉芯类软磁体中价格最低。其特点是初始磁导率随频率变化稳定性好，直流电流叠加性能好，高频损耗高。坡莫合金粉芯的种类有钼坡莫合金粉芯和高磁通量粉芯。铁硅铝粉芯由铝硅铁粉构成，用于替代铁粉芯，特点是损耗比铁粉芯低很多。

铁氧体磁芯主要由三氧化二铁构成，也可以掺入锰、锌、铜、镍、锌等，得到广泛应用。铁氧体磁芯的特点是磁导率随频率变化特性稳定，而且成本低、烧结硬度大。

2. 带绕铁芯

带绕铁芯包括硅钢片、坡莫合金、非晶及纳米晶软磁合金。

硅钢片是一种常见的带绕铁芯，是在纯铁中加入少量的硅（一般含量在 4.5%以下）制成的铁硅系合金。与纯铁相比，硅钢片的优点是磁导率高，损耗低，能改善磁老化现象；缺点是饱和磁感应强度低，材料的硬度和脆性大，导热系数降低。

硅钢片主要分为热轧硅钢片和冷轧硅钢片。热轧硅钢片属于磁性无取向硅钢片，分为低硅片和高硅片。通常用来制造电机转子的低硅片含硅 1%～2%，特点是饱和磁感应强度高、有一定机械强度，厚度一般为 0.5 mm；用来制造变压器铁芯的高硅片含硅 3%～5%，特点是磁性好、较脆，厚度一般为 0.35 mm。冷轧硅钢片有无取向硅钢片和单取向硅钢片两种。无取向硅钢片含硅 0.5%～3.0%，特点是磁导率与轧制方向无关，有更高的饱和磁感应强度，厚度多为 0.35mm 和 0.5mm；单取向硅钢片含硅 2.5～3.5%，特点是磁导率与轧制方向有关（沿轧制方向导磁率最高，垂直轧制方向导磁率最低），铁芯损耗比无取向硅钢片低。与热轧硅钢片相比，冷轧单取向硅钢片具有更优越的磁性能和表面质量、塑性。

坡莫合金是一种应用很广的软磁合金。坡莫合金主要是铁镍系合金，其中镍含量为30%～90%。坡莫合金的特点是通过适当工艺能有效地控制磁性能。常用的坡莫合金有1J50、1J79、1J85等，1J50的饱和磁感应强度比硅钢稍低，但磁导率却高数十倍，铁损只是硅钢的1/3到1/2。

非晶及纳米晶软磁合金是新兴磁性材料，采用超急冷凝固技术，使钢液到薄带成品一次成型，合金凝固时的原子没有进行有序排列结晶，晶态合金没有晶粒、晶界的存在。其中纳米晶合金的晶粒位直径10 mm～20 nm的微晶，特点是具有高初始磁导率、高饱和磁感应强度。

非晶及纳米晶软磁合金与硅钢和坡莫合金相比有着明显优势，非晶及纳米晶软磁合金克服了硅钢和坡莫合金这类晶态材料内部存在着的晶粒、晶界、间隙原子、磁晶各向异性等影响磁性能的缺陷。实际应用中，非晶及纳米晶软磁合金应用在变压器制造中替代硅钢片，节能效果　　明显。

本章小结

1. 接触器常用于实现远距离频繁地接通和断开用电设备。接触器结构上由电磁机构、触点系统、灭弧装置及其他部件等组成。接触器的工作原理是电磁感应原理，当接触器的线圈通电后，线圈中流过的电流产生磁场，当铁芯产生足够大的吸力克服反作用弹簧的反作用力时，衔铁吸合，通过传动机构带动三对主触点和辅助常开触点闭合，辅助常闭触点断开。而线圈断电时，线圈失磁，衔铁在反作用弹簧的作用下复位，同时各触点复位。

选用交流接触器时，应根据负载的类型、工作参数和使用场所等条件进行选用。

2. 热继电器常用于对电动机等负载进行过载保护。当电负载过载时，热元件产生的热量使双金属片弯曲并且推动导板，串联连接在接触器线圈回路中的常闭触点断开，接触器失电复位，负载所在主电路电源断开。在选用热继电器前必须了解负载性能及工作环境、启动电流、负载性质、工作制、允许的过载能力等。

3. 时间继电器是利用电磁原理或机械动作原理实现触点延时接通或断开的自动控制电器，即为从得到输入信号开始，经过一定的延时后才输出信号的继电器。时间继电器分通电延时型和断电延时型，按所需选用。

4. 低压断路器、刀闸开关和组合开关是常用的配电开关，应根据负载的种类进行选用。低压断路器能在正常情况下分断和接通工作电流，当电路发生过载、短路、欠（失）压等故障时，自动切断故障电路，常用于不频繁地接通、分断负荷的电路中。刀闸开关一般没有灭弧装置，不允许用于大容量电路的接通和分断，必须配合熔断器才能使用。

5．按钮、行程开关等主令电器用作接通或断开控制电路，从而发出指令或用于程序控制。

6．熔断器也称保险丝，被广泛应用于低压配电系统和控制系统中，起短路保护或过载保护作用。熔断器一般由熔体（或熔丝）和安装熔体的熔管（或熔座）组成。当熔体流过的电流大于其熔断电流值时，熔体熔断使电路断开，因此熔断器本质上属于短路保护器，对电路中设备进行短路保护或严重过载保护。

7．电力导线用于连接电路设备、元器件，传导电流。选择导线时，首先根据使用场合选取合适的导线种类型号，然后计算导线中需要承载的电流（载流量）选择导线的截面积，并进行机械强度和电压损失校验。

8．在导线连接时，应确保连接牢固、电阻小、机械强度高、耐腐蚀耐氧化、电气绝缘性能好。导线连接完成后，必须对所有绝缘层被去除的部位进行绝缘恢复。绝缘恢复的原则是恢复后的绝缘强度应不低于导线原有的绝缘强度。

思考与练习

一、判断题

1．刀闸开关可以直接用于大容量电路的接通和分断。（　　）

2．熔断器本质上属于短路保护器，对电路中设备进行短路保护或严重过载保护。（　　）

3．热继电器常用于对电动机等负载进行过载保护，保护原理与熔断器相同。（　　）

4．导线连接完成后，必须对所有绝缘层被去除的部位进行绝缘恢复，恢复后的绝缘强度应不低于导线原有的绝缘强度。（　　）

5．接触器可以自动切断短路故障。（　　）

二、选择题

1．在电动机的继电器接触器控制电路，热继电器的正确连接方法应当是（　　）。

A．热继电器热元件串联连接在主电路内，动合触点与接触器的线圈串联连接在控制电路内。

B．热继电器热元件串联连接在主电路内，动断触点与接触器的线圈串联连接在控制电路内。

C．热继电器热元件并联连接在主电路内，动合触点与接触器的线圈并联连接在控制电路内。

D．热继电器热元件并联连接在主电路内，动断触点与接触器的线圈并联连接在控制电路内。

2．常用来实现接通和断开电动机或其他设备的主电路器件是（　　）。

A．组合开关　　B．交流接触器　　C．时间继电器　　D．热继电器

3．（　　）能在正常情况下分断和接通工作电流，当电路发生过载、短路、欠（失）压等故障时，自动切断故障电路，常用于不频繁地接通、分断负荷的电路中。

A．组合开关　　B．交流接触器　　C．刀开关　　D．空气断路器

4．在进行导线选型时，首先根据使用场合选取合适的导线种类型号，然后计算导线中需要承载的电流（载流量）选择导线的（　　），并进行机械强度和电压损失校验。

A．长度　　B．截面积　　C．材质　　D．绝缘护套种类

5．（　　）是用于接通或断开控制电路的主令电器，从而发出指令或用于程序控制。

A．行程开关　　B．空气断路器　　C．组合开关　　D．时间继电器

三、填空题

1．熔断器也称为保险丝，在电路中其起 ________ 或_ ________ 作用。

2．低压断路器能在正常情况下分断和接通_ ________，当电路发生 ________、或________等故障时，自动切断故障电路，常用于不频繁地接通、分断负荷的电路中。

3．当接触器的线圈通电后，线圈中流过的电流产生磁场，当铁芯产生足够大的吸力克服反作用弹簧的反作用力时，衔铁吸合，通过传动机构带动__________和闭合，而 ________ 断开。

四、简答题

1．简述接触器、热继电器和空气阻尼式时间继电器工作原理。

2．简述导线种类及怎样选择导线截面积。

3．简述导线连接方式及绝缘恢复原则。

4．简述绝缘材料种类及选用方式。

5．简述磁性材料种类及用途。

五、综合题

车间有三相异步电动机（铭牌功率 18.5 kW，功率因数为 0.85）、三相电加热炉（铭牌功率为 30 kW）等设备，需要使用导线进行连接，忽略线路电压损失。请给设备选择导线并说明敷设方式。

第 6 章　电动机及其控制

【本章导读】

电动机（Motor）是在生产和生活中得到广泛应用的动力机械，它可以把电能转换成机械能。电动机的种类很多，其中，在工业生产中应用最广的是三相异步电动机。

电动机是把电能转换成机械能的一种设备，它利用通电线圈（也就是定子绕组）产生旋转磁场并作用于转子（如鼠笼式闭合铝框）形成磁电动力旋转扭矩。电动机按使用电源不同分为直流电动机和交流电动机，电力系统中的电动机大部分是交流电动机，可以是同步电动机或者是异步电动机（电机定子磁场转速与转子旋转转速不保持同步）。电动机主要由定子与转子组成，通电导线在磁场中受力运动的方向与电流方向和磁感线（磁场方向）方向有关。

【学习目标】

- 了解电动机种类；
- 理解异步电动机工作原理，熟悉异步电动机转速、转差率计算；
- 理解异步电动机启动、调速和制动原理；
- 学会阅读电动机电气控制原理图，能进行电动机控制设计；
- 了解电动机节能知识。

6.1　电动机的基本知识

6.1.1　电动机的启动方式

电动机的启动方式包括全压直接启动、自耦减压启动、Y-Δ 启动、软启动器启动、变频器启动。

1. 全压直接启动

在电网容量和负载两方面都允许全压直接启动的情况下，可以考虑采用全压直接启动方式。其优点是操纵控制方便，维护简单，而且比较经济。此方式主要用于小功率电动机的启动，从节约电能的角度考虑，大于 11 kW 的电动机不宜用此方式。

2. 自耦减压启动

利用自耦变压器的多抽头减压，既能适应不同负载启动的需要，又能得到更大的启动转矩，因此自耦减压启动方式是一种经常被用来启动较大容量电动机的减压启动方式。它最大的优点是启动转矩较大，当其绕组抽头在80%处时，启动转矩可达直接启动时的64%，并且可以通过抽头调节启动转矩。此方式至今仍被广泛应用。

3. Y-Δ启动

对于正常运行的定子绕组为三角形接法的鼠笼式异步电动机来说，如果在启动时将定子绕组接成星形，待启动完毕后再接成三角形，就可以降低启动电流，减轻它对电网的冲击。这样的启动方式称为星三角减压启动，简称星三角启动（Y-Δ启动）。采用星三角启动时，启动电流只是原来按三角形接法直接启动时的 1/3。如果直接启动时的启动电流以6 Ie～7 Ie 计，则在星三角启动时，启动电流才 2 到 2.3 倍。这就是说，采用星三角启动时，启动转矩也降为原来按三角形接法直接启动时的 1/3。此方式适用于无载或者轻载启动的场合。并且同任何别的减压启动器相比较，其结构最简单，价格也最便宜。除此之外，星三角启动方式还有一个优点，即当负载较轻时，可以让电动机在星形接法下运行。此时，额定转矩与负载可以匹配，这样能使电动机的效率有所提高，并因之节约了电力。

4. 软启动器启动

此方式利用了可控硅的移相调压原理来实现电动机的调压启动，主要用于电动机的启动控制，启动效果好但成本较高。因使用了可控硅元件，而可控硅工作时谐波干扰较大，所以此方式对电网有一定的影响。另外，电网的波动也会影响可控硅元件的导通，特别是当同一电网中有多台可控硅设备时。因此，可控硅元件的故障率较高。由于涉及电力电子技术，因此此方式对维护技术人员的要求也较高。

5. 变频器启动

变频器是现代电动机控制领域技术含量最高、控制功能最全、控制效果最好的电机控制装置，它通过改变电网的频率来调节电动机的转速和转矩。由于涉及电力电子技术、微机技术，成本高，对维护技术人员的要求也高，因此，此方式主要用在需要调速并且对速度控制要求高的领域。

6.1.2 电动机的调速方法

电动机的调速方法很多，能适应不同生产机械速度变化的要求。一般电动机调速时其输出功率会随转速而变化。从能量消耗的角度看，调速大致可分以下两种。

（1）保持输入功率不变，通过改变调速装置的能量消耗调节输出功率以调节电动机的转速。

（2）控制电动机输入功率以调节电动机的转速。此方法适用于电机、电动机、制动电机、变频电机、调速电机、三相异步电动机、高压电机、多速电机、双速电机和防爆电机。

6.1.3 电动机的分类

1. 按工作电源种类划分

按工作电源种类划分，电动机可分为直流电动机和交流电动机。

直流电动机按结构及工作原理可分为无刷直流电动机和有刷直流电动机。有刷直流电动机可分为电磁直流电动机和永磁直流电动机。电磁直流电动机可分为串励直流电动机、并励直流电动机、他励直流电动机和复励直流电动机。永磁直流电动机又分为稀土永磁直流电动机、铁氧体永磁直流电动机和铝镍钴永磁直流电动机。

交流电动机还可划分单相电动机和三相电动机。

2. 按结构和工作原理划分

按结构和工作原理划分，电动机可分为直流电动机、异步电动机和同步电动机。

同步电动机可分为永磁同步电动机、磁阻同步电动机和磁滞同步电动机。

异步电动机可分为感应电动机和交流换向器电动机。感应电动机可分为三相异步电动机、单相异步电动机和罩极异步电动机等。交流换向器电动机可分为单相串励电动机、交直流两用电动机和推斥电动机。

3. 按启动与运行方式划分

按启动与运行方式划分，电动机可分为电容启动式单相异步电动机、电容运转式单相异步电动机、电容启动运转式单相异步电动机和分相式单相异步电动机。

4. 按用途划分

按用途划分，电动机可分为驱动用电动机和控制用电动机。

驱动用电动机可分为电动工具（包括钻孔、抛光、磨光、开槽、切割、扩孔等工具）用电动机、家电（包括洗衣机、电风扇、电冰箱、空调器、录音机、录像机、影碟机、吸尘器、照相机、电吹风、电动剃须刀等）用电动机及其他通用小型机械设备（包括各种小型机床、小型机械、医疗器械、电子仪器等）用电动机。

控制用电动机又分为步进电动机和伺服电动机等。

5. 按转子的结构划分

按转子的结构划分，电动机可分为笼型感应电动机（旧标准称为鼠笼型异步电动机）和绕线转子感应电动机（旧标准称为绕线型异步电动机）。

6. 按运转速度划分

按运转速度划分，电动机可分为高速电动机、低速电动机、恒速电动机、调速电动机。

低速电动机又分为齿轮减速电动机、电磁减速电动机、力矩电动机和爪极同步电动机等。

调速电动机除可分为有级恒速电动机、无级恒速电动机、有级变速电动机和无级变速电动机外，还可分为电磁调速电动机、直流调速电动机、PWM 变频调速电动机和开关磁阻调速电动机。

异步电动机的转子转速总是略低于旋转磁场的同步转速。同步电动机的转子转速与负载大小无关而始终保持为同步转速。

6.2 三相异步电动机

6.2.1 三相异步电动机的结构

三相异步电动机由定子（固定部分）和转子（转动部分）和其他部分组成，其结构示意图如图 6-1 所示。转子与定子之间由气隙分开。

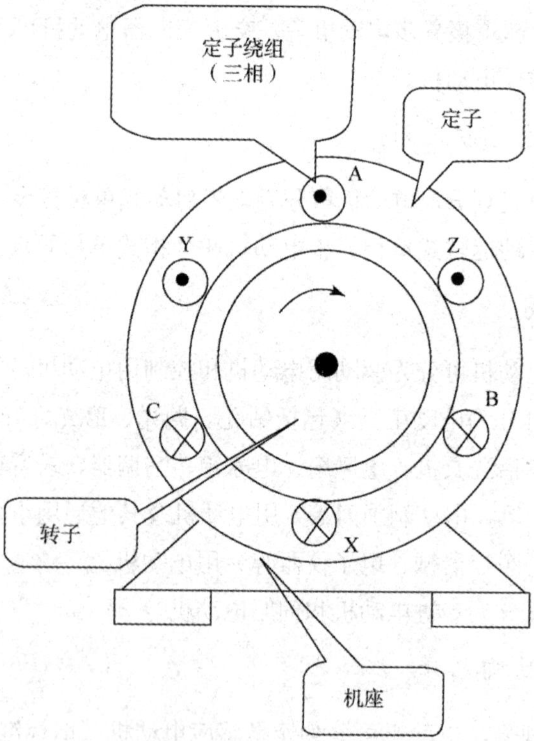

图 6-1 三相异步电动机结构示意图

1. 定子

三相异步电动机的定子由机座、铁芯和绕组三部分组成。

定子机座用铸铁或铸钢制成，用来固定铁芯和绕组，起支承作用。

定子铁芯用来放置定子绕组和作为电动机磁路的一部分。定子铁芯通常由厚度为 0.5 mm 的表面有绝缘层的硅钢片冲制、叠压而成，铁芯内圆均匀分布着用来嵌放定子绕组的槽。图 6-2 为定子铁芯的实物图。

图 6-2　定子铁芯的实物图

定子绕组是三相异步电动机的电路部分，在绕组中通入三相交流电，产生旋转磁场。绕组用绝缘包皮的导线（如漆包铜线等）绕成，每一组称为一相绕组，三相异步电动机的绕组由三相对称绕组 U1U2、V1V2、W1W2 组成。

定子绕组应保证绕组各导电部分与铁芯之间有可靠绝缘以及绕组之间也具有可靠绝缘。绕组绝缘主要有对地绝缘（定子绕组整体与定子铁芯之间绝缘）、相间绝缘（各相定子绕组之间绝缘）和匝间绝缘（每相绕组匝间绝缘）。

电动机接线盒内接线板连接电动机三相绕组首尾引出线，三相绕组首尾引出线排成两排，第一排三个接线端子为绕组首部引出线，自左至右排列编号为 U1、V1、W1，下排三个接线端子为绕组尾部引出线，自左至右排列的编号为 W2、U2、V2。定子绕组的连接应该根据电源线电压和每相绕组的额定电压进行，定子绕组一般接成星形连接（Y 接）或三角形连接（△接）。

图 6-3 为三相异步电动机接线方式示意图。

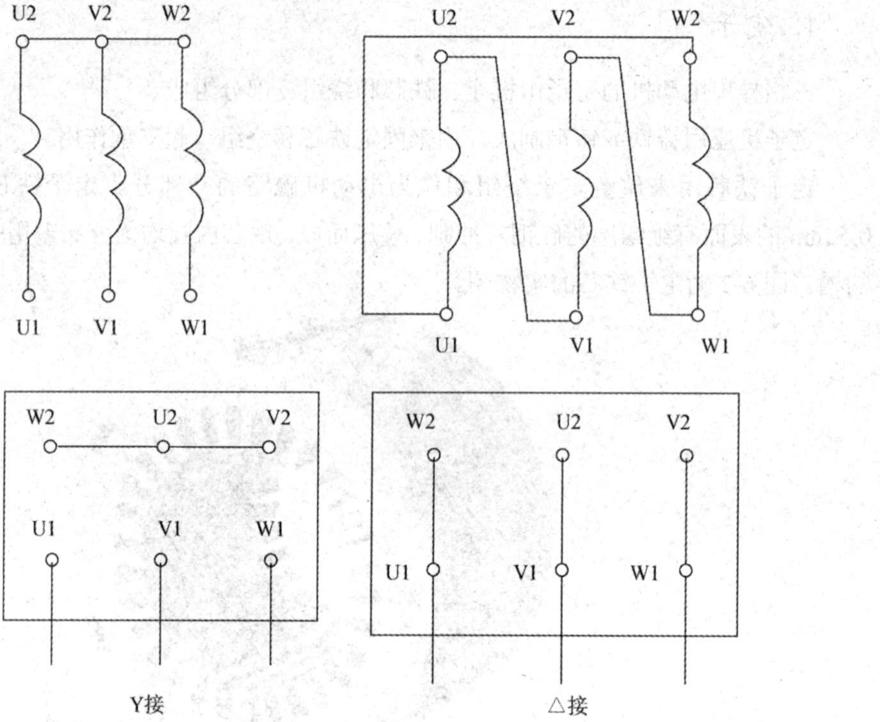

图 6-3　三相异步电动机接线方式示意图

2. 转子

三相异步电动机的转子由铁芯、绕组和转轴三部分组成，转子由轴承和端盖支承。

转子铁芯的作用是作为电机磁路的一部分和放置转子绕组。转子铁芯通常由 0.5 mm 厚的硅钢片冲制、叠压而成，硅钢片外圆冲有均匀分布的孔用来放置转子绕组。在电动机定子和转子铁芯制造中，通常用定子铁芯冲剪后的硅钢片内圆来制作转子铁芯。小型异步电动机的转子铁芯通常直接压装在转轴上，大、中型异步电动机（转子直径大于 300 mm）的转子铁芯则通过转子支架压在转轴上。

转子绕组的作用是切割定子旋转磁场产生感应电动势及电流，形成电磁转矩并驱动电动机旋转。转子绕组可分为鼠笼式和绕线式两种。

鼠笼式转子绕组由导条和环行端环组成，绕组外形像鼠笼，因此常被称为笼型绕组。鼠笼式转子绕组通常采用铸铝转子绕组或铜条铜端环焊接绕组。图 6-4 为鼠笼式转子绕组示意图。鼠笼式电动机具有构造简单、价格低、可靠性高和使用方便的优点，应用广泛。

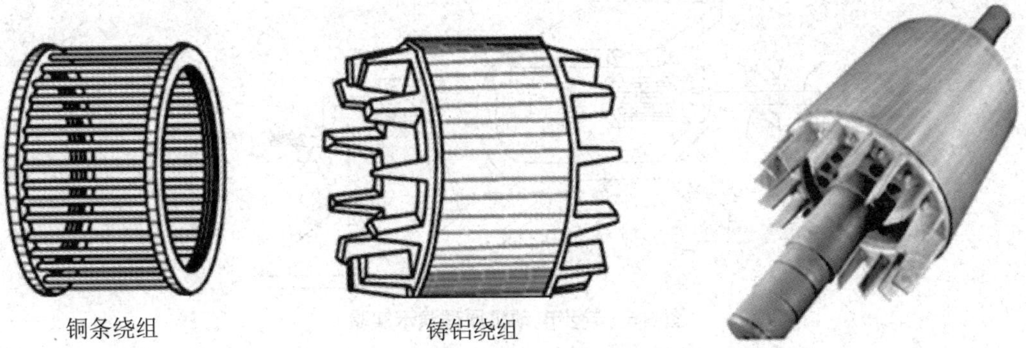

图 6-4　鼠笼型转子绕组示意图

绕线式转子绕组为对称的三相绕组，通常接成星形，三个绕组首端接到转轴集流环上后通过电刷与外电路联接。绕线式转子绕组通过集流环和电刷在转子绕组回路中串入附加电阻等元件能改善异步电动机的起、制动性能及调速性能，在要求一定范围内进行平滑调速的设备（如吊车、电梯、空气压缩机等）中得到较多应用。但是绕线式转子绕组结构复杂，应用不如鼠笼式转子绕组广泛。图 6-5 为绕线型转子绕组结构与连接示意图。

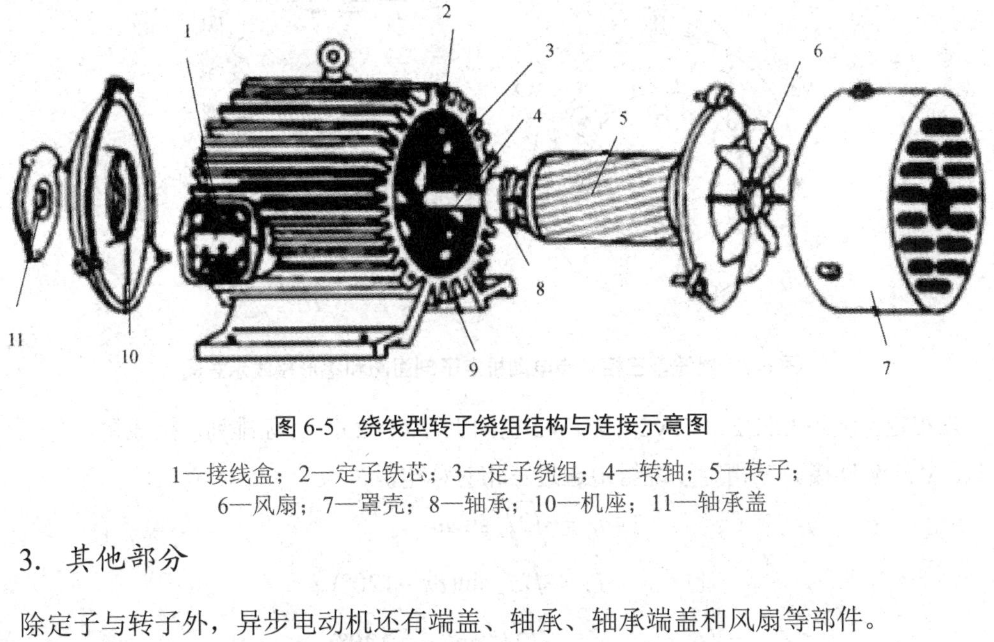

图 6-5　绕线型转子绕组结构与连接示意图

1—接线盒；2—定子铁芯；3—定子绕组；4—转轴；5—转子；
6—风扇；7—罩壳；8—轴承；10—机座；11—轴承盖

3. 其他部分

除定子与转子外，异步电动机还有端盖、轴承、轴承端盖和风扇等部件。

6.2.2　三相异步电动机的工作原理

异步电动机原理演示实验如图 6-6 所示，在装有手柄的 U 形磁铁两极之间放置闭合导体（转子），当转动手柄带动磁铁旋转时，会发现导体也跟着旋转。手柄转动速度越快，导体转动速度也越快，反之亦然。如果改变磁铁转向，导体转向也随之改变。如果停止磁铁转动，导体也停止转动。

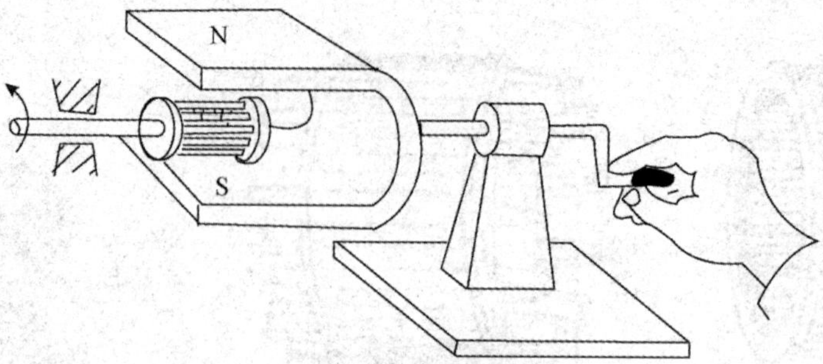

图 6-6　异步电动机原理演示实验

当U形磁铁旋转时，磁铁与闭合导体（转子）之间发生了相对运动，导体切割磁力线，在导体内部会产生感应电动势和感应电流。感应电流会使导体在磁场中受力，使导体沿U型磁铁的旋转方向转动。上述就是异步电动机的工作原理。

因此，异步电动机工作需要两个条件，即旋转发磁场和自由转动的闭合导体（转子）。

1．旋转磁场的产生和方向

图 6-7 为鼠笼型三相异步电动机定子剖面图和星形接线示意图。

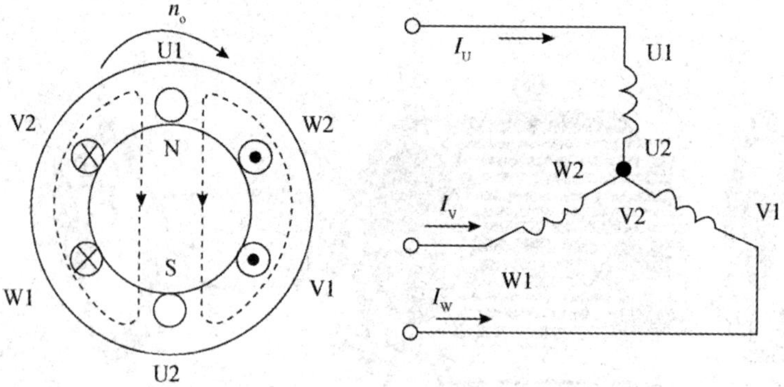

图 6-7　鼠笼型三相异步电动机定子剖面图和星形接线示意图

三相定子绕组 U1U2、V1V2、W1W2 空间上互差 120° 对称排列，接成星形与三相电源 U、V、W 连接。三相定子绕组中通过三相对称电流。

$$i_{\mathrm{U}} = \sqrt{2}I_{\mathrm{p}} \sin \omega t$$

$$i_{\mathrm{V}} = \sqrt{2}I_{\mathrm{p}} \sin(\omega t - 120°)$$

$$i_{\mathrm{W}} = \sqrt{2}I_{\mathrm{p}} \sin(\omega t + 120°)$$

当$\omega t=0°$ 时，U1U2 绕组中电流为零，$i_{\mathrm{U}}=0$。按照图 6-7 中参考方向，i_{V}为负，V1V2 绕组中电流从 V2 流入，从 V1 流出；i_{W}为正，W1W2 绕组中电流从 W1 流入，从 W2 流出。定子中三相绕组产生的合成磁场根据右手定则，如图 6-8 （a）所示。

当$\omega t=120°$ 时，V1V2 绕组中电流为零。按照图 6-7 中参考方向，$i_{\mathrm{V}}=0$，i_{U}为正，U1U2 绕组中电流从 U1 流，从 U2 流出；i_{W}为负，W1W2 绕组中电流从 W2 流入，从 W1 流出。定子中三相绕组产生的合成磁场根据右手定则，如图 6-8 （b）所示。

当ωt=240°时，W1W2 绕组中电流为零，i_W=0。按照图 6-7 中参考方向，i_U为负，U1U2 绕组中电流从 U2 流入，从 U1 流出；i_V为正，V1V2 绕组中电流从 V1 流入。从 V2 流出。定子中三相绕组产生的合成磁场根据右手定则，如图 6-8（c）所示。

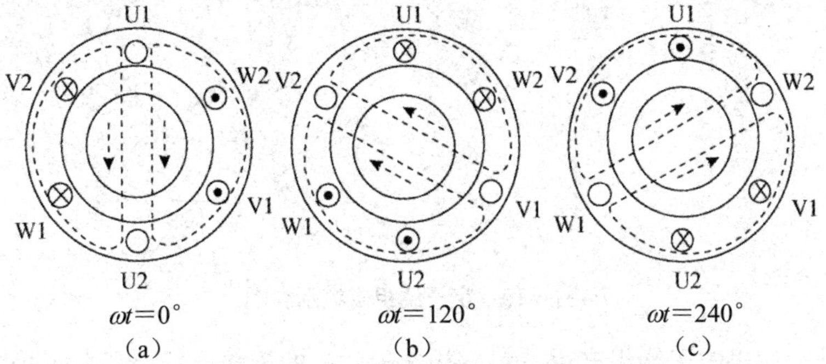

图 6-8 三相异步电动机定子旋转磁场产生示意图

由上述分析可得，当三相定子绕组中电流作一个周期变化时，定子中三相绕组产生的合成磁场按电流相序方向在空间旋转一周。如果持续给三相定子绕组施加交流电，则定子绕组中电流作周期性变化，使定子绕组产生旋转磁场。因此，旋转磁场的速度与交流电的周期（频率）有关。

定子绕组产生的旋转磁场方向由三相绕组电流相序决定，图 6-8 中的旋转磁场按相序 UVW 方向旋转。如果需要改变旋转磁场的方向，通过改变定子绕组电流相序就能实现，实际操作中把三相电源中的任意两相对调就能实现旋转磁场方向的改变。图 6-9 中的旋转磁场按相序 UWV 方向旋转。

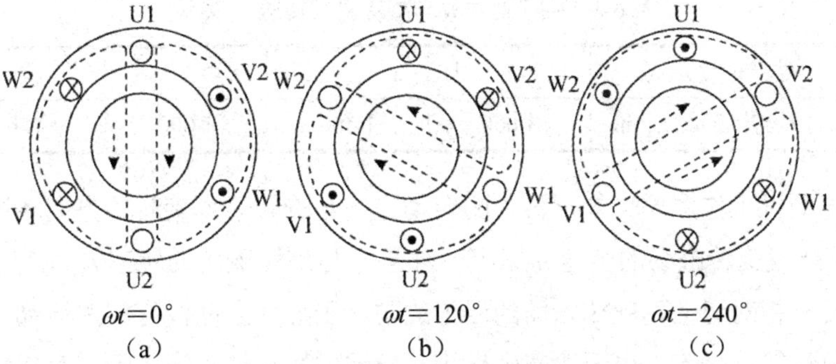

图 6-9 三相异步电动机定子旋转磁场改变示意图

2. 三相异步电动机的极数

三相异步电动机的极数指定子产生的旋转磁场的磁极个数，而磁极对数用 p 表示。定子产生的旋转磁场的磁极个数与定子三相绕组有关。如果每相绕组只有一个线圈，绕组首端间相差 120°，那么定子产生的旋转磁场只有一对磁极（p=1）；如果每相绕组由两个线圈串联而成，绕组的首端间相差 60°，那么定子产生的旋转磁场就有两对磁极（p=2），如图 6-10 所示。

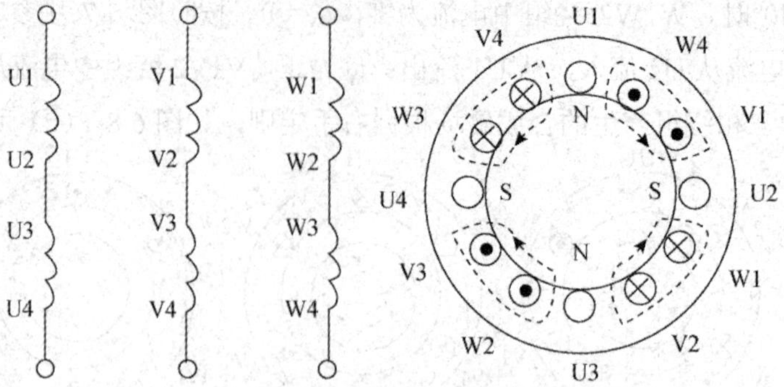

图 6-10　定子绕组磁极示意图

依此类推，如果定子绕组产生三对磁极（$p=3$）的旋转磁场，那么每相绕组需要串联三个线圈，绕组首端间相差 40°。

异步电动机的磁极对数 p 与绕组首端间角度θ关系为

$$\theta = 120? / p$$

3. 三相异步电动机的转速

三相异步电动机定子绕组的旋转磁场转速 n_0 由交流电频率 f 和磁极对数 p 决定

$$n_0 = 60f / p$$

通常来说，三相异步电动机电源频率 f 和磁极对数 p 是固定的，因此它的旋转磁场转速 n_0 为常数。表 6-1 为磁极对数 p 与旋转磁场转速 n_0 关系。

表 6-1　磁极对数 p 与旋转磁场转速 n_0 关系

磁极对数 p	1	2	3	4
旋转磁场转速 n_0　r/min	3 000	1 500	1 000	750

由异步电动机工作原理可知，转子的转动方向与旋转磁场旋转的方向相同。转子转速 n 实际上不可能与旋转磁场的转速 n_0 相等，如果 n 与旋转磁场的转速 n_0 相等，那么转子与旋转磁场间没有相对运动，旋转磁场的磁力线与转子导体之间没有相对运动，这样转子就不可能产生电动势、电流，也无法产生转矩。旋转磁场与转子间实际上存在转速差，因此这种电动机被称为异步电动机。

旋转磁场的转速 n_0 被称为同步转速，用转差率 s 来表示转子转速 n 与旋转磁场的转速 n_0 相差的程度：

$$s = \frac{n_0 - n}{n_0}$$

当异步电动机启动时，旋转磁场以同步转速 n_0 开始旋转，转子由于惯性没有转动，此时转子瞬时转速 n 为零，瞬时转差率 $s=1$。当转子被带动转动后，转速差值减小，直至转差率等于额定转差率。异步电动机的转速与同步转速通常很接近，转差率为 1.5%～6%。三相异步电动机的转速可由同步转速 n_0 和转差率 s 计算出来：

$$n = n_0(1-s)$$

【例 6-1】三相异步电动机铭牌标示额定转速 n＝980 r/min，我国电网工频为 50 Hz。求该电动机极数和额定转差率 s。

【解】三相异步电动机额定转速 n 与同步转速 n_0 接近，同步转速与电源频率 f 和磁极对数 p 有关，且为固定值。

额定转速 980 r/min 对应的同步转速 n_0＝1 000 r/min。

因此，该电动机的磁极对数 p＝3，即极数为 6。

额定转差率为

$$s = \frac{n_0 - n}{n_0} = \frac{1\ 000 - 980}{1\ 000} = 2\%$$

6.2.3　三相异步电动机的铭牌参数

三相异步电动机的铭牌上通常标注了型号、执行标准、额定功率等重要参数，如图 6-11 所示。

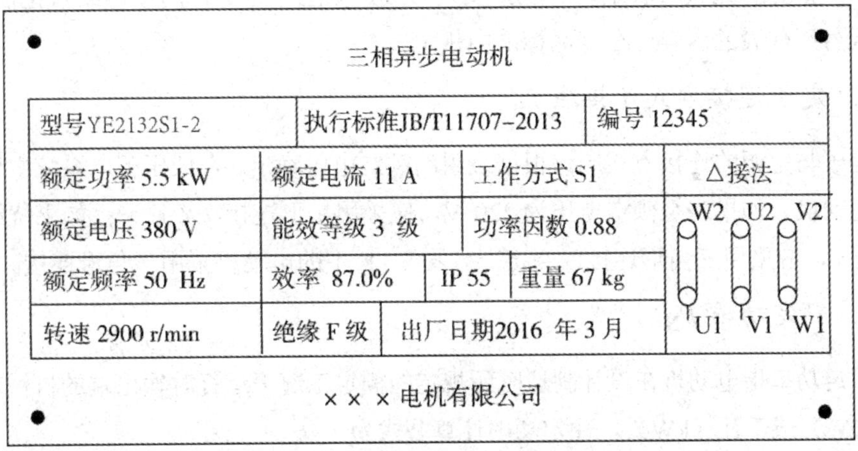

图 6-11　三相异步电动机铭牌

1. 型号

三相异步电动机的型号通常由四部分组成，第一部分是产品代号，第二部分是规格代号，第三部分是特殊环境代号，第四部分是补充代号三相异步电动机型号为 YE2-132S1-2 时各部分含义如图 6-12 所示。

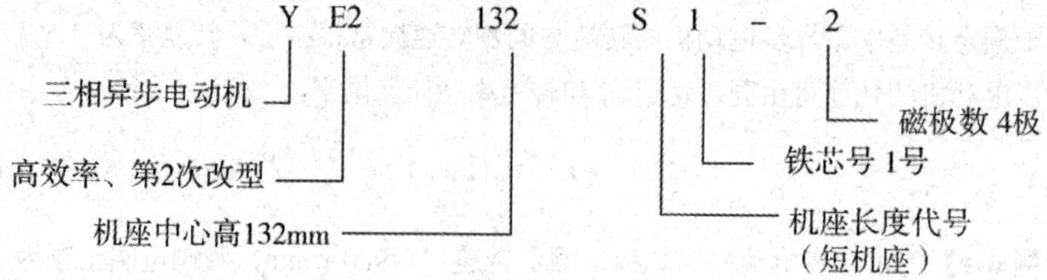

图 6-12　三相异步电动机型号含义（以 YE2-132S1-2 为例）

第一部分产品代号是电动机所属系列及类型代号，采用所属系列和名称汉语文字中一个或者几个汉语拼音字母来成。图 6-12 中的电动机型号第一部分产品代号是 YE2，由 Y（异步电动机）和 E2（高效率，第二次改型）组成。

第二部分规格代号表达电动机规格形式，包括电机结构参数（中心高、铁芯规格）、电动机性能参数（极数、容量、电压、电流、转速等）。中心高、额定电压等用数字表示，基座长短用字母 L、M、S（长、中、短）表示，同一机座不同铁芯用 1、2、3 等数字区别表示。图 6-12 中的电动机型号第二部分规格代号是 132S1-2，其中，132 表示轴中心高 132 mm，S1 表示短机座、铁芯 1 号，2 表示该电动机极数为 4。

第三部分特殊环境代号用来表示电机所适用的特殊工作环境，通常用特定字母或字母加数字表示，如 TH 表示可用于湿热环境。普通型号电动机不需要标注该部分。

第四部分补充代号表示内容包括安装方式、派生序号等，用字母或阿拉伯数字组成。补充代号所代表的内容应在产品标准中规定。

2. 定子连接方式（接法）

定子与电源的连接方式应该根据绕组的额定电压确定。在低压配电系统中运行的三相异步电动机，如果绕组额定电压为 220 V，应采用星形连接（Y 接）；如果绕组额定电压为 380 V，应采用三角形连接（△接）。图 6-11 中的电动机采用三角形连接。

3. 额定功率 P_N

额定功率指电动机在设计制造时所规定的额定工况下运行时输出端的机械功率，单位为瓦（W）或千瓦（kW）。额定功率计算公式为

$$P_N = \sqrt{3} U_N I_N \eta_N \cos \Phi_N$$

4. 额定电压 U_N

额定电压指施加在定子绕组上的线电压，单位为伏（V）。

5. 额定电流 I_N

额定电流指电动机在额定电压、额定频率下定子绕组的线电流，单位为安（A）。

6. 额定频率 f_N

我国电网的额定频率 f_N 为 50 Hz。

7. 额定转速 n_N

额定转速是指电动机在额定电压、额定频率、轴输出额定功率时，转子的转速，单位为 r/min。

8. 额定效率 η_N

额定效率用来衡量电动机内部功率损耗大小，额定工况下轴输出功率与输入功率之比为电动机额定效率。

9. 额定功率因数 $\cos\Phi_N$

额定功率因数等于输入有功功率与视在功率之比，用于衡量真正消耗的有功功率所占比重。

10. 绝缘等级

电动机绝缘等级指电动机所用绝缘材料的耐热等级，分为 A、E、B、F、H 共 5 级，表 6-2 为电动机绝缘等级与最高允许温度、绕组温升限值和性能参考温度对照表。

表 6-2　电动机绝缘等级与最高允许温度、绕组温升限值和性能参考温度对照表

电动机绝缘等级	A	E	B	F	H
最高允许温度 ℃	105	120	130	155	180
绕组温升限值 ℃	60	75	80	100	125
性能参考温度 ℃	80	95	100	120	145

11. 工作方式

工作方式用来表示电动机运行方式。为适应不同负载要求，按负载持续时间不同，电动机工作方式分为连续工作制 S1、短时工作制 S2 和断续周期工作制 S3。图 6-12 中的异步电动机的工作方式为连续工作制 S1。

12. 防护等级

电动机防护等级代号由字母 IP 和两位数字组成，最常用的防护等级有 IP11、IP21、IP22、IP23、IP44、IP54、IP55 等。图 6-12 中的异步电动机防护等级为 IP55，即防护等级为防尘防喷水。

IP 后第一位数字用来表示电动机外壳对人和壳内部件提供的防护等级，即防止人体触及或接近壳内带电部分和触及壳内转动部件，以及防止固体异物进入电机，见表 6-3。

表 6-3　电动机外壳对人和壳内部件提供的防护等级

第一位数字	防护项目	具 体 内 容
0	无防护	没有专门的防护
1	防护大于 50 mm 的固体	防止大面积的人体偶然意外地触及或接近壳内带电或转动部件。能防止直径大于 50 mm 的固体异物进入壳内
2	防护大于 12 mm 的固体	防护大于 12 mm 固体的电机。能防止直径大于 12 mm 的固体异物进入壳内
3	防护大于 2.5 mm 的固体	防护大于 2.5 mm 固体的电机。能防止直径大于 2.5 mm 的工具或导线触及或接近壳内带电或转动部件
4	防护大于 1 mm 的固体	能防止直径或厚度大于 1 mm 的导线或片条触及或接近壳内带电或转动部件
5	防尘	能防止灰尘进入达到影响产品正常运行的程度，完全防止触及壳内带电或运动部分
6	尘密	能完全防止灰尘进入壳内，完全防止触及壳内带电或运动部分

IP 后第二位数字表示由于外壳进水而引起有害影响的防护等级，即防止由于电动机进水而引起有害影响，见表 6-4。

表 6-4　由于外壳进水而引起有害影响的防护等级

第二位数字	防护项目	具体内容
0	无防护	没有专门的防护
1	防　滴	垂直滴水应无有害影响
2	15° 防滴	与铅垂线成 15° 角范围内的滴水，应无有害影响
3	防淋水	与铅垂线成 60° 角范围内的淋水，应无有害影响
4	防　溅	任何方向的溅水对电机应无有害的影响
5	防喷水	任何方向的喷水对电机应无有害的影响
6	防海浪	承受猛烈的海浪冲击或强烈喷水时，电机的进水量应不达到有害的程度
7	浸　水	电机在规定的压力和时间下浸在水中，其进水量应无有害影响
8	潜　水	电机一般为水密型。在规定的压力下长时间浸在水中，其进水量应无有害影响

6.2.4　三相异步电动机的电磁转矩与机械特性

1. 电磁转矩

三相异步电动机在进行拖动工作时，负载变化会使电动机输出电磁转矩变化。异步电动机的电磁转矩也称转矩，用字母 T 表示，由旋转磁场每极磁通 Φ 与转子电流 I_2 相互作用而产生。转矩大小与转子绕组电流 I 及旋转磁场强弱有关。

三相异步电动机的电磁关系与变压器等电机相似，定子绕组相当于变压器一次绕组，转子绕组相当于变压器二次绕组，旋转磁场的主磁通相当于变压器的主磁通。旋转磁场每个磁极主磁通为

$$\Phi \approx \frac{U}{4.44kfN}$$

其中，U 为定子绕组电压，k 为定子绕组结构常数，f 为电源频率，N 为每相绕组匝数。由于 k、f、N 均为常数，因此每个磁极主磁通与电压成正比。

三相异步电动机转矩 T 与磁极磁通量和转子绕组电流有效值成正比

$$T = K_{\mathrm{T}}\Phi I_2\cos\Phi_2$$

其中，T 为电磁转矩，K_{T} 为与电机结构有关的常数，Φ为旋转磁场每极磁通量，I_2 为转子绕组电流有效值，φ_2 为转子电流滞后于转子电势的相位角。

如果考虑电源电压和电动机参数的影响，转矩 T 为

$$T = K_T^{'}\,U_1^2\,\frac{sR_2}{R_2^2 + (sX_{20})^2}$$

其中，$K_T^{'}$ 为常数，U_1 为定子绕组的电压有效值，s 为转差率，R_2 为转子每相绕组的电阻，X_{20} 为转子静止时每相绕组的感抗。R_2、X_{20} 通常为常数，因此当电源电压有效值一定时，转矩 T 是转差率 s 的函数，$T=f$（s），二者关系如图 6-13 所示。

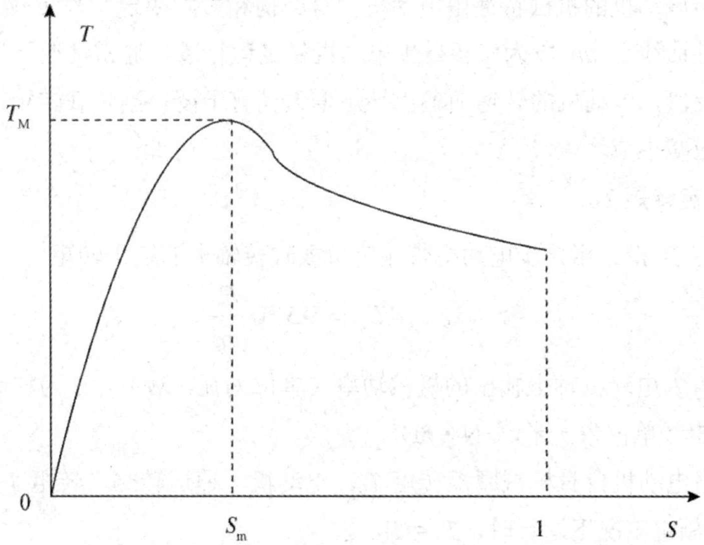

图 6-13　异步电动机转矩特性曲线

由上面的分析可知，转矩 T 与定子每相电压 U_1 的平方成正比，因此电源电压变动对转矩的影响很大。但并不是说施加在电动机的电压越高，它输出的转矩就越大。电动机输出转矩大小取决于负载转矩 T_{L} 大小，当电动机稳定运行时，T 与 T_{L} 相等；当电动机加速

运行时，T 大于 T_L；当电动机减速运行时，T 小于 T_L。此外，转矩 T 还受转子电阻 R_2 的影响。

2. 机械特性

如果三相异步电动机转矩变化，转速也会变化。图 6-14 为三相异步电动机转矩的关系曲线 $n=f(T)$，也称机械特性曲线。

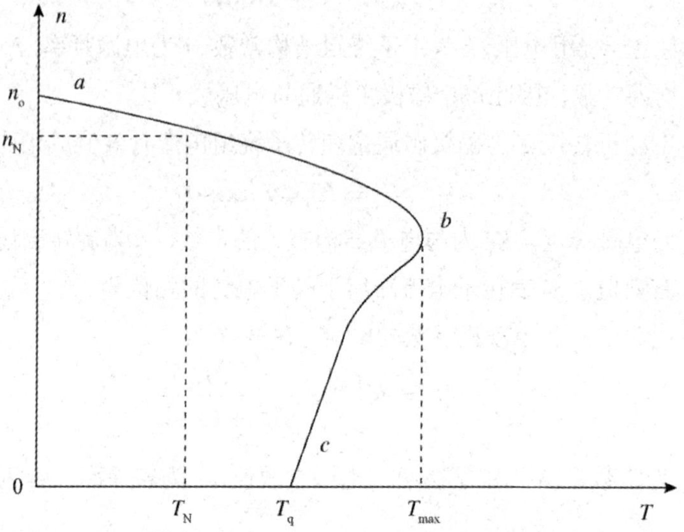

图 6-14　三相异步电动机机械特性曲线

三相异步电动机的机械特性由电动机自身结构和参数决定，与负载无关。

机械特性曲线上 ab 段为三相异步电动机稳定运行段，通常情况下异步电动机应该运行在稳定运行段，电动机的转速随输出转矩增大稍有下降，当负载转矩增大或减小时，电动机转速相应减小或增大。

（1）额定转矩 T_N

额定转矩 T_N 指三相异步电动机带额定负载时转轴上的输出转矩

$$T_N = 9550\frac{P_2}{n}$$

其中，P_2 为电动机轴上输出的机械功率（单位为瓦，W），n 为转速（单位 r/min），T_N 为额定转矩（单位牛·米，N·m）。

如果忽略电动机自身机械摩擦转矩 T_0，电动机等速运转时，转矩 T 与负载转矩 T_L 相等，$T=T_L$。额定工况下运行时，$T_N=T_L$。

（2）最大转矩 T_m

最大转矩 T_m 也称临界转矩，是电动机可能产生的最大转矩，反映电动机的过载能力。电动机最大转矩时的转差率为 S_m，称为临界转差率。

最大转矩 T_m 与额定转矩 T_N 之比称为电动机的过载系数λ，$\lambda=T_m/T_N$。

三相异步电动机过载系数一般为 1.8～2.2。选用电动机时，必须根据工作中出现最大负载转矩和所选电动机过载系数算出电动机最大转矩，该计算最大转矩必须大于最大负载转矩。

（3）启动转矩 T_{st}

启动转矩 T_{st} 为三相异步电动机启动瞬间的转矩，即电动机在 $n=0$，$s=1$ 工况下的转矩。为了确保电动机能够带额定负载启动，电动机的启动转矩应大于额定转矩。

三相异步电动机在工作时产生的转矩 T 大小能在一定范围内自动调整，以适应负载的变化，这种特性称为自适应负载能力。

6.2.5　三相异步电动机的启动、调速和制动

1. 三相异步电动机启的动

三相异步电机启动指定子绕组接通交流电源，转速从零开始增加，直到稳定为止的过程。

以笼型三相异步电动机为例，定子绕组刚接通交流电源瞬间，转子的瞬时转速为零，定子绕组产生的旋转磁场相对于转子的速度为最大，此时转子绕组中的感应电动势和电流为最大，因而定子绕组中的感应电流也最大，通常达到额定电流的 5 至 7 倍，但转子相应的功率因素 $\cos\Phi_2$ 很低，转子电流有功分量（有功功率）不大，导致启动转矩不大，因此三相异步电动机的启动性能不理想。

三相异步电动机常用的启动方式有直接启动和降压启动。

（1）直接启动

直接启动指三相异步电动机定子绕组直接施加额定电压的启动，也称全压启动，如图 6-15 所示。

直接启动的优点是启动转矩大、启动时间短、启动设备简单、操作方便和投资费用低等；缺点是启动电流偏大，为正常额定电流的 5 倍左右。因此，只要电源系统容量许可和被拖动设备能够承受直接启动的冲击力矩，设计启动方式时应选择直接启动方式。对于 7.5kW 及以下容量的三相异步电动机通常采用直接启动方式，而大容量的电动机则采用降压启动方式。

（2）降压启动

降压启动是指启动时降低加在三相异步电动机定子绕组上的电压，减小启动电流，启动后再将电压恢复到额定值，电动机进入正常工作状态。常用的降压启动方式有星三角（Y－△）启动、自耦变压器启动、软启动器启动和定子串电抗启动。降压启动的优点是对电网冲击比较小，与变频启动相比结构简单投资少；缺点是启动转矩小，适合轻载启动或者空载启动的工作条件。

①Y－△降压启动

图 6-16 中的三相异步电动机定子绕组为△连接，采用 Y－△降压启动方式。启动时定子绕组接成 Y 接线方式启动，当电动机速度接近额定转速时定子绕组转为△接线方式运行。采用 Y－△降压启动方式启动时，启动电流小，启动转矩小，由三相交流电路知识可知，其定子绕组电压为额定电压的$1/\sqrt{3}$，电流为直接启动的 1/3，启动转矩为直接启动时的 1/3。这种启动方式的优点是不需要添置启动设备，通过启动开关或交流接触器等控制设备就能实现；缺点是只适用于定子绕组设计为△连接的异步电动机，而大型异步电机不能启动。

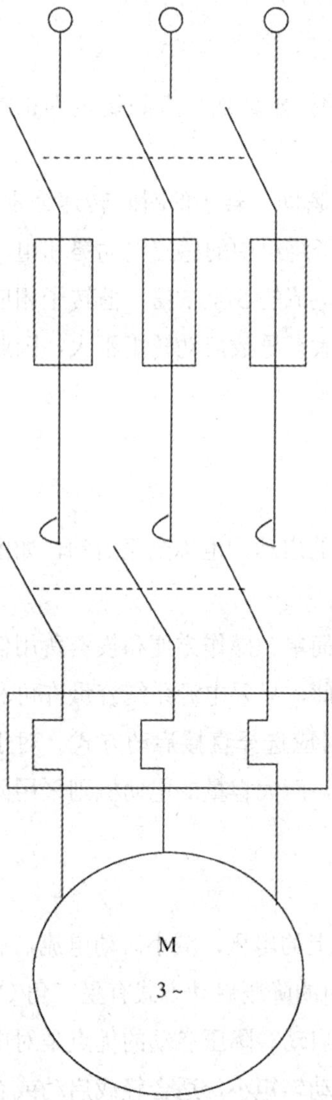

图 6-15　直接启动

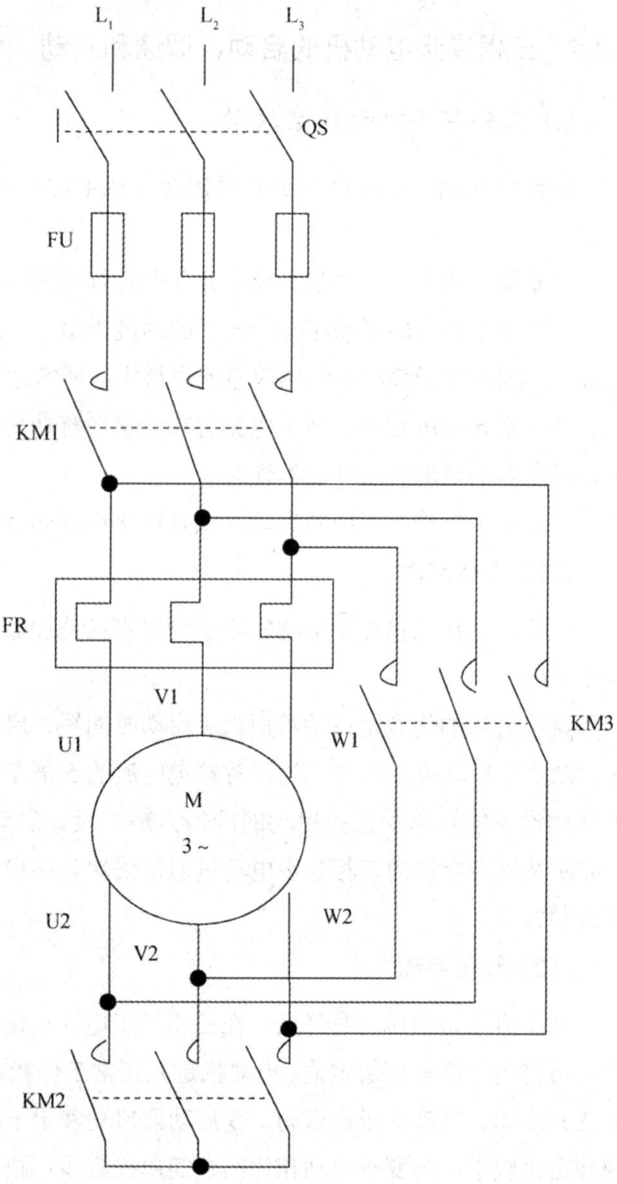

图 6-16　Y－△降压启动

②降压启动

对于容量较大或者正常运行时接成星形（Y）连接的笼型三相异步电动机，可采用自耦变压器降压启动方式。

自耦变压器降压启动方式通过自耦变压器把电源降压后施加到电动机定子绕组上，使启动电流减小。启动时电源接到自耦变压器的一次侧，自耦变压器二次侧接到电动机定子绕组上。通过改变自耦变压器抽头位置就能获得不同的二次侧电压（如 80%、60%和 40%等），启动时电动机定子绕组的电压为自耦变压器设置抽头对应的二次侧电压。启动完毕后，移除自耦变压器并把电源电压直接施加到电动机定子绕组，这时电动机将在额定电压下运行。

图 6-17 中，KM1、KM2 用于连接自耦变压器进行降压启动，KM3 为额定电压运行接触器。合上电源开关 QS，接通接触器 KMI、KM2，自耦变压器一次侧接入电源而二次侧连接电动机定子绕组，电动机降压启动。当电动机接近额定转速时，KM1、KM2 断开将自耦变压器移开，同时接触器 KM3 闭合接通，这样电动机在额定电压下运行。

自耦变压器降压启动方式的缺点是不允许频繁启动，元器件成本偏高。

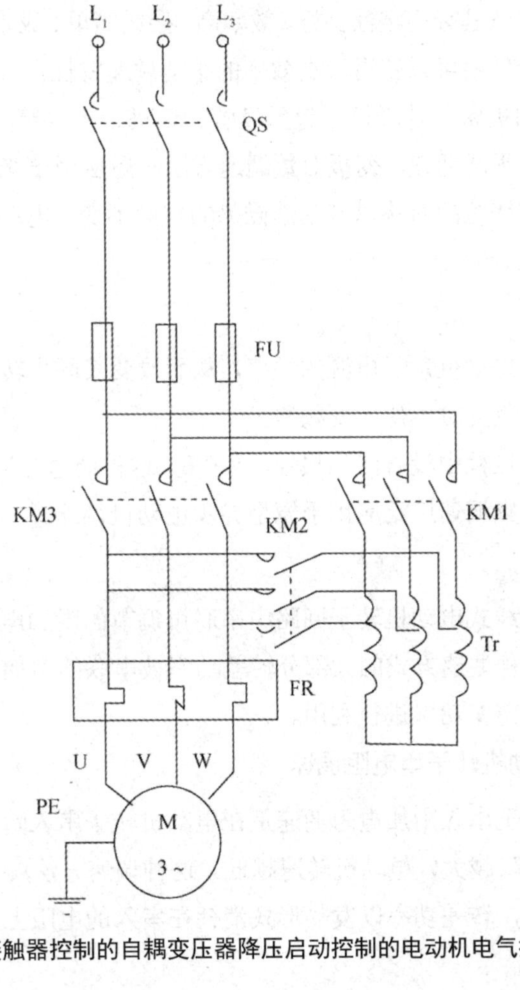

图 6-17　三台接触器控制的自耦变压器降压启动控制的电动机电气控制原理图

2. 三相异步电动机的调速

由三相异步电动机转速公式可知，改变频率 f、极对数 p 或转差率 s 都能够实现电动机调速，而调速方式从本质上可分为改变同步转速或不改变同步转速两种。异步电动机调速方法有变极对数调速、变频调速、串级调速、绕线式电动机转子串电阻调速等。

（1）变极对数调速

变极对数调速方法通过改变定子绕组端部连接方式实现电动机定子绕组极对数改变，从而达到调速的目的。图 6-18 为变极对数调速方法示意图。

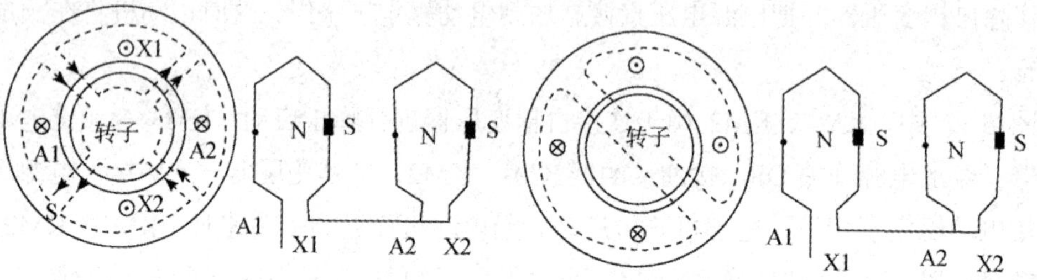

图 6-18　变极对数调速方法示意图

变极对数调速方法具有稳定性良好、效率高、接线简单、成本低等优点，与调压调速、电磁转差离合器配合使用可以获得较高效率的平滑调速特性，适用于不需要无级调速的生产机械，如金属切削机床、升降机、起重设备、风机、水泵等。其缺点是属于有级调速，级差较大，不能获得平滑调速。变极对数调速方法一般应用于笼式三相异步电动机，使用时应确保变极后三相绕组的对称以及基波磁势的转向不变。电动机极数变化后，额定转矩和额定容量都要变化。

（2）变频调速

变频调速是改变电动机定子电源的频率，从而改变其同步转速的调速方法。变频调速系统的主要设备是提供变频电源的变频器。

变频调速在调速过程中没有附加损耗，效率高。这种调速方法的精度高，调速范围大，可实现无级调速。变频调速广泛应用于笼型异步电动机调速。

（3）串级调速

串级调速是在绕线式电动机转子回路中串联可调节的附加电势，通过改变电动机转差达到调速的目的。这种调速方式的大部分转差功率被串联的附加电势吸收，如果利用特定装置，可以把吸收的转差功率进行利用。

（4）绕线式电动机转子串电阻调速

绕线式电动机转子串入附加电阻调速是在电动机转子串入附加电阻，这样会使电动机转差率加大。串入电阻越大，电动机转速越低。这种调速方法属于有级调速，需要投入的设备简单，方便控制，转差功率以发热形式消耗在串入的电阻上。

3. 三相异步电动机的制动

运行中的三相异步电动机断电后，由于惯性作用电动机需要一定时间才能停止转动。对于某些设备，在生产过程中可能需要从高速运转快速切换到低速运转。从安全和生产效率角度出发，以上两种情况需要对电动机进行制动。

三相异步电动机制动可分为机械制动和电气制动两种方式。机械制动利用电磁铁操纵机械机构对电动机进行制动（如电磁抱闸制动、电磁离合器制动等）。电气制动是使电动机产生与目前旋转方向相反的制动转矩，主要有反接制动、能耗制动和回馈制动三种方式。

（1）反接制动

反接制动是在电动机切断正常运转电源的同时改变定子绕组电源相序，使电动机定子产生反转旋转磁场和与惯性旋转方向相反的制动力矩，使电动机停止转动。当电动机的转速接近零时，应立即退出反接制动电源，否则电动机反转。图 6-19 为反接制动示意图。

反接制动具有元器件简单、产生的制动力矩大、冲击力强、准确度低的特点，适用于要求制动速度高和制动不频繁的 10 kW 以下小容量电动机的制动，如机床的主轴制动。

（2）能耗制动

能耗制动是在电动机切断交流电源的同时给定子绕组的任意二相施加直流电源，使定子绕组产生静止磁场，转子惯性转动切割静止磁场，从而产生制动力矩。图 6-20 为能耗制动示意图。

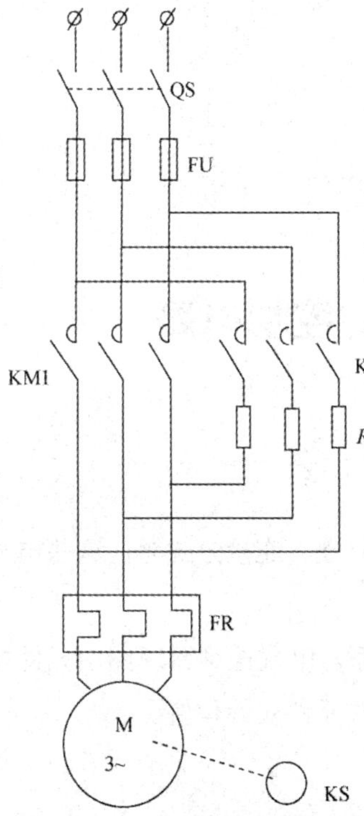

图 6-19　反接制动示意图

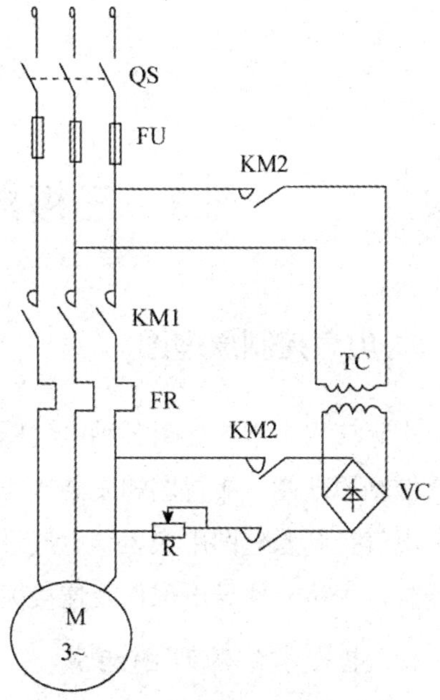

图 6-20　三能耗制动示意图

能耗制动具有平稳、准确、能耗小的优点，缺点是需要增加附加直流电源装置、制动力弱和低速时制动力矩小。能耗制动主要用于制动较大容量电动机以及需频繁、准确、平稳的制动的设备等，如磨床、立式铣床等。

（3）回馈制动

回馈制动是在电动机转动方向不变的情况下，转子旋转速度大于定子旋转磁场同步转速，这时异步电动机变成异步发电机。图 6-21 为回馈制动示意图。

例如，起重机下放重物 G 时，重物 G 拖动电动机转子，使 $n>n_0$，转子切割旋转磁场方向与原有电动运行状态（$n<n_0$）相反，这样导致转子中产生的感应电动势和电流的方向也相反，电磁转矩 T 与转子旋转反向，成为制动转矩。这时异步电动机轴上的机械能转换成电能，回馈给电源。

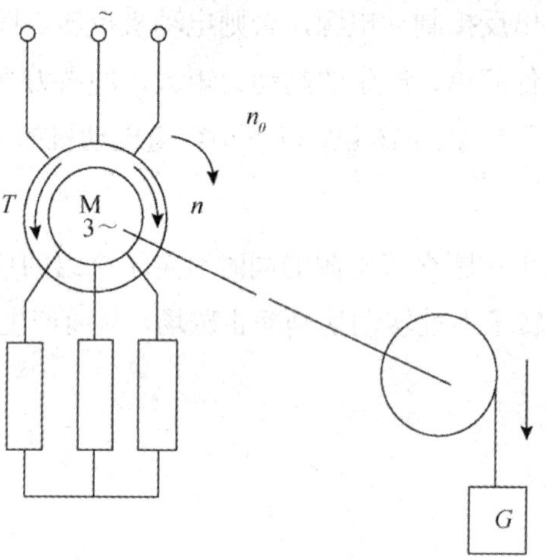

图 6-21　回馈制动示意图

6.3　三相异步电动机的控制电路

6.3.1　电气控制原理图

实际应用中常常使用各种电气图表达电气设备的原理、连接方式等，这些电气图包括电气控制原理图、布置图和安装接线图等。

电气控制原理图用来表示电气设备的动作逻辑关系。电气控制原理图中元件按功能布局绘制，表达元件导电部件及连接关系，并不一定反映元件实际位置。

1. 电气控制原理图组成

电气控制原理图一般分主电路和控制电路两部分。

主电路是电气设备工作电路，包括电源、负载、开关、保护元器件等。主电路中通过的是电气负载的工作电流，特点是电流大。

控制电路是控制主电路工作状态和显示主电路工作状态的电路，包括控制主电路等工作的控制电器和信号、照明灯元件，如按钮、接触器和继电器的线圈和辅助触点、热继电器触点等。控制电路中流过的电流通常比较小。

图 6-22 为 CA6140 车床电气控制原理图。

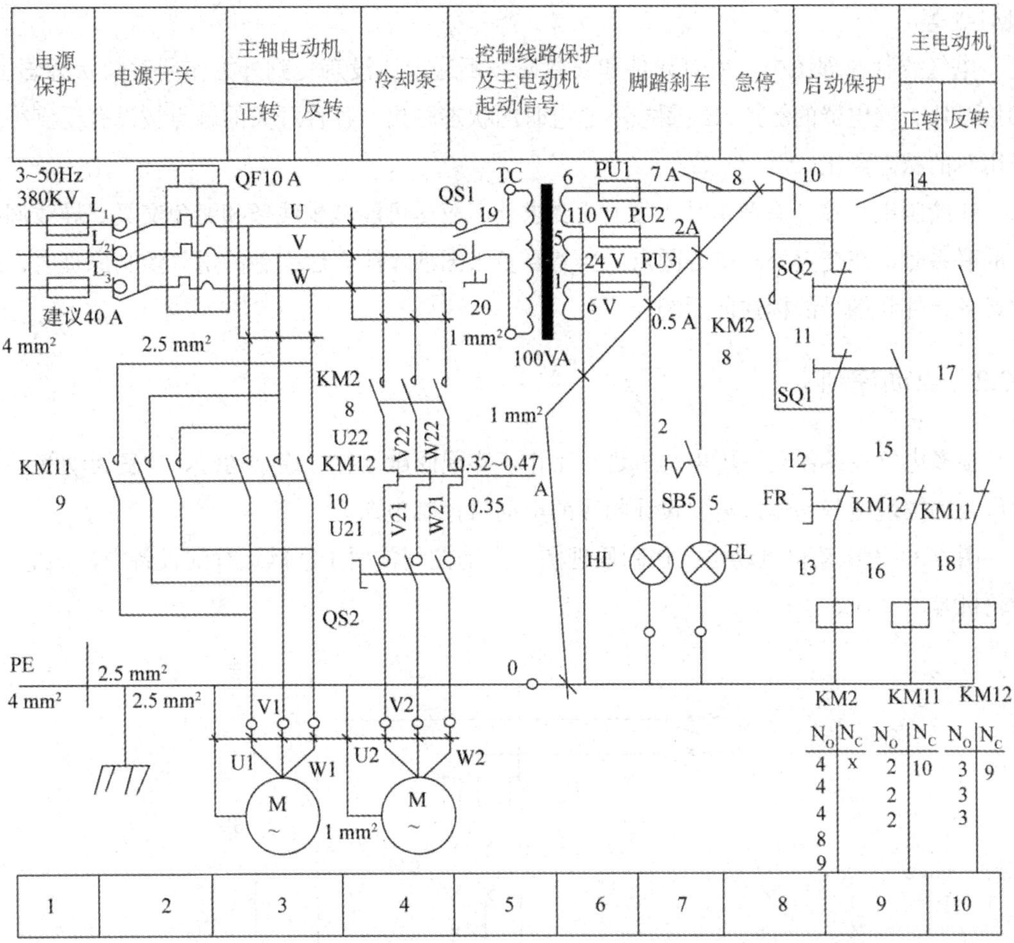

图 6-22　CA6140 车床电气控制原理图

2. 电气控制原理图的阅读与绘制

电气控制原理图中所有元件应采用国家标准中规定的图形符号和文字符号表示。

电气控制原理图中元件布局应根据便于阅读原则安排。主电路安排在左侧或上方，控制电路安排在右侧或下方。在阅读电气控制原理图时，从电气控制原理图名称及标题栏了解设备名称，从主电路了解主电路控制的电动机数量、功能及相互关系，从控制电路了解控制顺序与配合。

主电路和控制电路都应按照功能和动作顺序布置，通常动作顺序按照从上到下，从左到右的原则排列。

同一元件的不同部件（如接触器的线圈和触点）在不同位置时，应在元件的不同部件处标注相同文字符号。对于同类元件应在文字符号后加数字序号区别。如控制图中有两台接触器，可分别以 KM1、KM2 文字符号加以区别，它们的不同部件也应以不同脚码数字区别，如 KM1 的主触点可能是 KM1-1、KM1-2、KM1-3、KM1 的辅助触点可能是 KM1-4、KM1-5 等。

电气控制原理图中，所有元件和设备应按不通电或没有受到外力作用时的状态画出。如接触器、继电器的触点、线圈按不通电时的状态画出，各种开关的触点按没有受到外力作用时的状态画出。

在绘制电气控制原理图时，除上述要求外，应尽可能减少线条和避免交叉。导线间有电的联系时，在交点处画实心圆点。当需要多张图纸才能表达完整的电气控制原理时，应注意各元件和图号的标注前后统一。

6.3.2　点动控制

很多电气设备需要使用电动机进行工作，实现间歇运行、连续运行、往复运动等各种动作。为实现这些动作，需要设计相应的电动机控制电路。

图 6-23 为电动机点动电气控制原理图。点动控制常用于间歇运行的设备中，如电钻、砂轮机等。

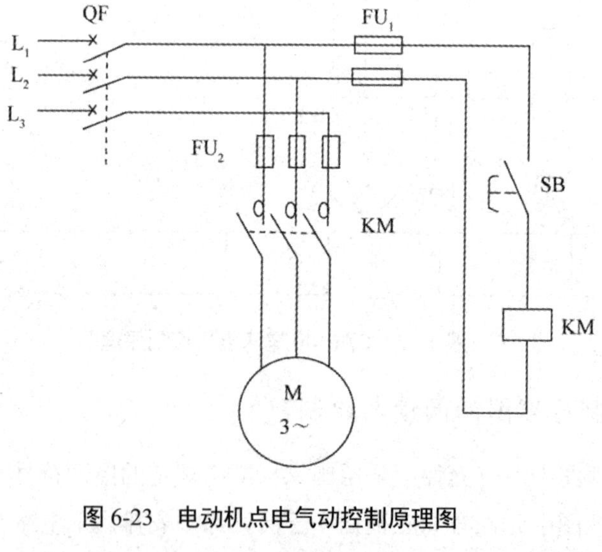

图 6-23　电动机点电气动控制原理图

在 6-23 所示的电动机点动控制中，主电路由电源（L_1～L_3）、断路器 QF、熔断器 FU2、接触器主触点 KM 组成。控制电路由熔断器 FU_1、按钮开关 SB 和接触器线圈组成。

当需要启动电动机时，控制电路动作顺序为按下 SB→KM 线圈得电→控制电路导通，而主电路中的接触器主触点 KM 在线圈得电后动作闭合，主电路导通使电动机得电工作。

当需要停止电动机时，控制电路和主电路的动作顺序为松开 SB →KM 线圈失电→KM 主触头断开→电动机停止。

6.3.3 连动控制

图 6-24 为电动机连动电气控制原理图。连动控制在电气设备中得到了广泛的应用，如车床、铣床等。

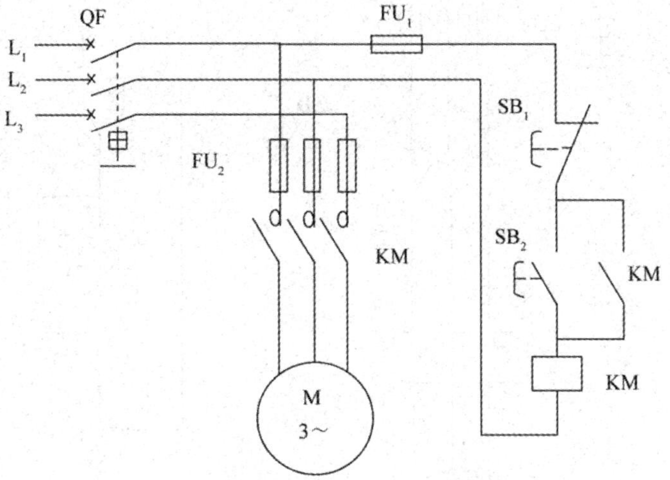

图 6-24 电动机连动电气控制原理图

在图 6-24 所示的电动机点动控制中，主电路由电源（L_1～L_3）、断路器 QF、熔断器 FU_2、接触器主触点 KM 组成。控制电路由熔断器 FU_1、停止按钮开关（常闭）SB_1、启动按钮开关（常开）SB_2、接触器辅助常开触点 KM 和接触器线圈 KM 组成。

当需要启动电动机时，控制电路动作顺序为按下启动按钮开关 SB_2→KM 线圈得电→控制电路导通，同时接触器动作，常开辅助触点 KM 闭合，同时在主电路中的接触器主触点 KM 闭合，主电路导通，电动机得电工作。

当松开 SB_2 时，控制电路中 SB_2 支路断开。但是，与 SB_2 并联的另一支路的接触器辅助常开触点 KM 此时还处于闭合状态，因此控制电路还是保持接通，这样接触器线圈 KM 继续得电，电动机保持连续运转。在这个控制电路中，松开启动按钮开关 SB_2 后，依靠接触器常开辅助触点使线圈保持得电，这种作用被称为接触器自锁。在本电路中，和启动按钮 SB_2 并联的起自锁作用的常开辅助触点被称为自锁触点。

当需要停止电动机时，控制电路和主电路的动作顺序为按下停止按钮开关 SB_1 →KM 线圈失电→KM 主触点断开→电动机停止。当按下停止按钮 SB_1 后，控制电路断电，接触器线圈失电，接触器所有触点复位，这时自锁也被解除。

6.3.4 点连动控制

图 6-25 为电动机点连动电气控制原理图。

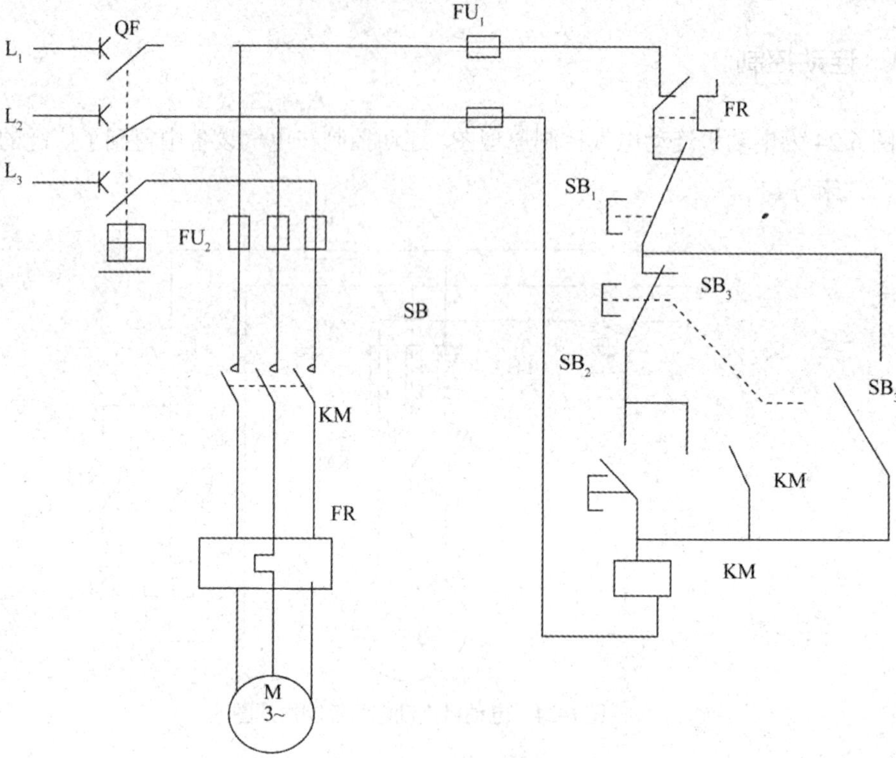

图 6-25 电动机点连动电气控制原理图

在图 6-25 所示的电动机点连动控制中，主电路与连动电路相同。控制电路由熔断器 FU_1、热继电器常闭触点 FR、停止按钮开关（常闭）SB_1、连动按钮开关（常开）SB_2、点动按钮开关（复合按钮）SB_3、接触器辅助常开触点 KM 和接触器线圈 KM 组成。

1. 点动

当电动机需要点动时，控制电路动作顺序为按下点动按钮开关 SB_3→KM 线圈得电→控制电路导通。主电路中的接触器主触点 KM 在线圈得电后动作闭合，主电路导通使电动机得电工作。由于复合按钮 SB_3 被按下，接触器无法实现自锁。

松开 SB_3→KM 线圈失电→KM 触点断开→电动机停止。

2. 连动

当电动机需要连动时，按下连动按钮开关 SB_2→KM 线圈得电→控制电路导通。主电路中的接触器主触点 KM 闭合，主电路导通，电动机得电连动，接触器辅助常开触点 KM 使接触器自锁。当需要停止电动机时，控制电路和主电路的动作顺序为按下停止按钮开关 SB_1→KM 线圈失电→KM 主触点断开→电动机停止，自锁也解除。

6.3.5　正反转控制

图 6-26 为电动机正反转电气控制原理图。正反转控制是常见设备的运行方式，如起重天车、垂直升降机等设备的运行。

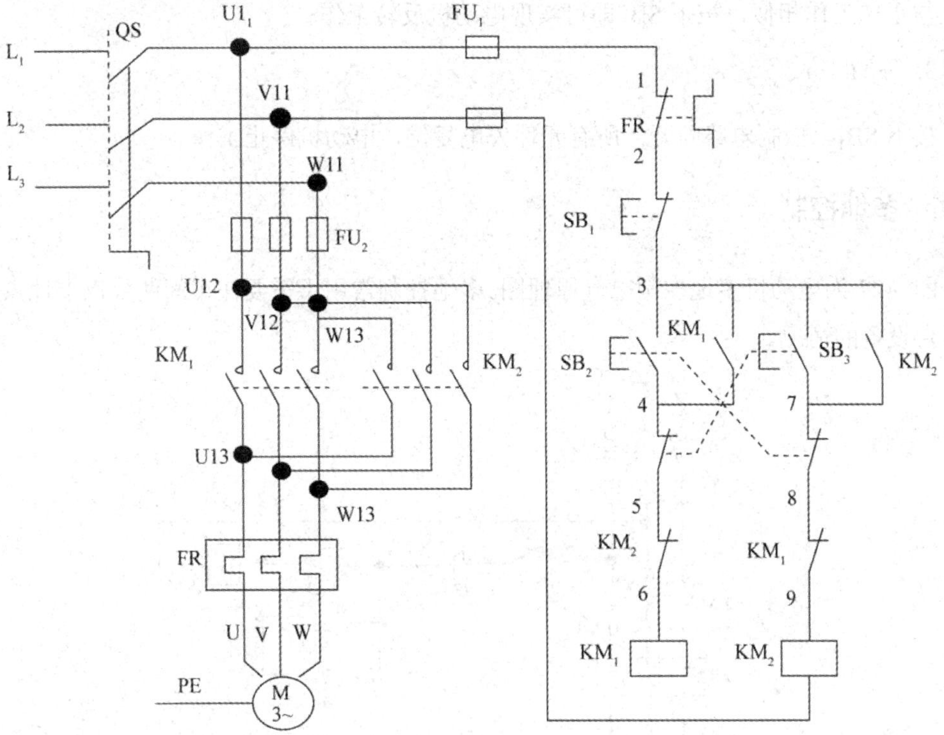

图 6-26　电动机正反转电气控制原理图

正反转控制是通过改变通入电动机三相定子绕组中电流的相序，实现电动机改变旋转方向。图 6-26 中电路正转接触器和反转接触器的与电源相连接侧接线相同，与负载接线时调相，即把 U 与 W 相对调。为确保相序对调时两个 KM 线圈不能同时得电，防止发生相间短路故障，图 6-26 所示电路采取了按钮机械联锁和接触器电气联锁的双重联锁。图 6-26 中的 SB_2 和 SB_3 为按钮机械联锁，即使发生了同时按下正反转按钮的误操作，两接触器不可能同时得电，防止发生相间短路故障。在控制电路的 5、6 和 8、9 之间分别是用于电气联锁的两个接触器辅助常闭触点，如果 KM_1 接触器得电，那么 8、9 之间的 KM_1 辅助常闭触点必然断开，这样从电气方面防止发生相间短路故障，为接触器的电气联锁。本电路为机械、电气双重联锁，不可能发生相间短路故障。

1. 正转控制

在控制电路中，按下 SB_2，SB_2 在图 6-26 中 7、8 之间常闭触点断开，实现对 KM_2 线圈的机械联锁，SB_2 完全按下→KM_1 线圈得电→KM1 所有触点动作，KM_1 通过其辅助常开触点实现自锁，同时通过在 8、9 之间的辅助常闭触点实现对 KM2 的电气联锁。

由于控制电路中 KM_1 线圈得电，使主电路中接触器主触点 KM_1 闭合，电动机得电正转工作。松开 SB_2，电动机保持正转。

2. 反转控制

与正转工作相似，按下 SB_3 即可实现电动机反转工作。

3. 停止

按下 SB_1，控制电路断开，所有元件失电复位，电动机停止工作。

6.3.6 多地控制

图 6-27 为电动机多地控制电气原理图。多地控制常用于需要在车间两处以上地点控制同一台设备的情况。

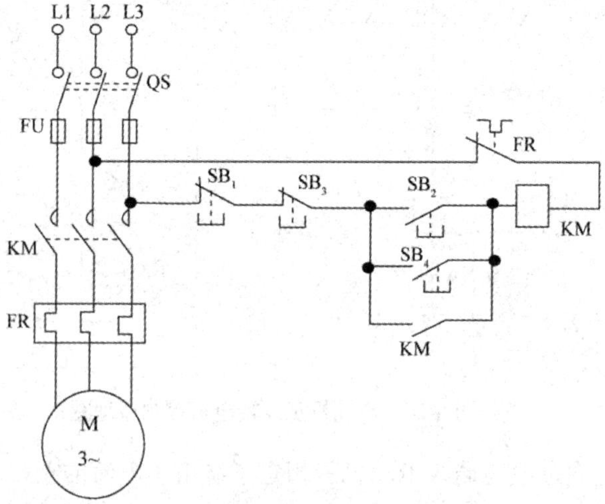

图 6-27 电动机多地控制电气原理图

如图 6-27 所示，常闭按钮 SB_1 和常开按钮 SB_3 为安装在甲地的停止和启动按钮；SB_2 和 SB_4 为安装在乙地的停止和启动按钮。这个控制电路两地启动按钮 SB_2、SB_4 并联，停止按钮 SB_1、SB_3 串联。

在甲地按下 SB_2，启动电动机。如果需要在甲地停止电动机，那么按下 SB_1。如果需要到达乙地才停止时，按下 SB_3。

6.3.7 星三角降压启动控制

三相异步电动机的启动电路往往比较大，可能对电源或线路产生较大冲击。因此对于一些大型异步电动机，启动时可采取星三角降压启动方式，启动时定子绕组接成 Y 接线方式启动，启动电流大大降低；当电动机速度接近额定转速时定子绕组转为△接线方式运行。

图 6-28 为时间继电器自动控制 Y-△电动机降压启动控制电路。

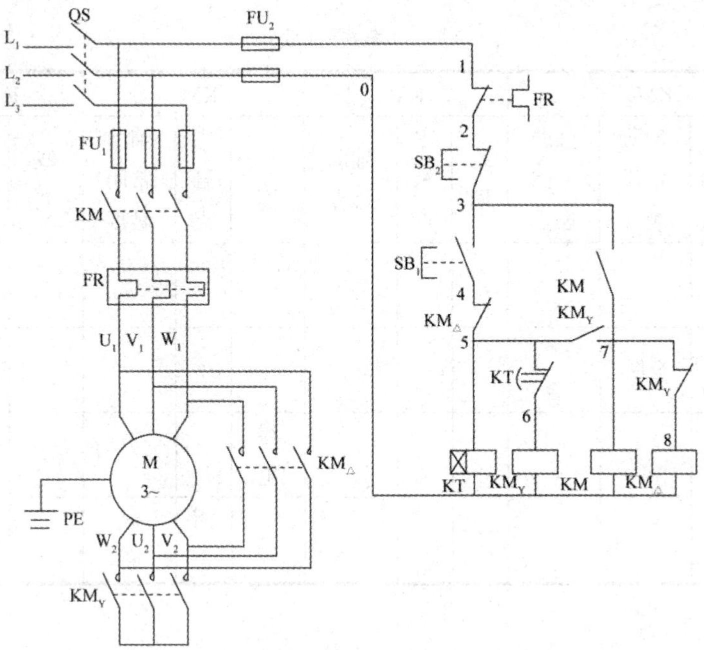

图 6-28　时间继电器控制 Y-△降压启动控制

图 6-28 所示星三角降压启动控制电路由接触器、按钮、热继电器、时间继电器组成。接触器 KM_Y 用于星形 Y 降压启动，接触器 KM△用于三角形△全压运行，时间继电器 KT 用来控制 Y 形降压启动时间及完成 Y-△切换。常开按钮 SB_1 为启动按钮，常闭按钮 SB_2 为停止按钮，熔断器 FU_1 用于主电路的短路保护，熔断器 FU_2 用于控制电路的短路保护，热继电器 FR 用于过载保护。当电动机需要进行降压启动时，合上刀用开关 QS，按下 SB_1，各元件动作顺序见表 6-5。

表 6-5　各元件动作顺序

动作顺序	KM_Y				KM			$KM_\triangle$			KT		备注
	线圈	主触点	辅助常开触点	辅助常闭触点	线圈	主触点	辅助触点	线圈	主触点	辅助常闭触点	线圈	常闭触点	
1	得电										得电		KT 延时
2		闭合	闭合	分断									7、8 联锁
3					得电								
4						闭合	闭合						Y 启动 3、7 自锁
5												分断	延时结束

表 6-5（续）

动作顺序	KM_Y				KM			$KM_\triangle$			KT		备注
	线圈	主触点	辅助常开触点	辅助常闭触点	线圈	主触点	辅助触点	线圈	主触点	辅助常闭触点	线圈	常闭触点	
6	失电												
7		分断	分断	闭合									解除 Y
8								得电					
9									闭合	分断			△运行 4、5 联锁

6.4 电动机节能

目前，电动机节能主要通过两个途径：一是通过变频器调速，提高交流电机的运行效率；二是使用高效率电动机。

6.4.1 变频器节能

变频器是一种广泛应用于企业电动机节能的装置，变频器通过改变电源频率实现电动机速度调整，从而调节电动机输出功率，达到节能目的。变频器常用于运行工况变化大的设备上，如风机、水泵等，图 6-29 为变频器的实物图。

图 6-29 变频器的实物图

在风机、水泵等运行工况变化大的设备上，如果使用定速电动机，电动机转速将始终不变，输出的功率也不变。由力学知识可知，功率为流量和压力的乘积，流量与转速成正比，压力与转速的平方成正比，因此功率与转速的三次方成正比。也就是说，在这些设备上，当工况变化导致电动机的转速从 n_1 下降到 n_2 时，对应的功率变化为

$$\frac{P_1}{P_2}=\frac{n_1^3}{n_2^3}$$

因此，通过变频调速可以改变异步电动机轴输出功率，达到节约电能的效果。与定速

异步电动机相比，应用变频装置后，通常可以节约 20%以上电能。

异步电动机的无功功率除了建立磁场外，还会增加线路损耗和导致设备发热，结果是降低线路的功率因数。投入变频器后，变频器内部的电容具有滤波作用，会减少无功损耗，提高功率因数。

由异步电动机的启动方式可知，运用变频器对电动机进行变频调速启动，可以降低启动对线路和电源的冲击。

6.4.2　高效率三相异步电动机

与传统异步电动机相比，高效率能异步电动机采用新型电机设计、新工艺及新材料，通过降低电磁能、热能和机械能的损耗，可以把效率提高 4%或以上。

异步电动机的损耗主要有三部分：可变损耗、固定损耗和杂散损耗。可变损耗随电动机负荷变化，这部分损耗包括定子电阻损耗（铜损）、转子电阻损耗和电刷电阻损耗。固定损耗与电动机的负荷无关，这部分损耗包括铁芯损耗（铁损）和机械损耗。其中，铁损部分包含磁滞损耗和涡流损耗，铁损与电压的平方成正比，磁滞损耗与频率成反比。杂散损耗包括轴承摩擦损耗和风扇、转子等风阻损耗。

为了提高异步电动机的效率，可从损耗的源头出发，降低各种损失。对于定子绕组电阻损失，主要通过降低电动机定子绕组电阻的方法减少。对于转子绕组电阻损失，通过减小转子电流、增加转子槽截面积和减小转子绕组的电阻的方法减少。对于电动机铁耗损失，通过增加铁芯的长度以降低磁通密度、减少铁芯片的厚度降低感应电流损失、采用导磁性能更好的冷轧硅钢片降低磁滞损耗、采用高性能铁芯片绝缘涂层和采用先进制造技术减少。

我国对中小型三相感应电动机有严格的能效标准，2012 年实施了《中小型三相异步电动机能效限定值及能效等级》GB18613—2012，见表 6-6，规定 2016 年 9 月 1 日起，中小型异步电机实施新标国家二级（IE3 超高效电机）。

表 6-6　中小型三相异步电动机能效限定值及能效等级（GB18613—2012）

<table>
<tr><th colspan="2" rowspan="2">电动机能效等级对照表</th><th rowspan="2">国际电工委员会 IEC</th><th colspan="2">中国</th></tr>
<tr><th>GB18613—2006</th><th>GB18613—2012</th></tr>
<tr><td rowspan="5">效率分级</td><td>超超高效</td><td>IE4</td><td></td><td>1 级</td></tr>
<tr><td>超高效</td><td>IE3</td><td>1 级</td><td>2 级</td></tr>
<tr><td>高效</td><td>IE2</td><td>2 级</td><td>3 级</td></tr>
<tr><td>标准效率</td><td>IE1</td><td>3 级</td><td></td></tr>
<tr><td>低效率</td><td></td><td></td><td></td></tr>
</table>

据统计，符合我国2级能效的YE3超高效异步电动机效率平均值约为91.7%，符合我国3级能效的YX3高效电动机效率平均值约为90.3%，需要淘汰的Y系列异步电动机效率平均值约为87.3%。一台18.5 kW的4极三相异步电动机，年运行3 600 h，负荷率为75%，如果采用YE3系列替代Y系列，每年节约电能为

$$(\frac{1}{0.873}-\frac{1}{0.917})\times 18.5\times 3\ 600\times 0.75 = 2\ 745\ \text{KW}\cdot\text{h}$$

高效率异步电动机和在异步电动机加装变频装置都是提高异步电动机效率和节能的有效手段。根据设备实际情况，可以单独或同时使用。

高效率异步电动机通过制造工艺提高电机本身的能量转换比达到提高运行效率和节能的目的。变频装置通过调节电机转速来节能，电动机本身能量转换比没有提高，还需增加变频装置的能耗。

对于运行负载工况变化较大的设备，采用变频装置的节能效果明显，节能效果一般在20%左右，而只使用高效率电动机的节能效果在2%左右。对于运行负载工况稳定的设备，由于不需要调速，变频装置的效果就不明显，建议使用高效率电动机。

本章小结

1．三相异步电动机广泛应用于设备中，由定子（固定部分）和转子（转动部分）和其他部分组成。三相异步电动机工作原理是三相正弦交流电通入电动机定子的三相绕组，产生旋转磁场，旋转磁场切割转子绕组导体，转子产生感应电动势，转子在磁场中受力旋转。

2．三相异步电动机定子绕组的旋转磁场转速 n_0 由交流电频率 f 和电动机磁极对数 p 决定。转子转速 n 与旋转磁场转速 n_0 存在转速差，用转差率 s 来表示转子转速 n 与磁场转速 n_0 相差的程度。

3．三相异步电动机常用的启动方式有直接启动、降压启动。直接启动是指三相异步电动机定子绕组直接施加额定电压的启动，优点是启动转矩大、启动时间短、启动设备简单、操作方便和投资费用低等；缺点是启动电流偏大，正常额定电流的5倍左右。

降压启动时降低定子绕组上电压，减小启动电流，启动后再将电压恢复到额定值，电动机进入正常工作状态。常用的降压启动方式有星三角（Y-△）启动、自耦变压器启动、软启动器启动和定子串电抗启动。降压启动的优点对电网冲击比较小，与变频启动相比结构简单投资少；缺点是启动转矩小，适合轻载启动或者空载启动的工作条件。

对于7.5 kW及以下容量的三相异步电动机通常采用直接启动方式，而大容量的电动机则采用降压启动方式。

4．三相异步电动机调速方法有变极对数调速、变频调速、串级调速、绕线式电动机

转子串电阻调速等。这些方法通过改变频率 f、极对数 p 或转差率 s 都能够实现电动机调速。

5．三相异步电动机制动分为机械制动和电气制动两种方式。机械制动利用电磁铁操纵机械机构对电动机进行制动（如电磁抱闸制动、电磁离合器制动等）。电气制动是使电动机产生与目前旋转方向相反的制动转矩，主要有反接制动、能耗制动和回馈制动三种方式。

6．电气控制原理图用来表示电气设备的动作逻辑关系，采用元件按功能布局绘制，表达元件导电部件及连接关系。电气控制原理图一般分主电路和控制电路两部分。主电路是电气设备工作电路，包括电源、负载、开关、保护元器件等，电路中通过负载工作电流，电流大。控制电路是控制主电路工作状态和显示主电路工作状态的电路，包括控制主电路等工作的控制电器和信号、照明灯元件，控制电路中流过的电流通常比较小。

7．三相异步电动机节能主要通过变频器调速和使用高效率电动机两种方法实现。对于运行负载工况变化较大的设备，采用变频装置的节能效果明显。对于运行负载工况稳定的设备，使用高效率电动机效果更好。

思考与练习

一、判断题

1．鼠笼式异步电动机和绕线式异步电动机工作原理和机构都不同。（　　）

2．异步电动机电磁转矩与电源电压平方成正比，电压越高电磁转矩越大。（　　）

3．启动电流会随着转速的升高而逐渐减小，最后达到稳定值。（　　）

4．异步电动机转子电路的频率随转速而改变，转速越高，则频率越高。（　　）

5．异步电动机额定功率指的是电动机轴上输出的机械功率。（　　）

6．异步电动机的转速与磁极对数有关，磁极对数越多转速越高。（　　）

7．当加在异步电动机定子绕组上电压降低时，电动机转速下降。（　　）

8．三相异步机在空载下启动时启动电流较小，而在满载工况下启动时启动电流大。（　　）

9．三相异步电动机在满载和空载下启动时的电流基本相同。（　　）

10．变频器调速和使用高效率电动机两种方法的节能原理和效果相同。（　　）

二、选择题

1．三相异步电动机三相定子绕组在空间位置上彼此相差（　　）。

A．60° 电角度　　B．120° 电角度　　C．180° 电角度　　D．360° 电角度

2．三相异步电动机旋转方向与通入三相绕组的三相电流（　　）有关。

A．大小　　B．方向　　C．频率　　D．相序

3．绕线式三相异步机转子上三个滑环和电刷作用是（　）。

A．连接三相电源　　B．通入励磁电流

C．让定子产生旋转磁场　　D．短接转子绕组或接入启动、调速电阻

4．三相鼠笼式异步电动机在空载和满载两种情况下的启动电流的关系是（　）。

A．空载启动电流较大　B．满载启动电流较大　C．二者相同　D．无法判断

5．起重设备中常选用（　　）异步电动机。

A．鼠笼式　　B．绕线式　　C．单相　　D．以上都不是

6．三相异步电动机旋转磁场的转速与（　　）有关。

A．电源频率　　B．定子绕组上电压

C．负载　　D．三相转子绕组所串电阻

7．三相异步电动机的电磁转矩与（　　）。

A．电压成正比　　B．电压平方成正比

C．电压成反比　　D．电压平方成反比

8．三相异步电动机的启动电流与启动时的（　　）。

A．电压成正比　　B．电压平方成正比

C．电压成反比　　D．电压平方成反比

9．能耗制动方法是在切断三相电源的同时（　　）。

A．给转子绕组中通入交流电　　B．给转子绕组中通入直流电

C．给定子绕组中通入交流电　　D．给定子绕组中通入直流电。

三、填空题

1．异步电动机根据转子结构的不同可分为_______式和________式两大类。它们的工作原理________。在调速方面，________式电机调速性能较差，________式电机调速性能较好。

2．三相异步电动机主要由__________和__________两大部分组成。铁芯由相互绝缘的_______片叠压制成。电动机的定子绕组可以连接成_______或_______两种方式。

3．旋转磁场的旋转方向与通入定子绕组中三相电流的_______有关。异步电动机的转动方向与旋转磁场的方向________。旋转磁场的转速决定于旋转磁场的________________。

4．电动机常用的降压启动方法是___________启动和____________启动。

5．三相异步电动机定子绕组的旋转磁场转速 n_0 由_____________和__________决定。

6．主电路是电气设备工作电路，包括_________、_______、_______、_______等，

电路中通过负载________。

7．三相异步电动机调速方法有 ___________、__________、_________和绕线式电动机转子串电阻调速等。

8．三相异步电动机制动分为_________和__________两种方式。

四、简答题

1．简述三相异步电动机工作原理。

2．简述三相异步电动机的启动方法及原理。

3．简述三相异步电动机调速种类和原理。

4．简述三相异步电动机制动方法。

五、计算题

三相异步电动机铭牌标示额定转速 n=1450 r/min，电源为 50 Hz。求该电动机极数和额定转差率 s。

六、综合题

1．阅读图 6-22 所示车床电气控制原理图，说明主电路和控制电路的工作原理。

2．电动机控制设计

（1） 顺序启动控制

某设备有三台三相异步电动机 A、B、C，要求三台电动机按照以下顺序启动：A 启动后 B 才能启动，在 A 和 B 启动后 C 才能启动。三台电动机均需设置热继电器进行过载保护，需要配备 12 V 照明灯具三组。可用元件和电器：接触器、按钮开关、热继电器、熔断器、刀闸开关、灯具。

（2） 自动往返控制

某车间 CD 两处之间需要安装一台往复运动工作台，当工人按下启动按钮开关后，工作台前进到 C 点时自动向 D 点返回，到达 D 点后自动向 C 点返回，直至工人按下停止开关，工作台停止动作。工作台上需配备 12 V 照明灯具两组和正反向指示灯各一组。可用元件和电器：接触器、按钮开关、行程开关、热继电器、熔断器、刀闸开关、信号灯和照明灯具。

第 7 章　安全用电与低压配电设计

【本章导读】

在采取一定安全措施的前提下使用和维修电工设备是非常有必要的。电能是一种方便的能源，它的广泛应用促成了人类近代史上第二次技术革命。有力地推动了人类社会的发展，给人类创造了巨大的财富，改善了人类的生活。如果在生产和生活中不注意安全用电，会带来灾害。低压配电由配电变电所、高压配电线路、配电变压器、低压配电线路以及相应的控制保护设备组成。

【学习目标】

- 了解电力系统组成；
- 掌握安全用电知识和触电急救技能；
- 理解电气防火、防爆和防雷知识；
- 理解漏电保护装置原理和接地（零）作用。

7.1　电力系统概述

7.1.1　电力系统的组成

电力系统由发电厂、变电站所、输电网、配电网和电力用户几个环节组成，是把其他能转换成电能并输送和分配到用户的系统。

在电力系统中，发电厂是电源部分，发电厂的作用是把其他能转换成电能，为电力系统提供电源。目前发电机输出的电能电压以 10 kV 为主。

变电站所分为升压变电站所和降压变电站所。升压变电站所把发电厂输出电能升压后再输出到电网中，如把发电机送来的 10 kV 电能升压到 220 kV 后输送到电网中。降压变电站所把来自电网的较高电压等级的电能降低电压输送给配电网或最终用户，如降压变电站所把电压从 110 kV 降到 10 kV。

输电网和配电网统称为电网，是电力系统的重要组成部分，输电网是电力系统中的主要网络。实际应用中，输电网由多种电压等级的交流或直流输电网络组成，如 500 kV、220 kV 高压交流输电，800 kV 的超高压直流输电等。配电网的作用是把电能从降压变电站所分配到直接用户，或把电力分配到配电变电站所后再向用户供电。一般情况下配电网可按地区划分，一个配电网担任分配一个地区的电力及向该地区供电的工作。电力系统各环节之间通过输电线路连接，使电力系统形成互联，而连接两个电力系统的输电线路称为联络线。

除上述环节外，电力系统还包括保证其安全可靠运行的控制系统，如电力调度自动化、继电保护和监控系统等。

图 7-1 为电力系统组成示意图。

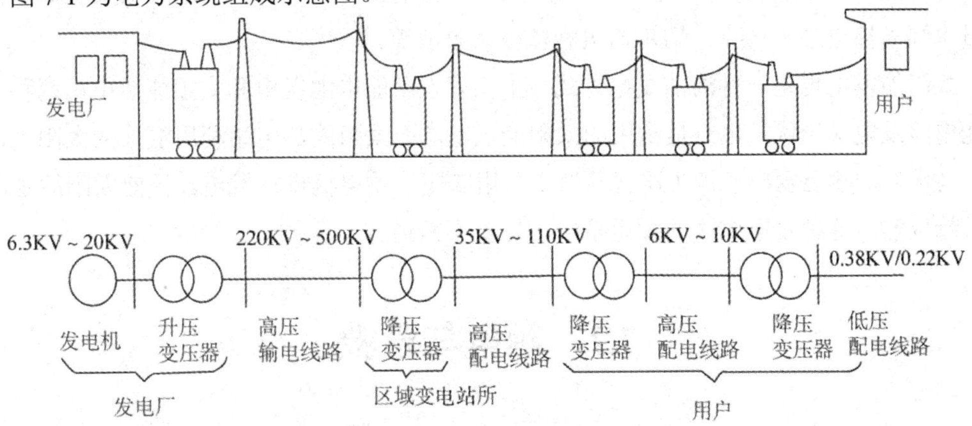

图 7-1　电力系统组成示意图

7.1.2　发电方式

目前主要的发电方式有火力发电、水力发电、风力发电、核能发电和太阳能发电。

在我国，目前发电量第一位的发电方式是火力发电。火力发电是利用煤炭、石油、天然气等石化燃料燃烧产生热能，热能转化为驱动发电机转动的机械能，然后通过电磁感应把机械能转换为电能。火力发电是现阶段技术最成熟的发电方式，布局时可以靠近负荷中心设置，可靠性和调节性较好，单机容量大，现在很多大型火力发电厂单机装机容量达到 600 MW 或以上。但是火力发电也有明显的的缺点，它使用不可再生的石化燃料，生产过程中会产生废气、粉尘等污染问题。

水力发电也是一种常见的发电方式，水力发电将水的位能转变成驱动水力发电机的机械能，然后通过电磁感应把机械能转换为电能。水力发电的优点是它属于一种可再生的清洁发电方式，发电效率高，发电生产成本低。水力发电的缺点是工程投资大、建设周期长，难以接近负荷中心，需要建设长距离的输电线路，选址受自然条件的影响较大，可能对生态造成一定影响。我国的三峡水电站是当今世界上最大的水力发电厂。

风力发电是一种清洁的发电方式，风力发电机由风轮和发电机组成。风力发电方式的发电原理是在风的作用下驱动风轮旋转，把风的动能转变为风轮的机械能，带动发电机发电。由于风能是可再生的能源，因此风力发电方式环境效益好。风力发电的建设周期短、装机规模易于控制。风力发电的缺点是对选址有特殊要求，造价高，运行稳定性较差而且噪声大。近年来，我国的风力发电装机容量快速增长，风力发电装机容量居世界前列。

核能发电是利用原子核的核裂变或核聚变反应所释放的能量进行发电，目前主要利用核裂变反应技术进行发电。核电站一般分为两部分：利用原子核裂变生产蒸汽的核岛（包括反应堆装置和一回路系统）和利用蒸汽发电的常规岛（包括汽轮发电机系统），使用的燃料一般是放射性重金属铀、钚。核能发电方式的优点是核燃料体积小能量大，缺点是发电厂有可能产生放射性物质，如果发生严重事故会电站对环境和人员造成极大破坏和伤害，如日本福岛核电站和乌克兰切尔诺贝利核电站事故等。

太阳能发电也是一种清洁发电方式，主要有太阳能电池发电和太阳能热电站两种。太阳能电池发电（光伏发电）是常用的太阳能发电。而太阳能热电站利用汇聚的太阳光，把介质（水）加热至发电所需工况（蒸汽）后用来驱动发电机进行发电。目前太阳能发电技术日趋成熟，这种发电方式的发电量所占比重不断增加。

7.2 触电与急救

7.2.1 安全电压与安全电流

1. 安全电压

安全电压是为了防止触电事故而采用的特定电源的电压系列。安全电压一般是指人体较长时间接触而不致发生触电危险的电压。国家标准规定 42 V、36 V、24 V、12 V、6 V 为安全电压，当电气设备采用了超过 24 V 的安全电压时，必须采取防直接接触带电体的保护措施。实际工作中，应根据使用环境、人员和使用方式等因素来选用安全电压值，见表 7-1。

表 7-1 使用环境、人员和使用方式等因素来选用安全电压值应用举例

安全电压（交流有效值）/V	应用举例
42（空载上限小于等于 50 V）	有触电危险的场所使用的手持式电动工具等场合下使用
36（空载上限小于等于 43 V）	矿井、多导电粉尘等场所使用的行灯等场合下使用
24（空载上限小于等于 29 V）12（空载上限小于等于 15 V）6（空载上限小于等于 8 V）	某些人体可能偶然触及的带电体的设备选用。在大型锅炉内工作、金属容器内工作或者在发器内工作，为了确保人身安全一定要使用 12 V 或 6 V 低压行灯。当电气设备采用 24 V 以上安全电压时，必须采取防止直接接触带电体的。其电路必须与大地绝缘

2. 安全电流

电流对人体是有害的，当通过人体的交流电流大于 20 mA 或直流电流大于 50 mA 时，

人就会感觉麻痛或剧痛，呼吸困难，自我不能摆脱电源，长时间会对身体造成很大损害甚至有生命危险。当 100 mA 以上的工频电流通过人体时，人在很短的时间里就会窒息，心脏停止跳动，失去知觉，甚至死亡。

实验和经验证明，不大于 10 mA 的工频交流电流或 50 mA 的直流电流对人体是安全的。

7.2.2 触电的种类和形式

1. 触电的种类

触电事故可分为电击和电伤两种。

（1）电击

电击是指人直接接触了带电体，电流通过人体，使肌肉麻木、抽动，如不能立刻脱离电源，将使人体神经中枢受到伤害，引起呼吸困难，心脏麻痹，以致死亡。绝大多数（80%以上）的触电死亡事故都是由于电击造成的，因此电击是最危险的触电伤害。电击往往在人体的外表没有显著的痕迹，而是会伤害人体内部器官组织。

按照发生电击时电气设备的状态，电击可分为直接接触电击和间接接触电击。

①直接接触电击：人体触及设备和线路正常运行时的带电导体发生的电击（如误触接线端子发生的电击）。

②间接接触电击：人体触及的设备或线路正常状态下不带电，接触故障时意外带电的导体发生的电击（例如接触漏电设备外壳发生的电击）。

（2）电伤

电伤是指由于电流的热效应等对人造成的伤害。电伤的主要种类有五种。

①电烧伤：由于电流的热效应造成的伤害，分为电流灼伤和电弧烧伤。

②皮肤金属化：在电弧高温的作用下，金属熔化、汽化，金属微粒渗入皮肤，使皮肤粗糙、张紧的伤害。皮肤金属化一般和电弧烧伤同时发生。

③机械性损伤：在电流作用下，人体中枢神经反射和肌肉强烈收缩等作用导致的机体组织断裂、骨折等伤害。

④电烙印：因人体与带电体接触的部位留下的永久性斑痕，使皮肤失去原有弹性、色泽，表皮坏死。

⑤电光眼：是发生弧光放电时，由红外线、可见光、紫外线对眼睛造成的伤害。电光眼表现为角膜炎或结膜炎。

2. 触电形式

人体的触电形式有三种：直接触电、跨步电压触电和接触电压触电。

（1）**直接触电**

直接触电一般有单相触电和两相触电两种形式。

单相触电的原因是人体直接接触到电器设备或电力线路中一相带电导体，这时导体、人体和大地将形成回路，电流将通过人体流入大地。图 7-2 为单相触电示意图。

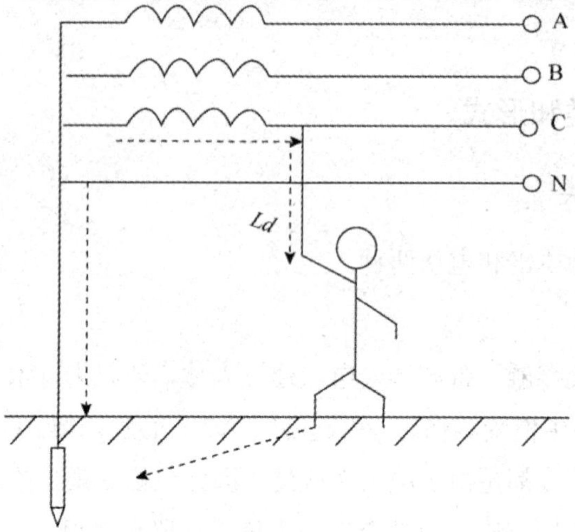

图 7-2　单相触电示意图

两相触电的原因是人体同时接触电气设备或线路中两相带电导体，致使相线一、人体、相线二形成回路，电流将从相线一通过人体流入相线二。图 7-3 为两相触电示意图。

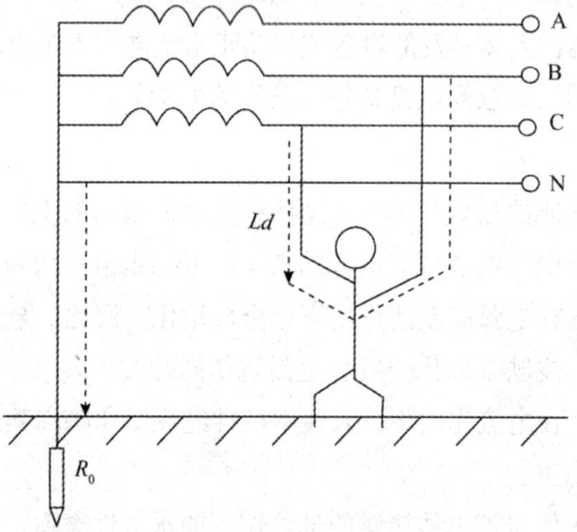

图 7-3　两相触电示意图

由上可知，在同一供电电压下，发生两相触电的后果更严重，因为这时作用于人体的电压是线电压。

（2）**跨步电压触电**

供电线路或者设备导线发生断落接地故障时，接地点处电位就是导线电位，电流从落地点流入大地。这种情况下在地面上形成分布电位，一般情况下 20 m 以外处的电位才等于零。如果人站在接地点周围 8 m～10 m 内行走，其两脚之间就有电位差（跨步电压），可能发生触电事故。跨步电压的大小取决于人体离接地点的距离和人体两脚之间的距离。

图 7-4 为跨步电压触电示意图。

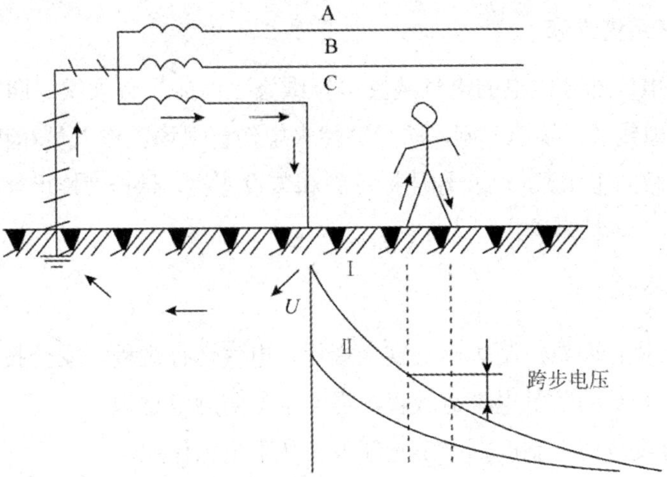

图 7-4　跨步电压触电示意图

（3）接触电压触电

某些电气设备的金属外壳因绝缘老化、安装不良等原因，造成设备的金属外壳带电。如果人碰到带电外壳就会发生触电，这种触电形式称为接触电压触电。

7.2.3　预防触电的基本措施

为了预防发生触电事故，必须从触电的原因出发分析，从技术、管理等方面采取有效措施预防触电。

1. 技术措施

（1）电气装置安装

①供电线路应采用绝缘性能良好的导线，并定期进行检查。

②导线、熔体等应满足线路载流量要求。导线截面对应载流量不能小于额定载流量，熔体材质、容量应符合设计要求。

③电气装置和设备的金属外壳应采取良好的保护接地等措施，接地电阻应符合要求。

④电气装置、设备安装高度和安全距离应符合规程，现场条件不满足者，应采取相应措施如设置屏障等。

⑤电气装置和设备应使用漏电保护器等安全装置。

（2）电气装置运行

①操作人员应穿着绝缘鞋，并配备合格的安全用具。

②配电室、设备开关柜地面应铺设绝缘地板。

③使用合格的安全工器具、仪器仪表，并进行定期试验，发现不合格者须报废，不得使用。

④定期测量电气装置的绝缘电阻，发现不合格者立即停止使用并检修。

（3）电气装置维修

在全部停电或部分停电的电气装置进行维修工作前，必须做好四项技术措施：停电，验电，装设接地线（合接地刀闸，防止突然来电伤害现场工作人员和将设备断开部分的残余电荷放尽所做的工作），以及悬挂标示牌和装设遮栏，悬挂“禁止合闸，有人工作”“止步，高压危险!”等标示牌。

2. 管理措施

（1）严格执行两票三制等电气安全规程、电气运行规程，安全技术措施必须落实。

（2）加强全员的防触电事故教育，提高全员防触电意识。

（3）健全安全用电制度，严禁无证人员从事电工作业。

（4）针对发生触电事故高峰值带有季节性的特点做好防范工作。

7.2.4 触电急救方法

发现有人触电时，应在保证自身安全的情况下，迅速切断电源，使触电者脱离电源，然后根据触电者的情况进行及时救治。

1. 迅速切断电源

使触电者脱离电源的方法如下。

（1）立即将电源空气开关、闸刀等断开或将插头拨掉，切断电源。必须注意的是，普通的电灯开关（如拉线开关）是单极开关，只能关断一根线，有可能由于因安装原因导致断开的不是相线，从而没有真正切断电源。

（2）用绝缘工具，如带绝缘电工钳等，切断电线来切断电源。

（3）当找不到开关等断开电源点时，可用绝缘的物体（如干燥的木棍、塑料等）将电线从触电者处拨开，使触电者脱离电源。

施救者必须注意，触电者是带电体，施救过程中切勿直接接触触电者，防止自身触电。

2. 现场紧急救护

当触电者脱离电源后，应根据触电者的具体情况，迅速组织现场救护工作。

人触电后可能出现神经麻痹、呼吸中断、心脏停跳等症状，外表上呈现昏迷或“死亡”状态。不应草率认为触电者已经死亡，应该看作假死并尽力持久进行急救。事实证明，如现场急救及时，方法得当，大部分触电者可以获救。

触电急救应尽可能就地进行，只有条件不允许时，才可将触电者抬到其他地方进行急救。使触电者脱离电源后，首先观察触电者的情况，可分以下几种情况采取措施救治。

（1）触电者神志清醒，但有心慌、四肢发麻、全身无力、呕吐等症状，应使触电者安静休息，不要走动。施救者对其进行严密观察，必要时送医院诊治。

（2）触电者已经失去知觉，但还有心跳、呼吸，应使触电者在空气流通的地方仰卧，解开妨碍呼吸的衣扣、腰带等。如果天气寒冷要注意保持体温，并迅速请医生到现场诊治。

（3）如果触电者失去知觉，呼吸停止，但心脏还在跳动，应立即进行口对口人工呼吸。如果触电者呼吸和心脏跳动完全停止，应立即进行口对口人工呼吸和胸外心脏按压急救。同时应迅速请医生到现场进行急救。

3. 口对口人工呼吸法

口对口人工呼吸法示意图如图 7-5 所示。

（1）令触电者仰卧，解开衣领，松开上衣和裤带，清理其口腔，包括痰液、呕吐物及脱落的假牙等异物，使呼吸道畅通。

（2）施救者站在触电者右侧，将其颈部伸直，并使头部后仰。这样触电者的气管能充分伸直，有利于人工呼吸。

（3）施救者一只手捏住触电者鼻孔防止漏气，另一只手轻压触电者下颌打开口腔。

（4）施救者自己先深吸一口气，用自己的口唇把触电者的口唇包住向嘴里吹气，时间大约 2 s。吹气要均匀，要长一点儿（像平时长出一口气一样），但不要用力过猛。吹气的同时用眼角观察触电者的胸部，如看到其胸部膨起，表明吹气力度合适，否则说明吹气力度不够。

（5）吹气停止后，立即脱离触电者的口，同时松开其鼻孔，使其自行呼气，时间大约 3 s。

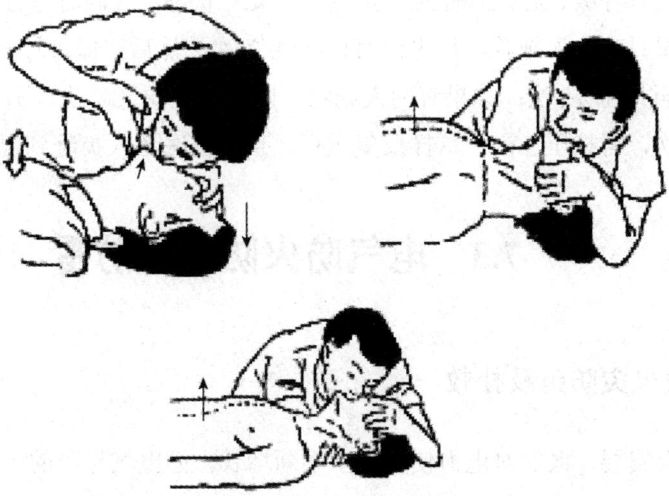

图 7-5　口对口人工呼吸法示意图

反复进行（4）、（5）两个步骤，每分钟大约吹气 10 到 12 次。

如果触电者为婴幼儿或儿童，吹气力度应减小。只要患者未恢复呼吸，就要持续进行人工呼吸，不要中断，直到救护车到达，交给专业救护人员继续抢救。

4. 胸外心脏按压法

胸外心脏按压法示意图如图 7-6 所示。

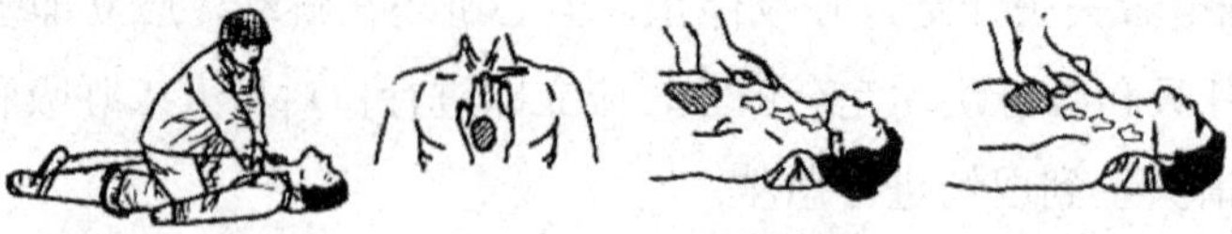

（a）（b）（c）（d）

图 7-6　胸外心脏按压法示意图

（1）令触电者仰卧在地面或硬板上，解开衣领，头后仰使气道开放。施救者跪（或站）在其左侧，按压部位为胸骨中段 1/3 与下段 1/3 交界处，左手掌根部紧贴按压区，右手掌根重叠放在左手背上。

（2）施救者双臂应伸直，垂直向下用力按压。按压要平稳，有规则，不能间断，不能冲击猛压。成人按压深度胸骨下陷 3 cm～4 cm，儿童 3cm，婴儿 2 cm。成人按压次数每分钟 80 到 100 次，儿童每分钟 100 次，婴儿每分钟 120 次。

（3）按压后，施救者掌根迅速放松，让触电者依靠胸廓弹性自然复位，使其心脏舒张从而让大静脉内血液流入心脏。注意施救者掌根放松时不必离开触电者。

心脏按压用的力不能过猛，以防肋骨骨折或其他内脏损伤。若发现病人脸色转红润，呼吸心跳恢复，能摸到脉搏跳动，瞳孔回缩正常，抢救就算成功。因此，抢救中应密切注意观察呼吸、脉搏和瞳孔等情况。

如果触电者呼吸、心跳都停止，呈现“假死”状态，应同时进行口对口人工呼吸和胸外按压。如果只有一人施救，可先口对口吹气 2 次，然后立即进行心脏按压 15 次，再吹气 2 次，又再按压 15 次；如果有两人施救，则一人先吹气 1 次，另一人按压心脏 5 次，接着吹气 1 次，再按压 5 次，这样反复进行，直至有医务人员赶到现场。

7.3　电气防火防爆和防雷

7.3.1　电气火灾防范及扑救

随着社会发展，人们对电力使用需求不断增长，而电气导致的火灾也不断增加。据统计，近年来我国火灾事故中，电气火灾造成的损失居所有火灾的首位，给国家和人民带来极大损失。

1. 电气火灾原因及防范

电气火灾是指电气设备或电力线路在带电运行状态下，由于出现非正常的运行工况，导致电能转化为热能并引燃可燃物而导致的火灾。电气火灾也包括静电和雷电引起的火灾。大多数电气火灾是电气设备或电力线路在长期运行中已经存在隐患，而这些隐患并没有被发现，结果造成的局部过热或电弧、火花放电，进而使周围可燃物被点燃酿成火灾。引起电气火灾的原因主要有以下几方面。

（1）电气短路

在设备或电力线路中，如果工作电流没有沿着设计的负载、路径，而是使应绝缘的电气部分发生导通，这种情况就是短路。例如电力线路不同相的导线导体直接接触，相线与零线或大地相碰等。当发生电气短路时，通过导线的电流急剧增大而导致过热，使导线、设备的绝缘材料受热燃烧或导致导线导体金属熔化，最终导致导线或设备附近的可燃物质燃烧，酿成火灾。短路是电气设备或线路最严重的一种故障状态，应设法预防短路的发生。实际应用中，常常采用以下措施预防发生电力短路。

①电气设备的选用和安装与使用环境应符合规范，防止绝缘体在高温、潮湿、酸碱环境条件下受到破坏。

②电气设备应设定合理寿命，防止超寿命使用而导致绝缘老化。

③按规定对电气设备和线路进行巡查维护,及时发现设备隐患，杜绝带病运行。

④安装合适的保护装置，如安装熔断器、断路器等，避免因过电压、过电流使绝缘击穿。

⑤按规程使用电气设备，杜绝因误操作导致短路。

（2）电气过载

如果电气设备或线路中通过的电流超过了承受能力，会导致设备或线路引起异常发热，这种情况被称为电气过载或过负荷。电气过载导致的异常发热最终可能导致火灾。为了防止电气过载，可以采取以下措施。

①在进行设计和安装时，应根据用电设备的容量及运行方式，对设备和导线正确选型,使电气设备额定容量、导线载流量与实际负载容量相适应。

②在用电场所严禁乱拉电线和超出导线载流量接入用电设备。

（3）连接不良

电气设备中的连接点都有接触电阻，如果连接时按规范要求进行连接，那么接触电阻几乎可以忽略不计。但是，如果连接不良，那么接触电阻会异常增大，在运行时很容易导致局部过热，引起火灾。为了防止连接不良，可采取以下措施。

①安装时清洁连接点，保证良好接触。

②为确保不同材质导体的连接点接触良好，应采用合适连接材料和工艺，防止产生不

良物理化学反应。如螺栓或螺母应拧紧、铜铝连接应采用合适工艺和附件等。

③设计时应尽量简化电路，减少电路中不必要的连接点。

④对于施工电源等临时用电设施应采取防尘等措施，防止插座因粉尘等原因导致接触不良。

⑤定期检验电气设备接地装置接地电阻，防止发生接地故障。

（4）雷电

雷电与地面建筑物或构筑物接近到一定距离时,其高电位击穿空气放电,产生闪电现象。雷电电位可达 10 万千伏，电流可达 50 kA，虽然放电时间短，但容易引起火灾。防止雷电引起火灾的措施是安装防雷设施。

（5）静电

水泥、化工、粮食加工等企业的某些场所或部位会产生静电电荷积聚，当静电电荷过多积聚时就可能形成很高电位。这种高电位在一定条件下可对金属物体等放电，放电时会产生火花导致周围可燃物燃烧，引起火灾。为了防止静电引起火灾，可采用以下措施。

①保持工作场所通风，防止粉尘等积聚。

②电气设备及导线等材料应采用具有防爆性能的产品。

③在工艺方面，应采用合适工艺，尽量减少生产过程中产生的静电。

2. 电气火灾扑救方法

发生电气火灾时应立即报警，同时采取必要措施进行扑救。在进行扑救前，必须确保切断电源后再实施灭火，防止在灭火过程中发生触电造成伤亡事故。扑救电气火灾的方法主要有以下几个。

（1）切断电源

如果电气火灾只是由于个别电气设备短路而引致的，可直接断开该设备电源开关，切断电源。如果是大范围或者是整个区域的电气火灾，那么必须切断该区域的总电源。如果离总电源开关太远，没法及时切断总电源，那么可以把远离燃烧点的导线切断。切断导线时严禁用手或金属工具直接剪切，应站在干燥的木凳上用带有绝缘手柄的钢丝钳等工具剪断导线。只有在切断电源后，才可以使用常规方法灭火。在断开电源开关时，必须防止因带负荷拉隔离开关造成弧光短路而使事故扩大，操作时必须注意安全距离，穿戴绝缘手套和绝缘靴等安全用具防止触电。

（2）使用安全合适的灭火器具

运行中的电气设备发生火灾时，如果无法迅速切断电源进行灭火，那么只可以使用二氧化碳、四氯化碳、1211 灭火机或干粉灭火器等器材扑灭火灾。使用时，灭火人员必须保持足够的安全距离，防止触电。特别需要注意的是，泡沫灭火器的灭火药液有导电性，容易导致灭火人员触电。

（3）严禁直接用水对设备进行灭火

运行中的电气设备发生火灾时严禁直接用水灭火。由于水进入设备后会降低设备绝缘性能，会导致灭火人员触电，甚至引起设备爆炸。当变压器、充油断路器等充油电气设备发生火灾时，只有在确保断电情况下才能使用水进行灭火。灭火时可把水喷成雾状，扩大水雾面积，使水吸热汽化，达到快速降低火焰温度的效果。

7.3.2 电气防爆措施

当工作场所存在可燃气体或粉尘等爆炸性物质、空气和引燃源三个条件，爆炸性物质与空气混合浓度在爆炸极限范围内时，将会发生爆炸。因此，为防止爆炸事故的发生,应设法避免上述三条件同时存在。

具有或可能具有爆炸性混合物出现，且达到足以要求对电气设备和线路的结构、安装、使用采取防爆措施的环境，称为爆炸性危险环境。其中，含有爆炸性气体混合物的环境称为爆炸性气体环境，而含有爆炸性粉尘混合物的环境称为爆炸性粉尘环境。

根据爆炸危险物质的物理化学性质，爆炸类物质被分为三类：Ⅰ类为矿井甲烷及其混合物，Ⅱ类为爆炸性气体、蒸汽、薄雾等，Ⅲ类为爆炸性粉尘、纤维等。

按发生火灾爆炸危险程度及危险物品状态，将火灾爆炸危险区域划分为三类八区。

第一类指气体、蒸汽爆炸危险环境。这是根据爆炸性混合物出现的频繁程度和持续时间划分。其中，0 区指正常运行时连续出现或长时间出现爆炸性气体混合物的环境，1 区指在正常情况下可能出现爆炸性气体混合物的环境，2 区指在正常情况下不可能出现而在不正常情况下偶尔出现爆炸性气体混合物的环境。

第二类指粉尘、纤维爆炸危险环境。其中，10 区指正常运行连续或长时间、短时间连续出现爆炸性粉尘、纤维的环境；11 是指正常运行时不出现，仅在不正常运行时偶尔出现爆炸性粉尘的环境。

第三类指火灾危险环境。其中，21 区指闪点高于环境温度的可燃液体，并在数量上和配置上能引起火灾危险的环境；22 区指具有悬浮、堆积状的可燃粉尘或可燃纤维，虽不能形成爆炸混合物，但在数量和配置上能引起火灾的环境；23 区指存在固体可燃物质，并在数量和配置上能引起火灾的环境。

1. 选用防爆型电气设备和材料

电气防爆措施的最基本出发点是把所有可能产生引燃源（危险温度和电火花、电弧）的电气设备安装在非爆炸、火灾危险区域。如果有些工业场所无法满足上述要求，需要选用具有特定防爆技术措施的电气装置来防止电气引燃源的形成。

表 7-2 为常用防爆电气设备及标志代号。

表 7-2 常用防爆电气设备及标志代号

类型	字母	应用
增安型	e	主要用于 2 区场所，部分种类可以用于 1 区（如具有合适保护装置的增安型低压异步电动机、接线盒等）
隔爆型	d	按其允许使用爆炸性气体环境的种类分为 I 类和 IIA、IIB、IIC 类,适用于 1、2 区场所
正压型	p	用于 1、2 区场所
油浸型	o	用于 1、2 区场所
充砂型	q	用于 1、2 区场所
本质安全型	i	只能用于弱电设备， 0、1、2 区（Exia） 或 1、2 区（Exib）
无火花型	n	只能用于 2 区场所
浇封型	m	用于 1、2 区场所
气密型	h	只能用于 2 区场所
特殊性	s	不属于上述范围的防爆型设备

2. 保持安全间距和通风

爆炸性危险环境内的电气线路布置位置、敷设方式、导线材质、接线方式等均应与区域危险等级相适应。必须按规范选择合理的安装位置，保持安全间距。电气线路应敷设在爆炸危险性较小或释放源较远的位置，10 kV 及以下架空线路不得跨越爆炸危险环境。

对于爆炸危险场所，应装设合适的通风装置并确保运行良好，降低产生爆炸性混合物浓度。

3. 选用保护装置

爆炸危险场所必须按规定接地或接零，还应选用可靠的过载、短路保护装置。

4. 按规程进行维护

按规程对电气设备及线路的进行运行维护保养，保持电气设备和线路正常运行。在运行中，应确保设备电压、电流、温升等参数在允许值范围内，保证设备和线路的绝缘能力。通过巡查，确保设备、线路电气连接良好无故障。

7.3.3 防雷装置

雷电是一种自然灾害，雷电的电压很高，会造成电气设备、建筑物的损坏，引发停电、火灾，甚至造成人员伤亡。因此，有必要对电气设备或建筑物安装防雷装置。图 7-7 为避雷器防雷原理图。

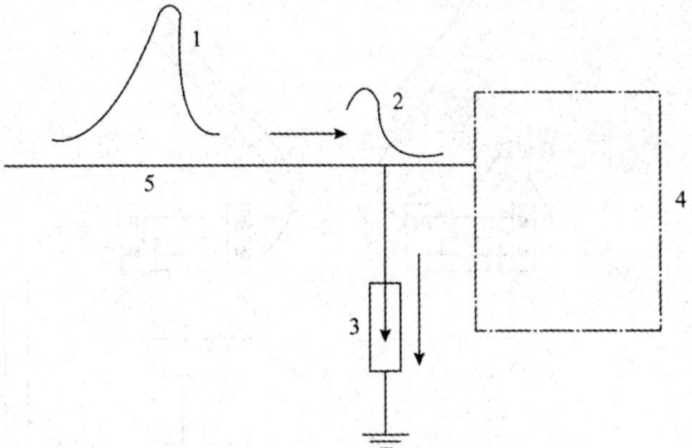

图 7-7　避雷器防雷原理图

1—雷电冲击波；2—被限制的过电压；3—避雷器；4—被保护电气设备；5—线路

从原理上说，避雷器是一种放电器，与被保护设备或建筑物并联。当雷电造成的过电压波沿线路入侵并超过避雷器的放电电压时，避雷器会被击穿放电，把入侵过电压波引入大地，从而保护设备免遭击穿破坏。避雷器一般应满足以下要求：当入侵波消失后，应能自行恢复绝缘，具有一定通流容量和平直的伏秒特性曲线。

1. 防雷保护装置的组成

防雷保护装置由接闪器、引下线和接地装置组成。它的作用是把雷电引入大地，保护设备或建筑物。

防雷装置各部分的作用如下。

接闪器：有避雷针、避雷线、避雷带、避雷网等形式。避雷针主要用于保护露天电气设备和建筑物，避雷线用于保护输电线路，避雷带和避雷网通常用于保护建筑物。

引下线：作用是把接闪器和接地装置连接起来，一般采用导电性良好的导体。

接地装置（接地体）：作用是把雷电引入大地，要求与大地良好连接。

2. 避雷器的种类及应用场合

避雷器主要有四种类型，即保护间隙避雷器、阀型避雷器、氧化锌避雷器和管型避雷器。

（1）保护间隙避雷器

保护间隙避雷器是一种最简单的避雷器，其按形状可分为棒形、角形、环形、球形等，由主间隙和辅助间隙串联而成。其优点就是结构简单、造价低；缺点是伏秒特性曲线比较陡，灭弧能力较差，往往与自动重合闸装置配合使用。保护间隙避雷器主要用于 10 kV 以下的配电线路中。

图 7-8 为羊角保护间隙避雷器示意图。

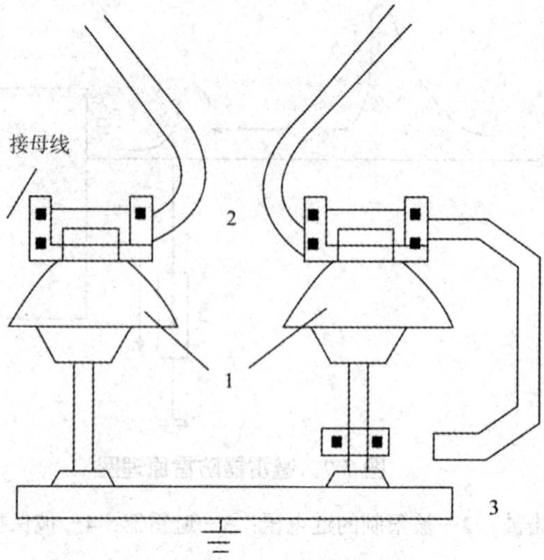

图 7-8　羊角保护间隙避雷器示意图

1—绝缘子；2—主间隙；3—辅助间隙

（2）阀型避雷器

阀型避雷器是一种没有间隙的避雷器，由火花间隙和非线性电阻这两种基本元件组成，间隙与非线性电阻相串联。

阀型避雷器主要分为普通阀型避雷器和磁吹阀型避雷器两大类。普通阀型避雷器有 FS 和 FZ 两种系列；磁吹阀型避雷器有 FCD 和 FCZ 两种系列。图 7-9 为阀型避雷器示意图。

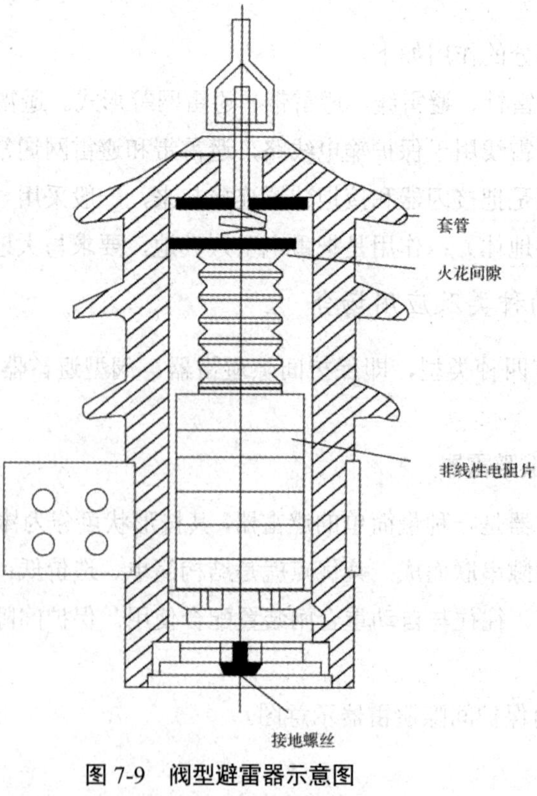

图 7-9　阀型避雷器示意图

（3）氧化锌避雷器

氧化锌避雷器也称金属氧化物避雷器，阀片以氧化锌为主要原料，辅以少量能产生非线性特性的金属氧化物，经混料、选粒、成型，在高温下烧结而成。这种避雷器结构简单，仅由相应数量的氧化锌阀片密封在瓷套内组成。图 7-10 为氧化锌避雷器示意图。

图 7-10　氧化锌避雷器示意图

（4）管型避雷器

管型避雷器采用了强制熄弧的装置，熄弧能力比保护间隙避雷器强。但它具有外间隙，易受环境影响，伏秒特性曲线较陡、放电分散性大，动作后也会产生截波，不利于变压器等有线圈设备的绝缘缺点。管型避雷器一般用于输电线路个别地段的保护，如大跨距和交叉挡距处，或用于对变电所的进线段保护。图 7-11 为管型型避雷器示意图。

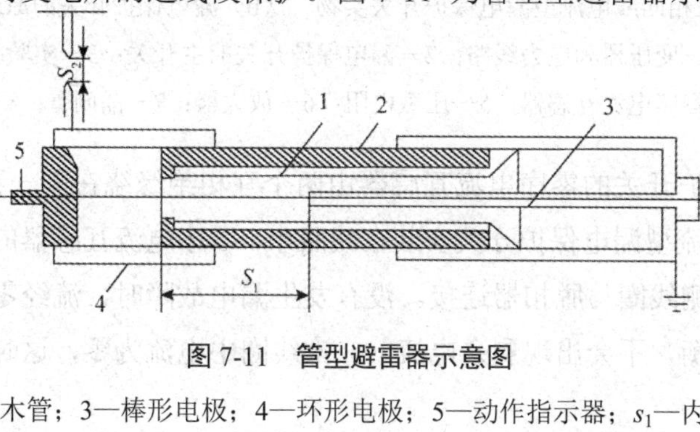

图 7-11　管型避雷器示意图

1—产气管；2—胶木管；3—棒形电极；4—环形电极；5—动作指示器；s_1—内间隙；s_2—外间隙

7.4 漏电保护器、保护接地和保护接零

7.4.1 漏电保护器

漏电保护器（漏电保护开关）是一种电气安全装置，当电路中发生漏电或触电且达到保护器所限定的动作电流值时，迅速在限定的时间内动作，自动断开电路，从而保障人员和设备安全。漏电保护开关还具有过载和短路保护功能，可进行线路或电动机的过载和短路保护。

按工作原理来划分，漏电保护开关可分为电压型和电流型两种。

电压型漏电保护器接于变压器中性点和大地间，检测信号为漏电保护器的对地电压，当测量值大于设定值时，漏电保护器动作切断电源。这种漏电保护器的缺点是对整个配变低压网进行保护，不能分级保护，因此动作频繁且停电范围大，目前较少使用。

电流型漏电保护器通过零序电流互感器测量被保护电路的不平衡电流。这种漏电保护器测量的漏电电流为电力线路中的不平衡电流，即剩余电流，因此电流型漏电保护器也被为剩余电流动作保护器。电流型漏电保护器具有很好的性能，在电网中得到了推广应用。

下面以电流型漏电保护器为例介绍漏电保护器的原理及应用。

1. 漏电保护开关的原理

流型漏电保护开关的实物和原理图如图 7-12 所示。

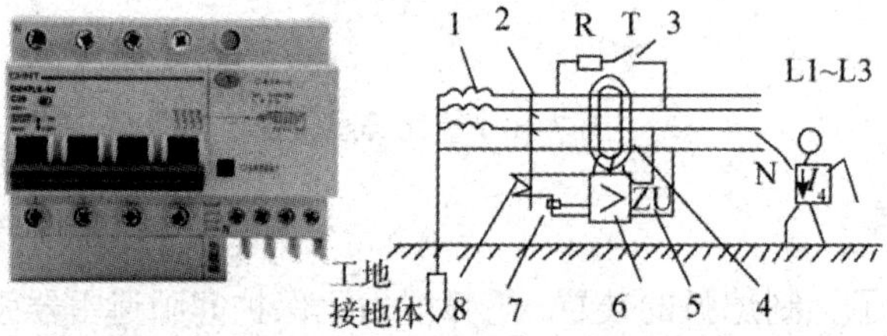

（a）　　　　（b）

图 7-12　电流型漏电保护开关的实物和原理图

（a）三相四线电流型漏电保护开关实物　（b）漏电保护开关的原理图

1—变压器和电力线路；2—漏电保护开关的主开关；3—实验按钮；

4—零序电流互感器；5—压敏电阻；6—放大器；7—晶闸管；8—脱扣器

电流型漏电保护开关的零序电流互感器由两个互相绝缘绕在同一铁芯上的线圈组成。如图 7-12 所示，电流型漏电保护开关安装在线路中，零序电流互感器的一次侧线圈与电力线路相连接，二次侧线圈与脱扣器连接。没有发生漏电故障时，流经零序电流互感器的相线和零线的电流平衡，不会出现剩余电流，二次线圈中电流为零，这时漏电保护开关处于

闭合状态。

当被保护的设备发生漏电故障，如人体接触线路漏电，在故障点产生漏电电流分流并经人体返回大地，这时零序电流互感器中流入、流出的电流不平衡，一次侧产生剩余电流，二次侧线圈也将产生电流，当该电流值达到漏电保护开关触发动作电流时，主开关脱扣，切断电路，设备断电。

2. 漏电保护开关组成

电流型漏电保护器由检测元件、中间放大环节、操作执行机构三部分组成。检测元件由零序互感器组成，作用是检测漏电电流并发出信号。放大环节的作用是把微弱的漏电信号放大。执行机构的作用是收到放大环节的信号后，令主开关从闭合位置转换到断开位置，切断电源。

漏电保护开关的试验电路由按钮开关和电阻组成，如图 7-12 中位置 3 所示，作用是试验漏电保护开关是否失效。按规定每月应进行一次试验。

3. 漏电保护开关的参数

（1）额定漏电动作电流

额定漏电动作电流是指在规定的条件下，漏电保护开关动作的电流值。以广泛应用的额定动作电流为 30 mA 漏电保护开关为例，当剩余电流值达到 30 mA 时，漏电保护开关动作，断开电源。

（2）额定漏电动作时间

额定漏电动作时间指从施加额定漏电动作电流到保护电路被切断为止所经历的时间。例如 30 mA×0.1 s 的漏电保护开关，从剩余电流达到 30 mA 起到主开关触点断开为止所经历的时间不超过 0.1 s。

（3）额定漏电不动作电流

额定漏电不动作电流是指在规定的条件下，漏电保护开关不动作的电流值，该电流值通常为漏电动作电流值的二分之一。以漏电动作电流 30 mA 的漏电保护开关为例，在剩余电流值达到 15 mA 时，保护器不应动作，否则漏电保护开关容易误动作，影响设备和线路正常运行。

（4）其他参数

电源频率、额定电压、额定电流等。

4. 漏电保护开关的选用

漏电保护开关的选用应根据供电方式、使用场所、被控制回路的泄漏电流和用电设备的接触电阻等因素来考虑。

根据设备供电方式选择漏电保护开关，单相 220 V 设备可选用二极二线式或单极二线式，三相三线制 380 V 设备可选用三极式，三相四线制 380 V 设备或单相与三相设备共用线路可选用三极四线、四极四线式。

根据漏电动作电流灵敏度选择漏电保护开关，漏电动作电流在 30 mA 以下为高灵敏度，漏电动作电流为 30～1 000 mA 为中灵敏度，漏电动作电流在 1 000 mA 以上为低灵敏度。

根据动作时间选择漏电保护开关，漏电动作时间小于 0.1 s 为快速型，漏电动作时间在 0.1 s～2 s 之间为延时型。

安装在潮湿场所的设备应选用额定漏电动作电流为 15 mA～30mA 的快速动作型漏电保护开关。对于在金属物体上使用手电钻、操作其他手持式电动工具，应选用额定漏电动作电流为 10 mA 的快速动作型漏电保护开关。

7.4.2 保护接地和保护接零

1. 保护接地和保护接零的作用

在配电系统中，为保护操作者人身安全，通常把电气设备不带电的金属外壳进行接地或接零，这种措施称为保护接地或保护接零。

保护接地指将电气设备在正常情况下不带电的金属部分与接地体以良好导电性导体进行连接，从而保护操作者安全。通常做法是把电气设备的金属外壳用足够粗的金属导线与大地可靠地连接起来。保护接地应用于中性点不接地的配电系统中。

如果电气设备因绝缘损坏导致外壳带电时，因接地体与操作者并联，短路电流将同时沿着接地体和人体两条通路流过。接地体电阻越小，流经操作者人体的电流也就越小。按照规程，人体电阻远大于接地体电阻（一般不允许大于 1 Ω），因此流经人体的电流很小，几乎等于零，从而使操作者能避免触电的危险。保护接地原理示意图如图 7-13 所示。

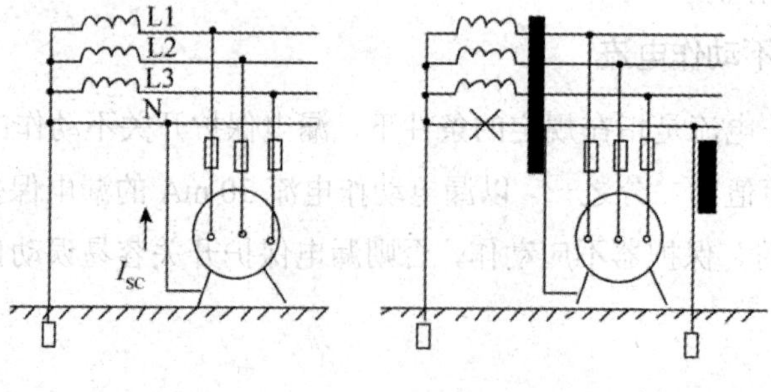

图 7-13　保护接地原理示意图

保护接零，将电气设备外壳接到零线上，当设备某相绝缘损坏时，电流通过设备外壳形成该相对零线的单相短路回路（即碰壳短路），短路电流立即将该相的熔体熔断或使其他保护元件动作而切断电源，从而消除触电危险。在电源的中性点接地的配电系统中，只能采用保护接零，如果采用保护接地则不能有效地防止人身触电事故。保护接零原理示意图如图 7-14 所示。

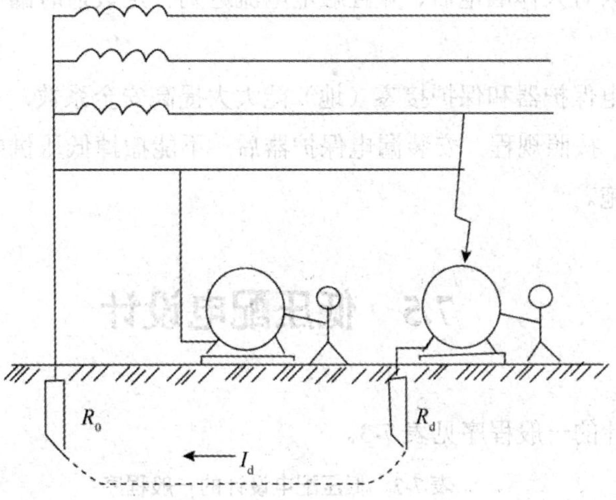

图 7-14　保护接零原理示意图

2. 保护接地与保护接零的区别

（1）保护原理不同

保护接地限制设备漏电后的对地电压不超过安全范围。在高压系统中，保护接地除限制对地电压外，在某些情况下，还有促使电网保护装置动作的作用。

保护接零借助接零线路使设备漏电形成单相短路，促使线路上的保护装置动作来切断故障设备电源。

（2）适用范围不同

保护接地应用于不接地的高低压电网和采取了其他安全措施（如装设漏电保护器）的低压电网，而保护接零只适用于中性点直接接地的低压电网。

（3）线路结构不同

如果采取保护接地方式，系统中可以不设工作零线，只设保护接地线。

如果采取了保护接零方式，则必须设工作零线，利用工作零线作接零保护。在采用保护接零的系统中，还要在电源中性点进行工作接地和在零线的一定间隔距离及终端进行重复接地。必须注意的是，保护接零线不允许断开，不允许接开关、熔断器。

此外，不能同时使用保护接地和保护接零。

7.4.3　漏电保护器与保护接地、保护接零的关系

漏电保护器与保护接地、接零的保护原理不同。

保护接零（地）属于事前预防型措施，即保护接零（地）能将设备漏电现象消灭在萌

芽状态，以免人体接触到漏电的设备外壳造成人体触电。

漏电保护器只有人体触电后、并且触电电流达到一定数值时漏电保护器才可能发挥作用，但反应迅速。

同时采用漏电保护器和保护接零（地）能大大提高安全系数，不得用漏电保护器代替保护接零（地）。按照规程，安装漏电保护器后，不能撤掉低压供电线路和电气设备的接零（地）保护措施。

7.5 低压配电设计

低压配电设计的一般程序见表 7-3。

表 7-3 低压配电设计的一般程序

步骤	内容
设计任务	用电设备清单、平面图
布局设计	用电设备分布，绘制设备布局图
负荷计算	从终端设备开始计算，逐级计算，确定分层分区及总负荷（有功功率和无功功率计算）
设计图	系统图（供电电源-终端设备配电关系）低压接线图：分层或分区、终端配电柜（箱）接线图，动力设备配电箱接线图，照明接线图，应急电源系统图
选型	根据单台设备负荷、分区或分层负荷计算结果，进行导线、开关、保护装置、测量装置和无功补偿装置等选型

首先明确设计任务，清楚被设计对象的用电设备清单、平面图、用电负荷种类和设备安装位置要求。对于一级、二级负荷应根据其特点确定供电方案。

其次，根据电源接入点、配电设备和用电设备位置设计供电线路走向。

对于负荷计算方面，应采用适当的负荷计算方法进行计算。计算时应从终端用电设备逐级进行向上计算，计算出分支分层负荷，汇总整个项目的总计算负荷，同时需要计算无功补偿容量。在进行负荷计算时，可参考第 4 章中介绍的需要系数法进行计算。

在进行设计时，注意各种负荷的均衡分配，避免配电设备负载过重或过轻。如果负载为办公等单相负载，应考虑三相电源的平衡问题。

对于导线、开关、保护装置、测量装置和无功补偿装置等的选型，应主要根据负荷计算结果进行。例如对与设备连接的导线或主干导线的选型，应考虑导线的载流量来选择导线的类型、型号、截面、数量、敷设部位和方式等。

本章小结

1．电力系统由发电厂、变电站所、输电网、配电网和电力用户几个环节组成，是把其他能源转换成电能并输送和分配到用户的系统。目前主要的发电方式有火力发电、水力发电、风力发电、核能发电和太阳能发电等。

2．触电事故可分为电击和电伤两种。电击指人直接接触了带电体，电流通过人体使人体受到伤害甚至死亡，绝大多数触电死亡事故由电击造成。电伤指由于电流的热效应等对人造成的伤害。电伤的主要种类有电烧伤、皮肤金属化、机械性损伤、电烙印、电光眼等。

3．人体的触电形式有三种：直接触电、跨步电压触电、接触电压触电。为了预防触电事故，必须从技术、管理等方面采取有效措施，如电气装置安装方面采用性能良好导线、电气装置和设备的金属外壳良好接地、安全距离应符合规程、使用漏电保护器，运行维护方面严格遵守规程、落实安全措施。

4．触电急救应在保证自身安全情况下，迅速切断电源，使触电者脱离电源，然后根据触电者的情况进行及时救治。现场紧急救护应采取口对口人工呼吸法和胸外心脏按压法进行。

5．大多数电气火灾是电气设备或电力线路在长期运行中已经存在短路、过载等隐患，造成的局部过热或电弧、火花放电，使周围可燃物被点燃酿成火灾。扑救电气火灾应切断电源，使用安全合适的灭火器具，严禁直接用水对设备进行灭火。

6．电气防爆措施选用防爆型电气设备和材料、保持安全间距离和通风、选用保护装置和按规程进行运行维护。

7．避雷器用于保护设备或建筑物。当雷电造成的过电压波沿线路入侵并超过避雷器的放电电压时，避雷器会被击穿放电，把入侵过电压波引入大地，从而保护设备免遭击穿破坏。当入侵波消失后，应能自行恢复绝缘。避雷器主要有四种类型，即保护间隙、阀型避雷器、氧化锌避雷器和管型避雷器。

8．漏电保护器（漏电保护开关）是一种电气安全装置，当电路中发生漏电或触电且达到保护器所限定的动作电流值时，迅速在限定的时间内动作，自动断开电路，从而保障人员和设备安全。电流型漏电保护开关的原理是当被保护的设备发生漏电故障，零序电流互感器中流入、流出的电流不平衡，一次侧产生剩余电流导致漏电保护开关触发动作，主开关脱扣，切断电路。

9．保护接地和保护接零属于事前预防型措施，以免人体接触到漏电的设备外壳造成人体触电。

思考与练习

一、判断题

1．漏电保护开关的火线与零线同时穿过电压互感器。（　）

2．触电事故可分为电击和电伤两种，绝大多数触电死亡事故是由电伤造成的。（　）

3．采取保护接地或保护接零等预防型措施，能大大降低人体由于接触到设备漏电的外壳造成触电的风险。（　）

4．电气火灾大多数是由于电气设备运行中存在短路、过载等隐患造成的局部过热或电弧、火花放电，使周围可燃物被点燃酿成火灾，因此有必要加强巡查维护，降低电气火灾隐患。（　）

5．当发现有人触电时，应立刻过去抓住触电者手把他从电源解救出来。（　）

6．当发生电气火灾时，应迅速使用消火栓用水灭火。（　）

7．跨步电压触电是由于人体接触到导线而触电。（　）

8．对用电设备进行检修前应先停电，然后就可以马上开始工作。（　）

9．避雷器用于保护设备或建筑物，当雷电入侵波消失后，应能自行恢复绝缘。（　）

10．漏电保护开关和保护接地的保护原理相同。（　）

二、选择题

1．在通常情况下，对人体而言，（　）电流不会造成很大伤害。

A．小于 10 mA　B．50 mA　C．100 mA　D．200 mA

2．事实证明，强度为 50 mA 的工频电流通过人体心脏可能造成死亡，人体电阻大约为 1 000 Ω，因此设备上照明灯的安全电压值可选取（　）。

A．36 V　B．60 V　C．110 V　D．220 V

3．为防止触电事故，在三相三线制低压供电系统中，对电气设备应采取保护（　）。

A．保护接地　B．保护接零　C．接地线　D．加装避雷器

4．为防止触电事故，保护接零常用在（　）低压供电系统中。

A．单相　B．三相三线制

C．三相四线制　D．三相三线制或三相四线制均可

5．电流流经人体时，（　）是最危险的电流途径。

A．从手到手　B．从手到脚　C．从脚到脚　D．从左手到胸部

6．发生触电时，电流造成人体外表面创伤的触电为（　　）。

A．烧伤　　B．刮伤　　C．电伤　　D．电击

7．最为危险的触电形式是（　　）。

A．单相触电　　B．两相触电　　C．跨步电压触电　　D．接触电压触电

8．发生电气火灾后，不能可以使用（　　）进行灭火。

A．干砂　　B．二氧化碳　　C．水　　D．干粉灭火器

三、填空题

1．人体因触电受到的伤害程度通常与电流的_______、电流的_______、______及触电__________等因素有关。

2．电流通过人体时所造成的内伤是__________，电流对人体外部造成局部损伤是 ________。

3．触电的形式通常有_________触电、_________触电和_________触电三种。

4．为了防止直接电击，可以采用的防护措施有____________、____________、和_________。

5．当人站在地面或其他接地导体上，人体某部分接触到三相导线中的一相而引起的触电事故是_________触电。

6．设备外壳因故障带电，如果采取__________措施，即使人接触设备外壳，人体与接地电阻________联，人体的电阻比接地电阻大很多，避免触电。

7．电流型漏电保护开关的原理是当被保护的设备发生漏电故障，_______中流入、流出的电流不平衡，一次侧产生_____导致漏电保护开关______，主开关脱扣，______电路。

四、简答题

1．简述电力系统组成。

2．简述触电种类和形式，说明怎样预防触电。

3．为什么施工现场或鱼塘等农业生产现场比较容易发生触电事故？

4．简述对触电者进行施救的原则及怎样进行施救。

5．简述电气火灾的原因和怎样开展灭火。

6．简述怎样选择电气防爆设备和材料。

7．简述电气防雷装置原理及怎样选用防雷装置。

8．简述电流型漏电保护开关的原理和怎样选用漏电保护开关。

9．简述漏电保护开关与保护接地（零）的作用。

参考文献

[1] 常晓玲．电工技术[M]．2 版．西安：西安电子科技大学出版社，2010．

[2] 刘永波．电工技术[M]．北京：机械工业出版社，2012．

[3] 刘英泽．电工技术基础[M]．天津：天津大学出版社，2011．

[4] 孙余凯．电工技术[M]．北京：人民邮电出版社，2010．

[5] 曾玲琴等．电工技术基础[M]．3 版．北京：人民邮电出版社，2014．

[6] 邱世卉．电工技术[M]．北京：电子工业出版社，2012．

[7] 廖芳．电工基础[M]．北京：电子工业出版社，2012．

[8] 宋卫海．电工技术[M]．北京：中国铁道出版社，2013．

[9] 曹建林．电工技术[M]．北京：高等教育出版社，2014．

[10] 刘鹏，李进，刘方．电工电子技术[M]．北京：兵器工业出版社，2015．

[11] 邱勇进．电工基础[M]．北京：化学工业出版社，2016．

[12] 韩雪涛．电工从入门到精通[M]．北京：化学工业出版社，2017．